01

EV 정비사례

01 CHAPTER

EV는 "전기자동차(Electric Vehicle)"를 뜻하는 영문 표현의 약자로, 일반적으로 전기차를 지칭하는 용어로 사용된다. 전기차는 내연기관 차량과 달리 전기 에너지로 움직이며, 배터리와 모터를 사용하여 동력을 발생시킨다.

1 고전압 배터리 시스템

EV(전기차) 고전압 배터리 시스템은 전기차를 구동하는 핵심 요소로, 고출력, 고에너지, 고내구성의 배터리 팩과 배터리 제어기(BMS)로 구성된다. 이 시스템은 배터리의 상태를 예측하고, 충/방전 에너지 제한, 냉각, 안전 제어, 에너지 잔존 용량 계산 등을 관리한다.

그림 고전압 배터리

1.1 고전압 배터리 역할

EV(전기차)의 고전압 배터리는 전기 모터를 구동시켜 차량을 움직이는 주요 에너지원 역할을 한다. 또한 급속 충전 및 회생 제동 시 발생한 에너지를 저장하고, 고전압 부품에 필요한 전력을 공급하는 역할을 한다.

1.2 고전압 배터리 구성

① 고전압 배터리 및 전원 : 전기자동차의 각종 부하 구동 시 고전압 배터리를 메인 전원으로 사용하고, 충전 시에는 고전압 충전기를 전원으로 이용한다. 충전 중에는 고전압 배터리가 메인 부하로 작용한다.

② BMS(Battery Management System) : 전기차 배터리 팩의 전압, 전류, 온도 등을 실시간으로 감지하고, 배터리 상태에 따라 충전 및 방전 과정을 최적화하여 안전하고 효율적인 작동을 지원하는 핵심 시스템이다. BMS는 배터리 손상 방지, 수명 연장, 잔여 용량 예측 등 다양한 기능을 수행한다.

③ 고전압 배선 하네스 : 고전압 배선 하네스는 절연 차폐가 적용된 주황색 케이블을 사용하고, 커넥터마다 안전을 위해 탈거 상태를 감지하는 인터락 회로가 적용되어 있다.

④ 고전압 정션블록 : 고전압 배전 박스는 저전압 회로 시스템의 전기 퓨즈 박스와 유사한 전체 차량의 고전압 전력을 위한 배전 장치로 고전압 배터리로부터 나온 전원을 각 부하에 분해한다. 고전압 퓨즈 박스 PDU(전력 분배 장치)는 많은 고전압 릴레이와 고전압 퓨즈로 구성되어 있어 회로연결 및 차단을 해주는 역할을 한다. 내부에는 관련 모듈과의 신호 통신을 실현하여 전체 차량에 대한 고전압 전기의 안전성을 보장한다.

⑤ BSA : BSA는 Battery System Assembly의 약자로, 전기차의 핵심 부품인 배터리 시스템을 의미한다. 배터리 팩에 제어장치, BMS(배터리 관리 시스템) 등 전장 부품을 통합한 완제품을 가리킨다. BSA는 전기차의 성능과 품질에 중요한 영향을 미치는 핵심 부품으로, 고용량 및 고효율 배터리 시스템 개발을 통해 전기차의 효율과 안전성을 향상시키는 데 기여한다.

1.3 고전압 배터리 기능

① 주행 구동 : 고전압 배터리는 차량의 모터를 돌리기 위해 필요한 전력을 공급한다. 이 전력은 차량의 주행 속도, 가속도, 주행 거리를 결정하는 핵심 요소이다.

② 에너지 저장 : 급속 충전 또는 회생 제동 시 발생하는 전력을 저장하여 효율적인 에너지 관리를 가능하게 한다.

③ 고전압 부품 전력 공급 : 고전압 배터리에서 생성된 전력은 고전압 부품(모터, 인버터 등)에 분배되어 작동한다.

④ 고전압 정션 박스와의 연동 : 고전압 정션 박스를 통해 고전압 배터리의 에너지를 각 부품으로 분배하고, 급속/완속 충전 시 입력 전원을 고전압 배터리로 보내준다.

⑤ 보호 및 제어 기능 : 고전압 배터리에는 과충전, 과방전, 온도 상승 등 위험으로부터 배터리를 보호하고 충전 및 방전 효율을 높이기 위한 다양한 보호 및 제어 기능이 있다.

1.4 고장 시 증상 및 점검방법

1.4.1. AE EV(아이오닉 EV)

[1] 고장증상

급속 충전 시 70~80% 이상 배터리 충전 불가 발생됨. 충전 시 경고등이나 충전기 자체 고장 문구 없음. 고객 제공 사진 확인 시 정상 충전기 연결되어 있으나 잔여 충전 시간 변동 없음 확인됨

[2] 점검내용

① 클러스터 화면 확인, 클러스터 확인 시 정상 충전기 연결 충전 상태나 충전 안됨

그림 충전 불가 시 클러스터

② 입고 당시 고장코드 확인 실시했으나 충전 및 전기차 시스템상 고장코드 발생 안됨

MCU - 모터제어	발견된 고장코드가 없습니다.
BMS - 배터리제어	발견된 고장코드가 없습니다.
OBC - 차량탑재형충전기	발견된 고장코드가 없습니다.
CCM - 충전제어모듈	발견된 고장코드가 없습니다.
VCULDC - VCULDC	발견된 고장코드가 없습니다.
ESHIFTER_BS - 전자식...	발견된 고장코드가 없습니다.
EPB - 전동파킹브레이크	발견된 고장코드가 없습니다.
SCCAEB - SCC/AEB	통신응답없음 / 시스템장착유무, IG KEY, DLC를 확...
VDCAHB - VDC/AHB	발견된 고장코드가 없습니다.
AIRBAG - 에어백(1차충...	발견된 고장코드가 없습니다.
OCS - 승객구분시스템	발견된 고장코드가 없습니다.
AIRCON - 에어컨	발견된 고장코드가 없습니다.
EPS - 파워스티어링	발견된 고장코드가 없습니다.
PGS - 조향연동후방카...	통신응답없음 / 시스템장착유무, IG KEY, DLC를 확...
BSD-L - 후측방경보장...	통신응답없음 / 시스템장착유무, IG KEY, DLC를 확...
BSD-R - 후측방경보장...	통신응답없음 / 시스템장착유무, IG KEY, DLC를 확...
MFC - 멀티펑션카메라	통신응답없음 / 시스템장착유무, IG KEY, DLC를 확...
AHLS - 오토헤드램프레...	통신응답없음 / 시스템장착유무, IG KEY, DLC를 확...
AAF - 액티브에어플랩	발견된 고장코드가 없습니다.
SMK - 스마트키유닛	발견된 고장코드가 없습니다.

그림 고장코드

③ 충전기 문제 확인 위해 외부 충전기 문제로 현상 발생 가능성 높아 정비소 내 급속 충전기 충전 실시함. 82% 충전 상태에서 충전기 연결 시 정상 연결됨, 급속 충전 시 정상 충전 연결되나 충전량 0kWh로 유지되면서 배터리 양 변동 없음, 일정 시간(30분~1시간) 이후 충전은 안되었으나 충전완료 문구 출력되면서 충전 불가 발생됨

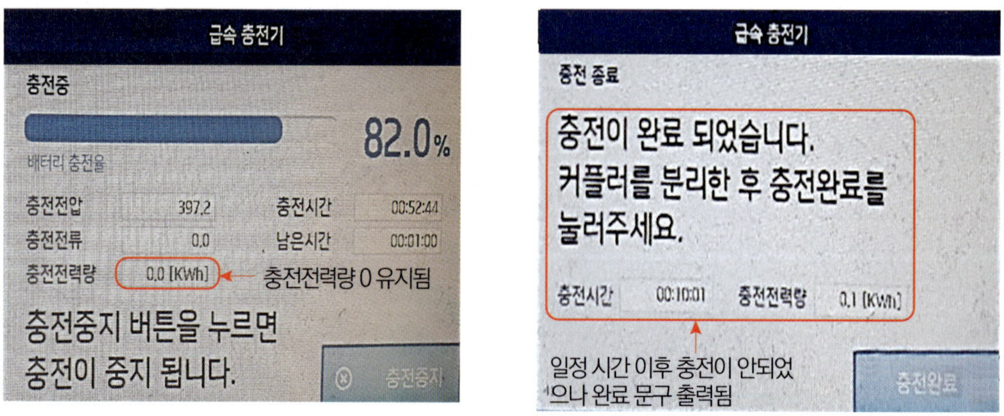

그림 다른 급속 충전기 충전 실시

④ 충전 시 OBC 및 BCM 서비스 데이터 점검 실시, 충전 중 BCM측 서비스데이터 확인 시 정상 상태, OBC CP전압 충전기 연결 9.5V → 충전 모드 진입 4.5V → 충전 완료 문구 표출 후 9.5V로 정상적으로 충전기 연결 확인됨

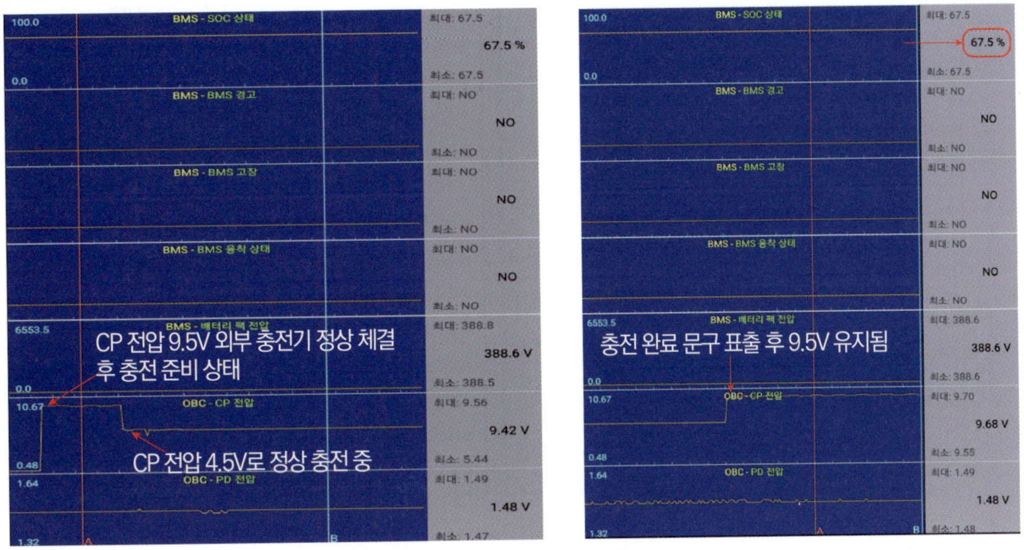

그림 서비스 데이터

⑤ 서비스 데이터 및 충전기 정상으로 판단되어 P-CAN 로거 측정 실시, 고전압 배터리 셀 전압 편차 발생으로 문제현상 발생 가능 확인됨

참고 충전 불량 관련 P-CAN 로거 분석 결과 확인

급속 충전 중 고전압 배터리 셀 전압편차 시 충전 중단 문제 발생 가능하다. 충전 중 장시간 동안 SOC가 상승하지 않으면 BMS에서 충전 중단 리퀘스트를 날리는 것으로 알고 있다.
SOC 74%일 경우 충전 속도가 느린 것도 셀 전압 편차에 의한 현상이며 상황에 따라 해당 시간이 더 증가할 경우 BMS에서 최종적으로 충전 중단을 했다고 판단됨. 충전이 중단된 시점에서 전체 베터리 셀 전압 측정 부탁. 문제가 되는 셀이 한정이 되면 해당 셀이 포함된 모듈 교환이 필요하니 참고.

⑥ 충전 불가 발생 당시 고전압 배터리 셀 전압 편차 확인 실시, 셀전압 확인 시 최대, 최소 셀 전압 편차 0.22V 확인되고 1~8번, 79~87번 셀 불량 확인됨

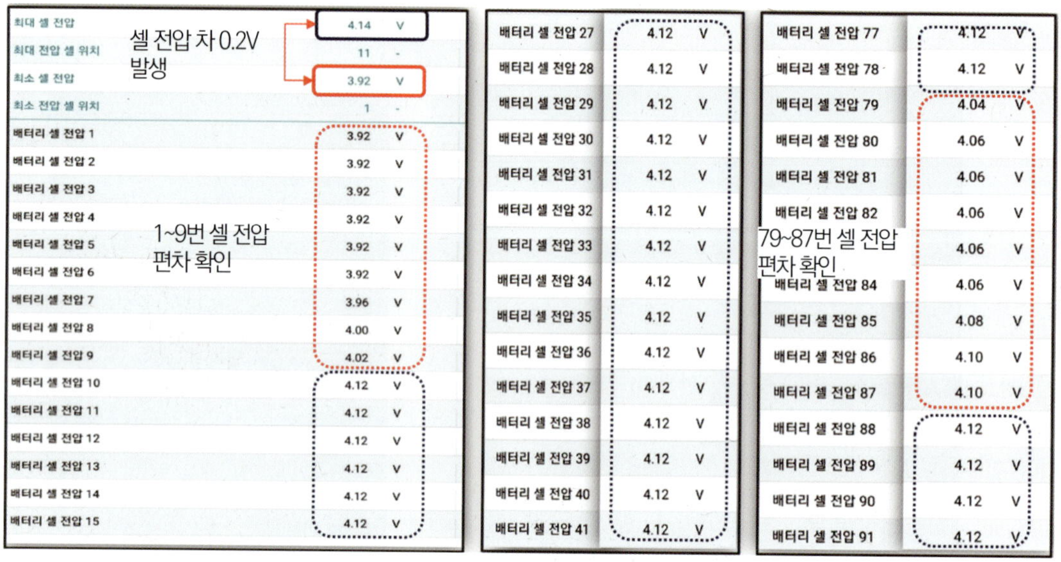

그림 고전압 배터리 셀 전압 확인 실시

⑦ 불량 배터리 셀 교환 후 정상 충전 확인됨, 셀 편차 발생 시 최대 주행거리 불량 차량이 다수이나 상기 차량은 충전이 안되는 현상이 발생됨

[3] 발생원인

배터리 셀 전압 편차 발생

[4] 조치사항

편차 발생된 고전압 배터리 교환, 고전압 배터리 모듈 교환 후 정상 충전 확인됨

1.4.2. HR EV(포터 EV, 2021년)

[1] 고장증상

시동불량

[2] 점검내용

① 진단기 연결하여 고장코드 점검결과 고장코드로, BMS "P1B9600" 고전압 배터리 셀 전압 편차 확인. 과거 코드로 BMS "P0B4F00" 고전압 배터리 "5번 전압센싱부" 이상 확인됨.

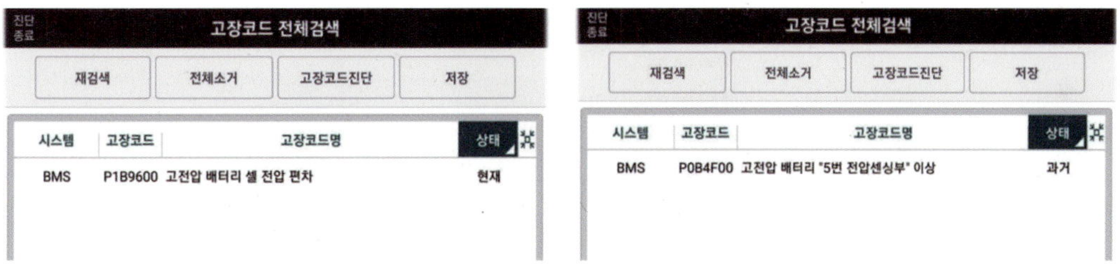

그림 고장코드

② "P1B9600" 고장 상황 데이터 확인 결과 셀 전압 편차 없음. 센서데이터 확인 결과 역시나 셀 전압 편차 없음.

■ 발생시킨 고장코드 : P1B9600

센서명	센서값	단위
배터리 충전 상태(BMS)	65.5	%
최대 충전 가능 파워	156.10	kW
최대 방전 가능 파워	156.10	kW
BMS 메인 릴레이 ON 상태	NO	-
배터리 사용가능 상태	NO	-
BMS 경고	YES	-
BMS 고장	NO	-
BMS 융착 상태	NO	-
BMS 완속 충전모드	NO	-
BMS 급속 충전모드	NO	-
BMS 충전 상태	NO	-
배터리 팩 전류	0.0	A
배터리 팩 전압	345.9	V
배터리 최대 온도	29	℃
배터리 최소 온도	28	℃
배터리 외기 온도	24	℃
최대 셀 전압	3.84	V
최대 셀 전압 셀 번호	2	No.
최소 셀 전압	3.84	V
최소 셀 전압 셀 번호	10	No.
보조 배터리 전압	11.9	V
절연 저항	1000	kOhm
인버터 커패시터 전압	1	V

그림 "P1B9600" 센서데이터

③ 고장코드 소거 후 시동 결과 정상 시동됨

④ "P0B4F00" 고장 상황 데이터 확인결과 배터리 모듈 3, 4, 5 온도가 −50℃ 확인. 그리고 고장 상세 코드1에 6 확인.

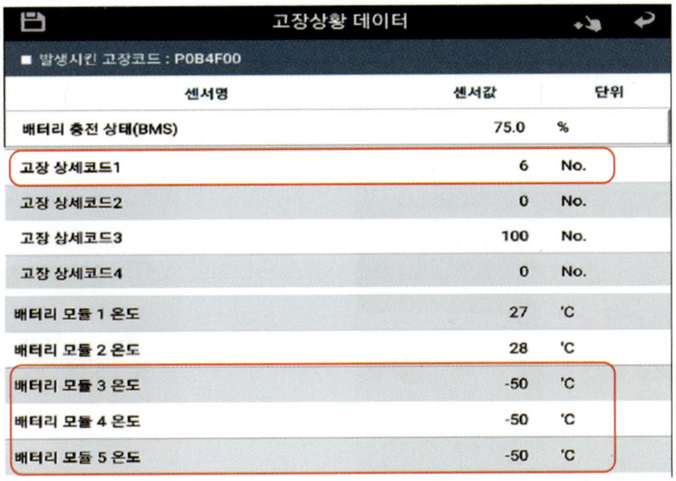

고장상황 데이터

■ 발생시킨 고장코드 : P0B4F00

센서명	센서값	단위
배터리 충전 상태(BMS)	75.0	%
고장 상세코드1	6	No.
고장 상세코드2	0	No.
고장 상세코드3	100	No.
고장 상세코드4	0	No.
배터리 모듈 1 온도	27	'C
배터리 모듈 2 온도	28	'C
배터리 모듈 3 온도	-50	'C
배터리 모듈 4 온도	-50	'C
배터리 모듈 5 온도	-50	'C

그림 고장상황 데이터

⑤ 코드별 진단가이드 확인결과 고장 상세 코드 1에 6이면 "원칩 통신 이상" 확인. 배터리 모듈 3, 4, 5 온도가 −50℃를 표출하는 걸로 보아 #3 CMU부터 통신이 안 된 것으로 판단됨.

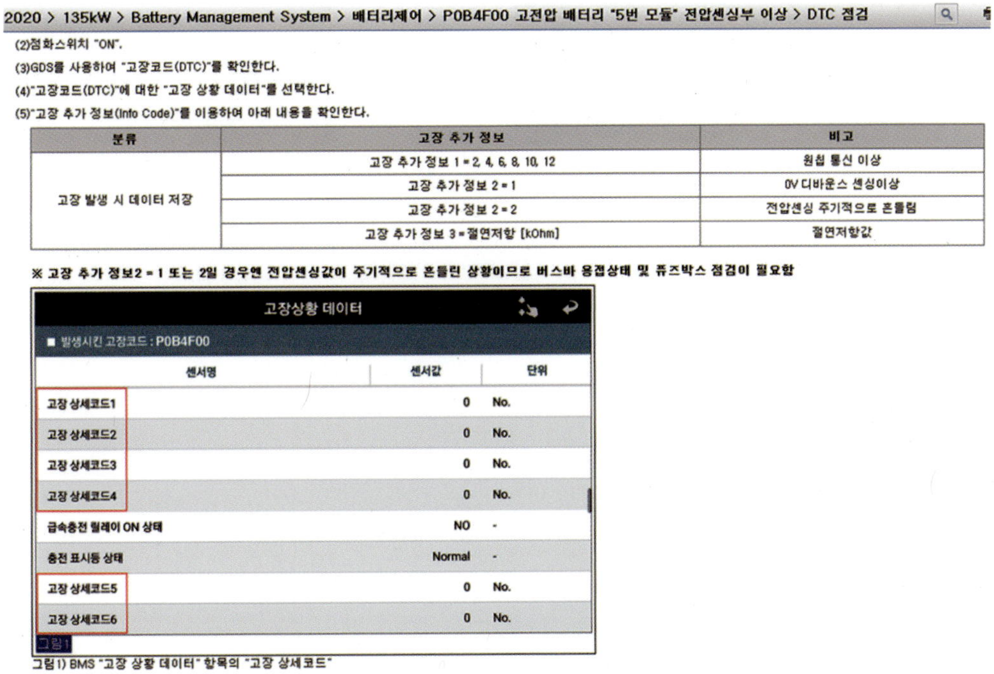

2020 > 135kW > Battery Management System > 배터리제어 > P0B4F00 고전압 배터리 "5번 모듈" 전압센싱부 이상 > DTC 점검

(2)점화스위치 "ON".

(3)GDS를 사용하여 "고장코드(DTC)"를 확인한다.

(4)"고장코드(DTC)"에 대한 "고장 상황 데이터"를 선택한다.

(5)"고장 추가 정보(Info Code)"를 이용하여 아래 내용을 확인한다.

분류	고장 추가 정보	비고
고장 발생 시 데이터 저장	고장 추가 정보 1 = 2, 4, 6, 8, 10, 12	원칩 통신 이상
	고장 추가 정보 2 = 1	0V 디바운스 센싱이상
	고장 추가 정보 2 = 2	전압센싱 주기적으로 흔들림
	고장 추가 정보 3 = 절연저항 [kOhm]	절연저항값

※ 고장 추가 정보2 = 1 또는 2일 경우엔 전압센싱값이 주기적으로 흔들린 상황이므로 버스바 용접상태 및 퓨즈박스 점검이 필요함

고장상황 데이터

■ 발생시킨 고장코드 : P0B4F00

센서명	센서값	단위
고장 상세코드1	0	No.
고장 상세코드2	0	No.
고장 상세코드3	0	No.
고장 상세코드4	0	No.
급속충전 릴레이 ON 상태	NO	-
충전 표시등 상태	Normal	-
고장 상세코드5	0	No.
고장 상세코드6	0	No.

그림1

그림1) BMS "고장 상황 데이터" 항목의 "고장 상세코드"

그림 코드별 진단가이드

⑥ 고전압 배터리 탈거하여 #3CMU 확인결과 커넥터는 정상 조립됨 확인. #3 CMU만 그을음 흔적 확인됨.

그림 #3 CMU 확인

[3] 발생원인

#3 CMU 불량

[4] 조치사항

고전압 배터리 어셈블리 교환

1.4.3. NE EV(아이오닉 EV, 차량년식 : 2021년식)

[1] 고장증상

고전압 배터리 셀 불량에 의한 전기차 시스템 이상 발생, 주행 중 클러스터에 "전기차 시스템을 점검하시오" 문구 출력

[2] 점검내용

① 자기진단 점검 결과 고장코드 BMS P1AA600 고전압 배터리 비정상 거동 감지 – 현재 표출

시스템	고장코드	고장코드명	상태
BMS	P1AA600	배터리 비정상 거동 감지	현재

그림 고장코드

② 고장 상황 데이터 점검, 고장코드 P1AA600 배터리 비정상 거동 감지 → 고장 추가 정보 데이터 확인 결과 셀 전압 편차값 180mV(고장 추가 정보4 X 5mV = 셀전압 편차), 57번 셀 전압 3.68V(최대 셀 전압 : 3.86V), 57번 셀 전압 불량에 의한 고장 발생으로 판단

고장 추가 정보 1	1	-
고장 추가 정보 2	0	-
고장 추가 정보 3	200	-
고장 추가 정보 4	36	-
고장 추가 정보 5	0	-
고장 추가 정보 6	8	-

센서명	센서값	단위
OPD 활성화 ON	NO	-
배터리 모니터링 이벤트 알림 상태	Error	-
윈터모드 활성화 상태	Installed & On	-
BMS Wake-Up 모드	RTC Wake Up	-
배터리 팩 전류	0.0	A
배터리 팩 전압	697.0	V
배터리 최대 온도	27	'C
배터리 최소 온도	26	'C
최대 셀 전압	3.86	V
최대 셀 전압 셀 번호	105	No.
최소 셀 전압	3.68	V
최소 셀 전압 셀 번호	57	No.

57번 Cell

그림 센서데이터 점검

③ 10번 불량 모듈 셀 전압 측정 시 23.18V, 정상 모듈 셀 전압 측정 결과 23.67V, 10번 BMA 서브 모듈 교환 진행

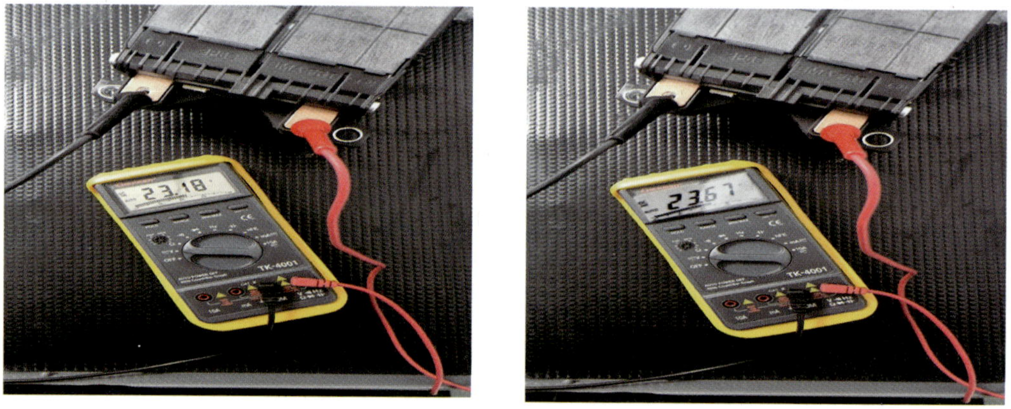

(a) 10번 모듈 전압(고장)

(b) 10번 모듈 전압(정상)

그림 10번 BMA 서브 모듈 점검

④ KNR 셀 밸런싱 후 직공급, 갭필러 장비, 액, 믹서기 활용한 BMA 서브 모듈 교환 → 3번 CMU 동시 교환, 작업 후 시운전 결과 이상 없음

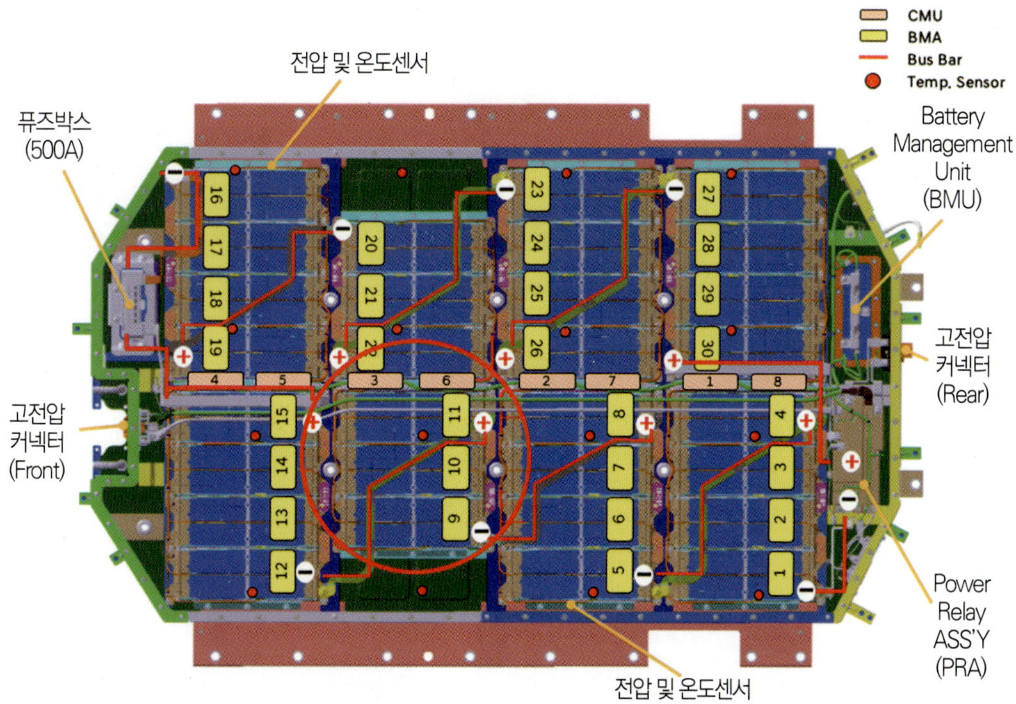

그림 배터리 팩 10번 BMA 서브 모듈

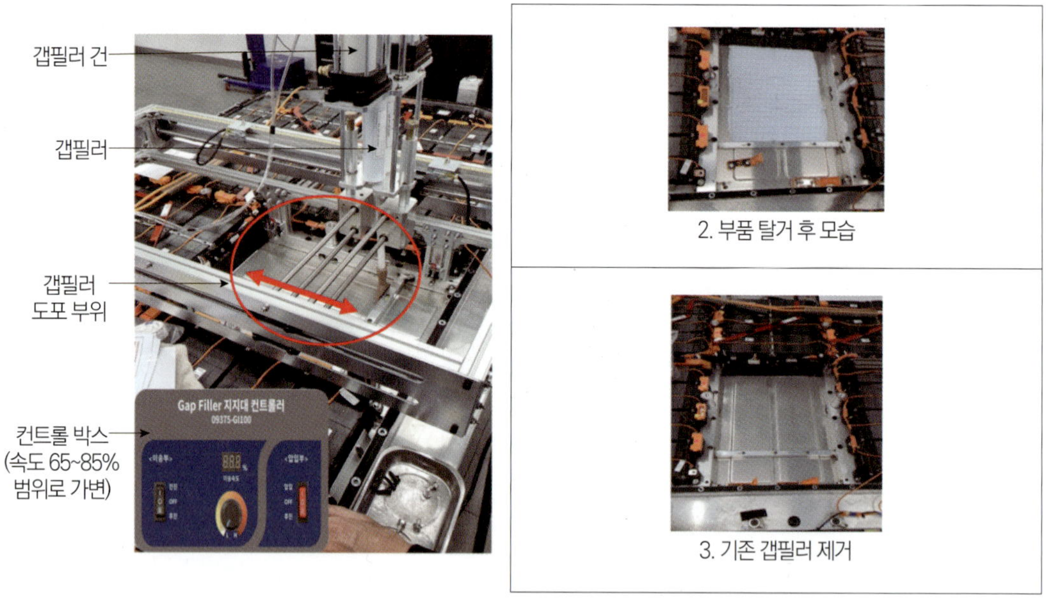

그림 10번 BMA 서브 모듈 탈거

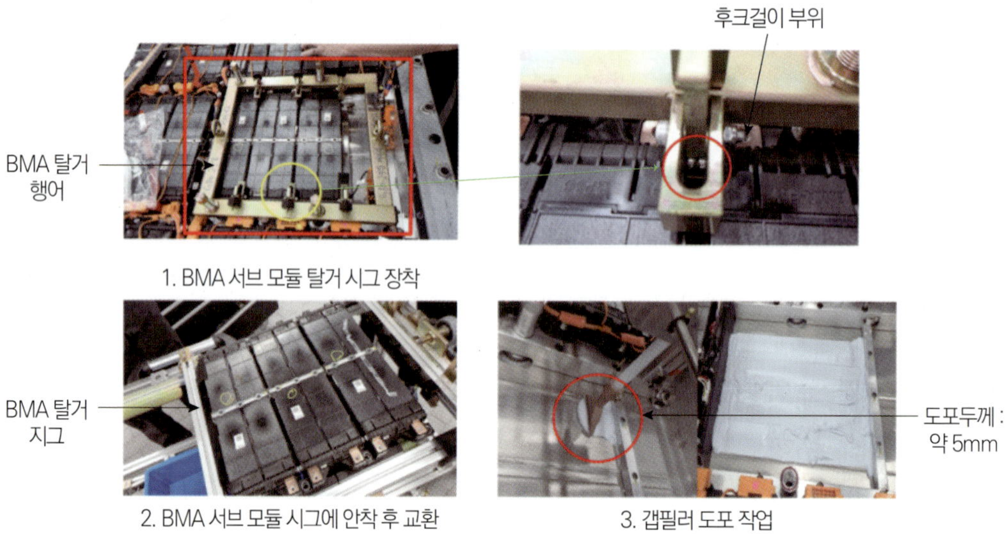

그림 10번 BMA 서브 모듈 조립

참고 작업 시 참고사항

1. 갭필러 도포 시 BMA 서브 모듈 1EA당 2개의 갭필러 필요
2. 매뉴얼에 나와 있는 순서대로 도포.(1번 구간 완료 시 수동으로 2번 구간으로 이동)

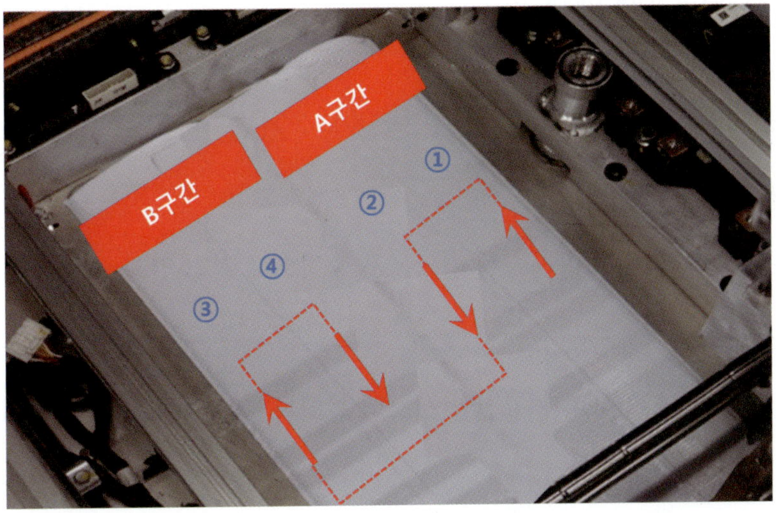

그림 1EA당 2개의 갭필러 필요

3. 갭필러 도포 지그에 리미트 스위치 2EA 적용 되어있음(출발/도착지점 각 1EA). 작동 구간에 있는 스위치는 갭필러 압입에 대한 리미트 스위치. 외측으로 있는 스위치는 이송 방향에 대한 리미트 스위치

그림 리미트 스위치 2EA 적용

[3] 발생원인

고전압 배터리 57번 셀 이상 발생

[4] 조치사항

고전압 배터리 10번 BMA 서브 모듈 교환

1.4.4. NE EV(아이오닉 EV, 차량년식 : 2001년식)

[1] 고장증상

READY 불가 및 전기차 시스템 경고문구 출력으로 견인 입고

[2] 점검내용

① DTC 확인 시 P0A0A12 고전압 시스템 인터록 회로 미체결 - 현재 표출

그림 고장 상황 데이터

② 진단 가이드 점검, 고장 추가 정보 확인 시 1번 출력(고장 추가 정보 1 = 전방 고전압 인터락)

P0A0A12

고전압 시스템 인터록 회로 미체결

센서명(144)	센서값
BTMS EWP#1 Protect Mode On 상태	NO
BTMS EWP#2 Protect Mode On 상태	NO
BTMS 밸브#1 제어 모드 피드백	Not Operating
BTMS 밸브#1 고장상태	NO
고장 추가 정보 1	1
고장 추가 정보 2	0
고장 추가 정보 3	0

DTC	P0A0A12
DTC 명칭	고전압 시스템 인터록 회로 미체결
DTC 설명	BMS는 고전압 배터리 서비스 플러그가 미장착으로 감지된 경우 해당 코드를 표출.
예상 원인	서비스 플러그, 메인 릴레이, BMS
점검 절차	1. 인터락 회로 점검 2. 서비스 플러그 점검 3. 저항측정/센서데이터를 통한 메인 릴레이 점검
기타 사항	

"고장 추가 정보(Info Code)"를 이용하여 아래 내용을 확인한다.

분류	고장 추가 정보	비고
고장시 데이터	고장 추가 정보1 = 0	A/S 인터락 탈거 시
	고장 추가 정보1 = 1	전방 고전압 인터락 탈거 시
	고장 추가 정보1 = 2	후방 고전압 인터락 탈거 시
	고장 추가 정보1 = 3	전방 정션박스(Heat) 인터락 탈거 시
	고장 추가 정보1 = 4	ICCU 커넥터 인터락 탈거 시

그림 고장 추가 정보

③ 전방 고전압 인터락 회로도 점검, 전방 고전압 인터락 관련 점검 시 이상 없음

㉮ 전방 고전압 인터락 회로 점검 시 HB-F 커넥터 관련 문제로 판단됨

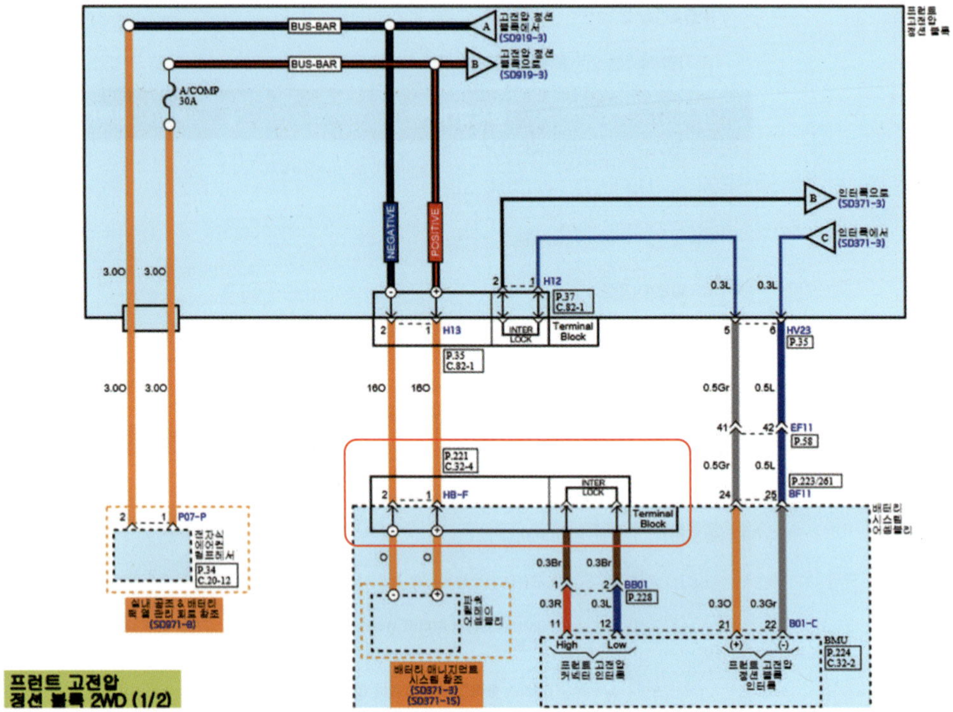

그림 인터락 회로 점검 시 HB-F 커넥터

㉯ 고전압 케이블 교환 후 동일 증상, 핀 텐션 점검 시 정상

㉰ BMU B01-C 11, 12번 전원, 접지단락 점검 및 통전 테스트 시 정상

㉱ 전방 고전압 인터락 회로는 정상. 가이드 오류 의심으로 커넥터 탈거하며 테스트

ㄱ 안전 플러그 탈거 시 고장 추가 정보 값 1

ㄴ 전방 고전압 인터락 탈거 시 추가정보 값 2

ㄷ 후방 고전압 인터락 탈거 시 추가정보 값 4

ㄹ 전방 정션박스 인터락 탈거 시 추가 정보 값 8

현재 발견된 고장상황데이터가 없습니다.

P0A0A12

고전압 시스템 인터록 회로 미체결

현재

센서명(145)	센서값	단위
BTMS EWP#2 Protect Mode On 상태	NO	-
BTMS 밸브#1 제어 모드 피드백	Not Operating	-
BTMS 밸브#1 고장상태	NO	-
고장 추가 정보 1	2	-
고장 추가 정보 2	0	-
고장 추가 정보 3	0	-

현재 발견된 고장상황데이터가 없습니다.

P0A0A12

고전압 시스템 인터록 회로 미체결

현재

센서명(145)	센서값	단위
BTMS 밸브#1 제어 모드 피드백	Not Operating	-
BTMS 밸브#1 고장상태	NO	-
고장 추가 정보 1	4	-
고장 추가 정보 2	0	-
고장 추가 정보 3	0	-

현재 발견된 고장상황데이터가 없습니다.

P0A0A12

고전압 시스템 인터록 회로 미체결

현재

센서명(145)	센서값	단위
BTMS 밸브#1 제어 모드 피드백	Not Operating	-
BTMS 밸브#1 고장상태	NO	-
고장 추가 정보 1	8	-
고장 추가 정보 2	0	-
고장 추가 정보 3	0	-

그림 커넥터 탈거하며 테스트

④ 고장코드는 계속 현재로 출력되는 상태로, 기억 소거 후 재검색 결과 고장 추가 정보 2 출력

⑤ 전방 고전압 정션 블록 인터록 관련 회로 점검

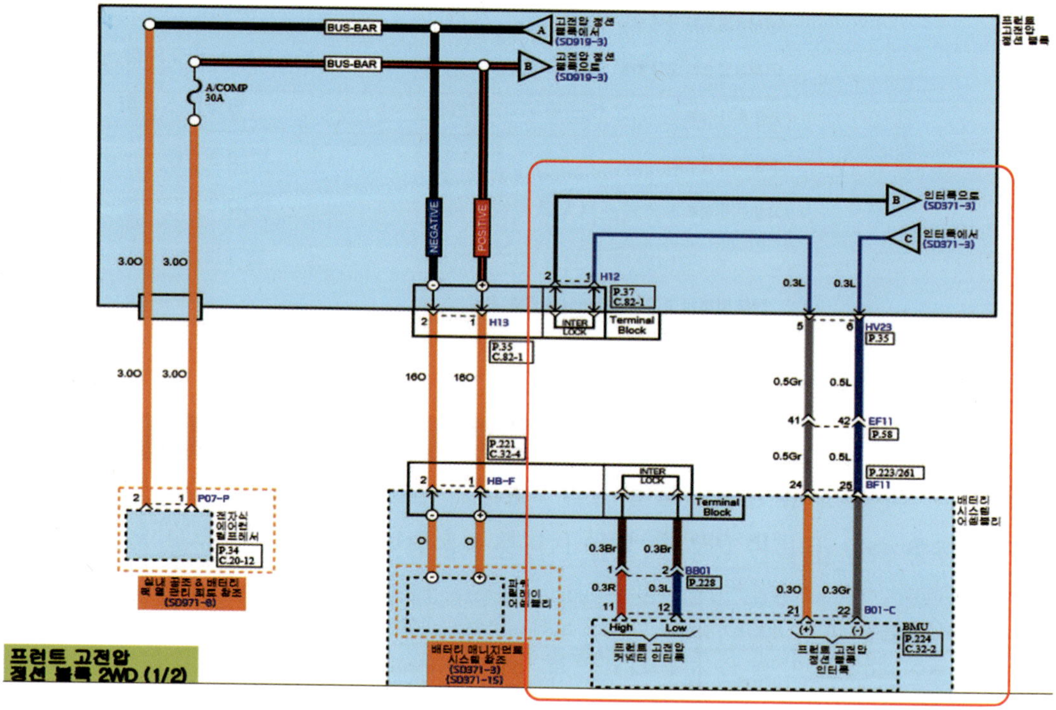

그림 인터락 회로 점검

⑥ EF11 커넥터 점검 시 수분 발생 확인됨

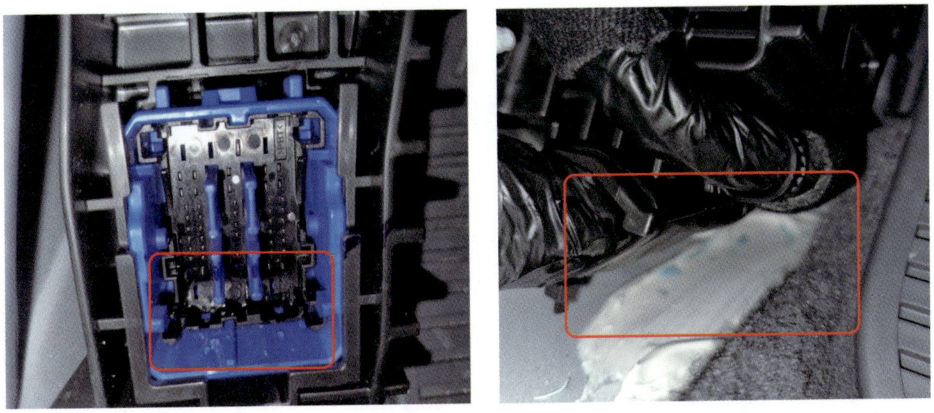

그림 수분 발생

⑦ 커넥터 세척 후 재 체결

⑧ 시운전 시 증상 사라짐

⑨ 출고 전 혹시나 하는 마음에 커넥터 재확인 시 동일하게 수분 발생 확인함

⑩ EF11 커넥터 아래쪽 의심스러운 정황 발견, 와셔액 VS 절연부동액 의견이 갈려 직접 뿌려보니 절연 부동액으로 예상됨

㉮ 실내 절연 부동액 유입될 만한 곳 모두 점검 시 누수 흔적 전혀 없음

㉯ 와셔액도 가능성 있어 와셔액 2통 분사 시 누수 부위 찾을 수 없음

㉰ 다음날 커넥터 확인 시 동일하게 수분 유입됨

㉱ EF11 커넥터 핀 탈거 후 점검

㉲ EF11 45, 46번 핀에서 수분 유입 흔적 발견함

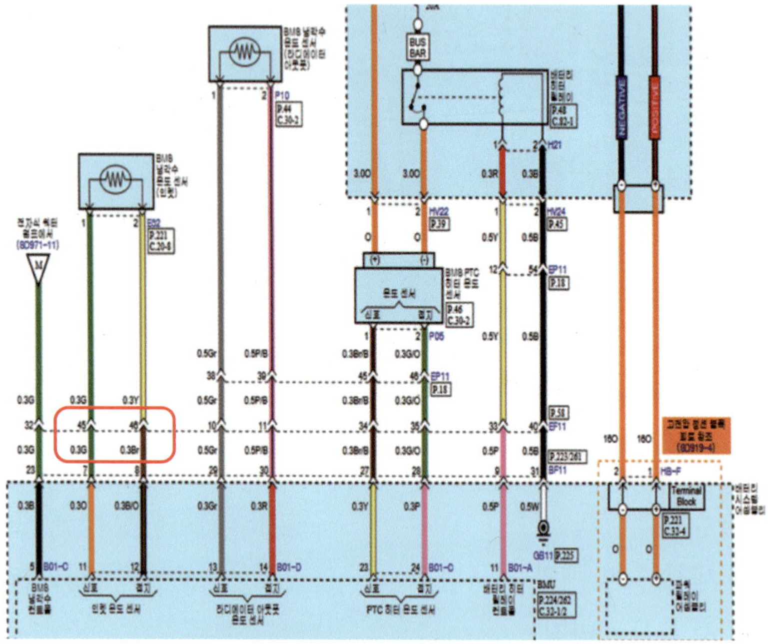

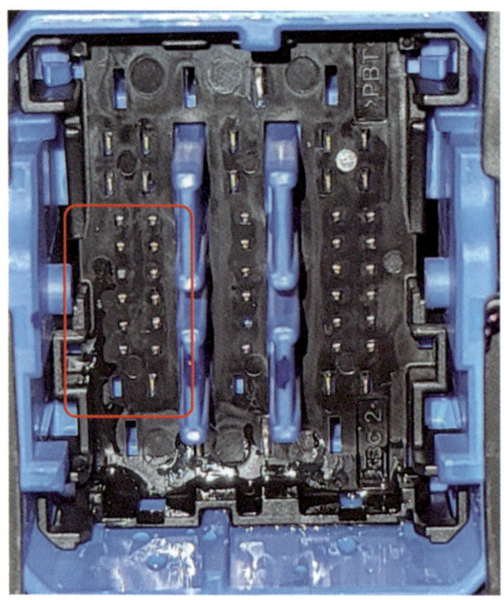

그림 EF11 45, 46번 핀에서 수분 유입 흔적

⑪ 수분 발생 원인 부위 정밀 점검, BMS 냉각수 인렛 온도센서로 절연 냉각수 유입 확인

⑫ EF11 커넥터에서 45, 46번 핀 탈거 후 확인 시 수분에 의한 부식 확인됨

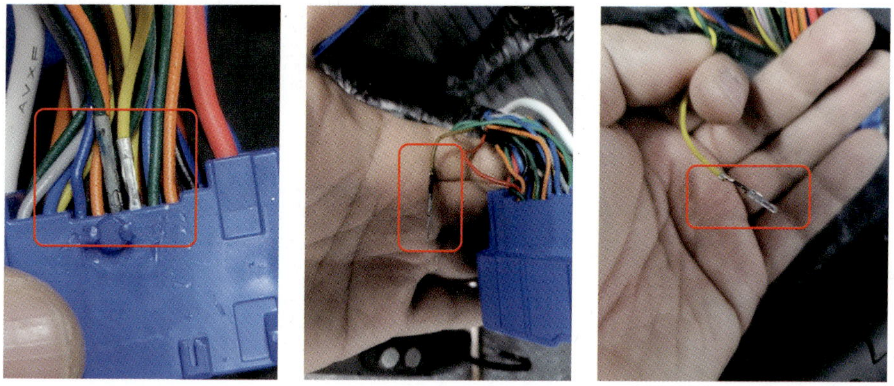

그림 45, 46번 핀 부식

⑬ BMS 냉각수 온도센서(인렛) 점검

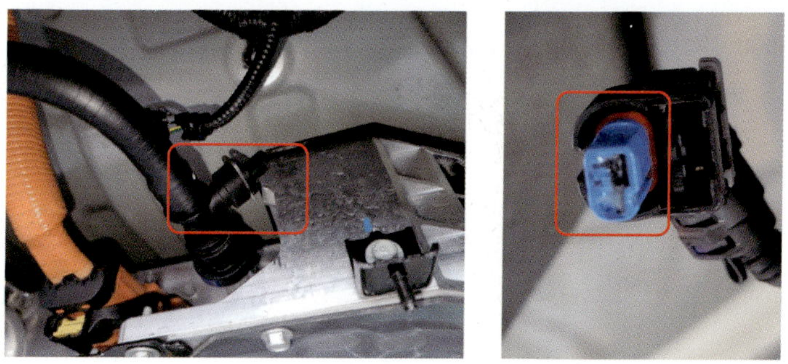

그림 온도센서(인렛) 점검

⑭ 커넥터 탈거 후 확인 시 절연 냉각수 유입 확인됨

⑮ BMS 냉각수 온도센서 인렛이랑 연결되어 있음

[3] 발생원인

BMS 냉각수 인렛 온도센서 및 와이어링으로 절연 냉각수 유입

[4] 조치사항

BMS 냉각수 인렛 온도센서 및 와이어링 교환

1.4.5. NE EV(아이오닉 EV, 차량년식 : 2021년식)

[1] 고장증상

EV 경고등 점등

[2] 점검내용

① DTC 진단시 고장코드 P0AA600 배터리 비정상 거동 감지 – 현재 표출

고장코드	고장코드명	상태	링크업
P0AA600	고전압 부품 절연파괴	현재	
P1AA600	배터리 비정상 거동 감지	현재	

그림 고장코드

② DTC 진단 시 절연파괴 확인되며 서비스데이터 확인 시 READY 후 절연저항 정상 3000Ω 에서 순차적으로 떨어짐 확인

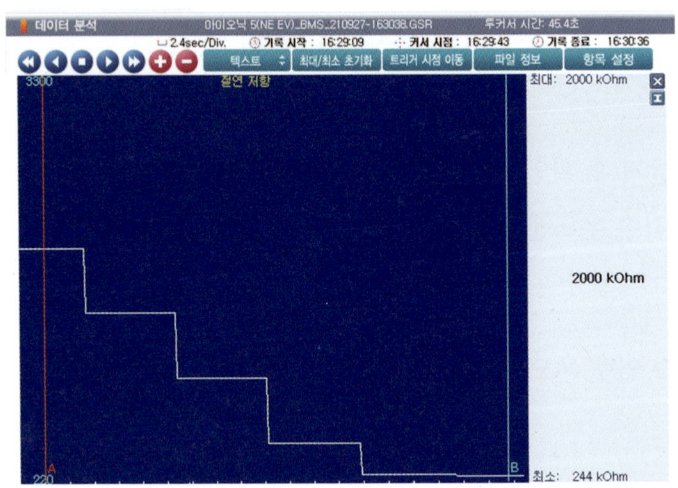

그림 서비스데이터

③ 절연파괴 부품검사를 했으나 절연파괴 검사 실패

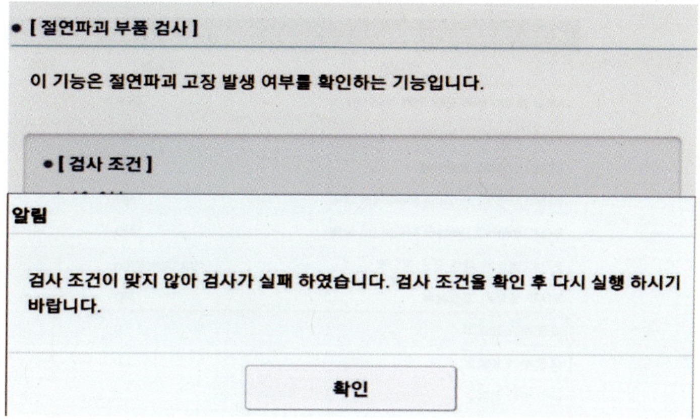

그림 절연파괴 검사 실패

④ 배터리 비정상 거동 감지 고장상황 데이터 완속충전 후 절연저항 23×15 = 345kΩ 고장 확인가능

■ 발생시킨 고장코드 : P1AA600

센서명	센서값	단위
BTMS EWP#2 Protect Mode On 상태	NO	-
BTMS 밸브#1 제어 모드 피드백	Not Operating	-
BTMS 밸브#1 고장상태	NO	-
고장 추가 정보 1	2	-
고장 추가 정보 2	0	-
고장 추가 정보 3	23	-
고장 추가 정보 4	0	-
고장 추가 정보 5	0	-
고장 추가 정보 6	5	-
고장 추가 정보 7	0	-
고장 추가 정보 8	0	-
SOH 상태 (신품기준 100%)	100.0	%
최대 열화 셀 번호	0	-
시동 시 메인 릴레이 작동 횟수 (x100)	0	-
보충전 의한 메인릴레이 동작 횟수	3	-
완속충전 의한 메인릴레이 동작 횟수 (x1)	0	-
급속충전 의한 메인릴레이 동작 횟수 (x1)	0	-
쏠라 충전 의한 메인릴레이 동작 횟수 (x1)	0	-

그림 고장상황 데이터

⑤ 고전압 절연저항 고장상황 데이터 고장추가정보 전부 0으로 어딘지 알 수 없음

■ 발생시긴 고장코드 : P0AA600

센서명	센서값	단위
MCU 냉각수 부족 진단 기능 수행 ON	OFF	-
BTMS EWP#1 고장상태	NO	-
BTMS EWP#2 고장상태	NO	-
BTMS EWP#1 Protect Mode On 상태	NO	-
BTMS EWP#2 Protect Mode On 상태	NO	-
BTMS 밸브#1 제어 모드 피드백	Not Operating	-
BTMS 밸브#1 고장상태	NO	-
고장 추가 정보 1	0	-
고장 추가 정보 2	0	-
고장 추가 정보 3	0	-
고장 추가 정보 4	0	-
고장 추가 정보 5	0	-
고장 추가 정보 6	0	-
고장 추가 정보 7	0	-
고장 추가 정보 8	0	-
SOH 상태 (신품기준 100%)	100.0	%
최대 열화 셀 번호	0	-
시동 시 메인 릴레이 작동 횟수 (x100)	0	-

그림 고장상황 데이터 고장추가정보

⑥ 메가옴 테스터기로 고전압 배터리 제외한 고전압 부품 절연저항 검사 시 정상

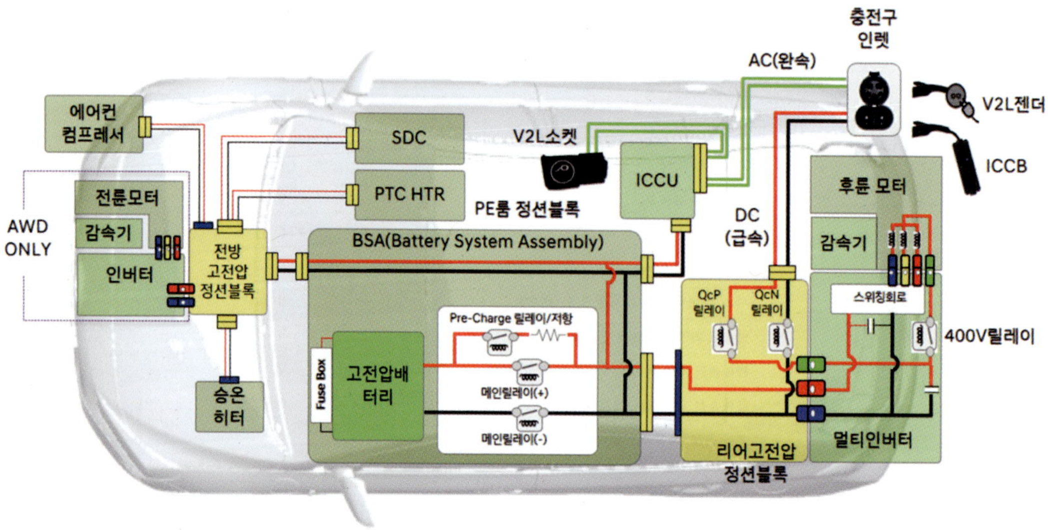

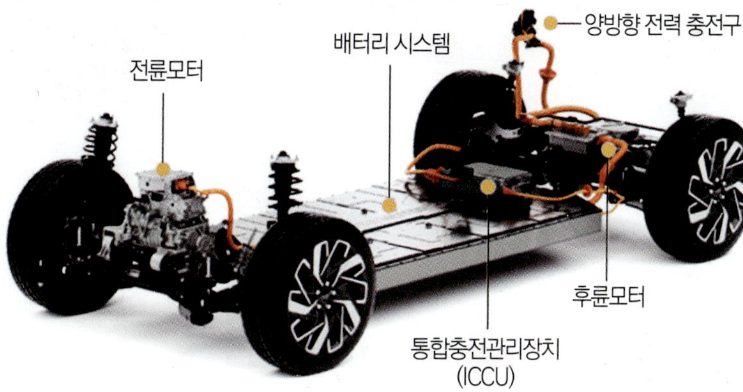

그림 EV 구성도

⑦ 배터리 탈거 후 고전압 배터리 절연저항 검사

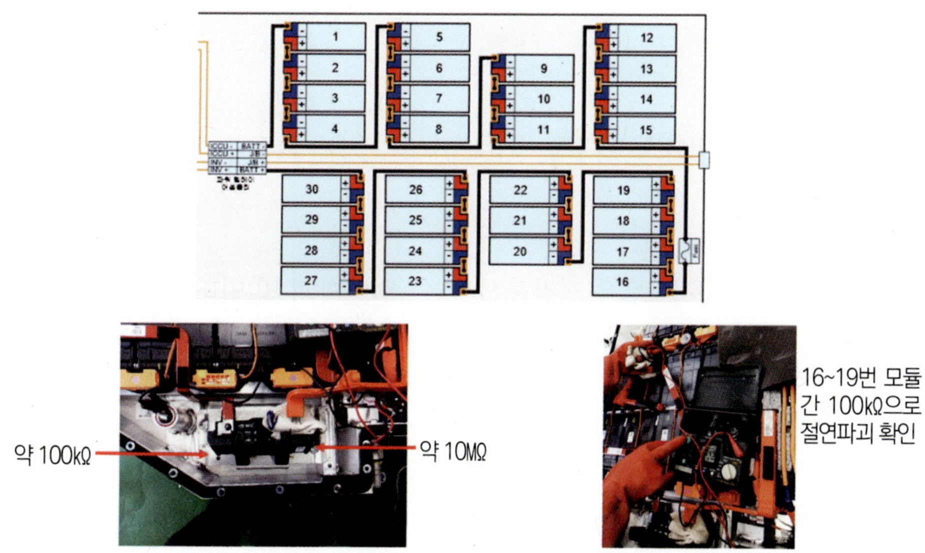

그림 절연저항 검사

⑧ 16~19 모듈 탈거 후 확인 시 전해액 누출

그림 전해액 누출

[3] 발생원인

고전압 배터리 19번 모듈 전해액 누출

[4] 조치사항

BSA 교환

1.4.6. NE EV(아이오닉 EV, 차량년식 : 2021년식)

[1] 고장증상

주행 불가, "전기차시스템을 점검하십시오", 절연파괴 및 인터락 미체결 경고

[2] 정비이력

BMS 교환

[3] 점검내용

① BMS 교환 후 정상으로 출고 준비 중 시운전 후 경고등 재 점등 및 주행 불가

② 모바일 점검 시 과거 DTC로 P0A0A12 인터락 체결 불량, 고장 상세코드 내용 없어 위치 판별 불가

③ 고전압 절연파괴 DTC 추가 점등 P0AA6, P0A0A12

P0A0A12 고전압 시스템 인터록 회로 미체결	현재
P0AA600 고전압 부품 절연파괴	현재

그림 고장코드

고장 추가 정보 1	0	-
고장 추가 정보 2	0	-
고장 추가 정보 3	0	-
고장 추가 정보 4	0	-
고장 추가 정보 5	0	-
고장 추가 정보 6	0	-
고장 추가 정보 7	0	-
고장 추가 정보 8	0	-

그림 고장상황 데이터 고장추가정보

④ P0AA6 고장 상세코드 없음, P0A0A12 인터락 체결도 고장 상세코드 없음

⑤ PRA 융착 NO, PRA 인터락 모두 정상값 표출

⑥ 절연파괴 검사, 인터락 체결 검사

⑦ 고전압 절연저항 값이 0kΩ으로 고전압 라인 - 차체 단락 의심됨

⑧ 메가옴테스터 절연상태 직접 검사 전, 후방 배터리 고전압 커넥터 (–)와 차체간 절연 검사 시 3회 중 2회 빈도로 전방 고전압 커넥터 (–) 단자가 차체 단락 확인

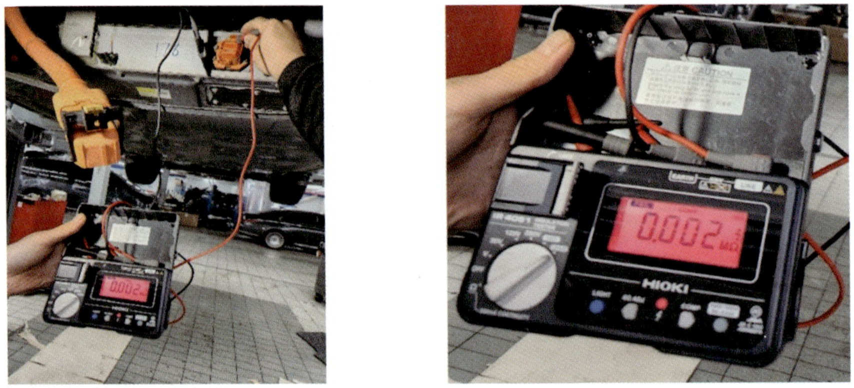

그림 절연상태 점검

⑨ 고전압 (−)단자와 인터락 회로가 단락되어 인터락 체결 불량 DTC 발생

⑩ 55,000km 주행거리 동안 해당 부위(전방 고전압 커넥터) 수리이력 없음으로 조립 불량으로 추정

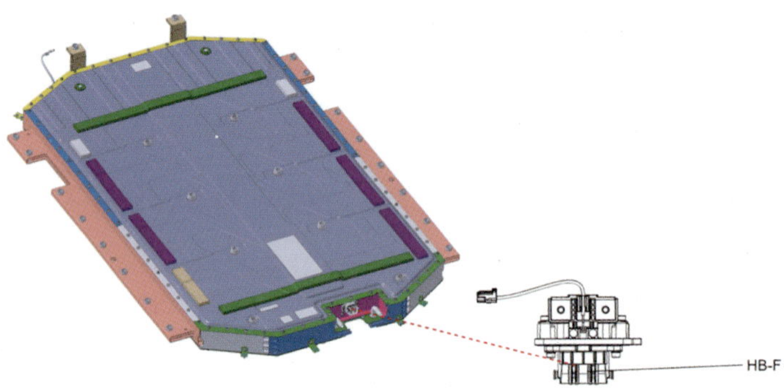

그림 전방 고전압 커넥터

⑪ 피복 손상은 없고 강하게 눌린 자국만 있어 고전압 (−) 단자에 끼어 간헐적으로 단락 발생 추정

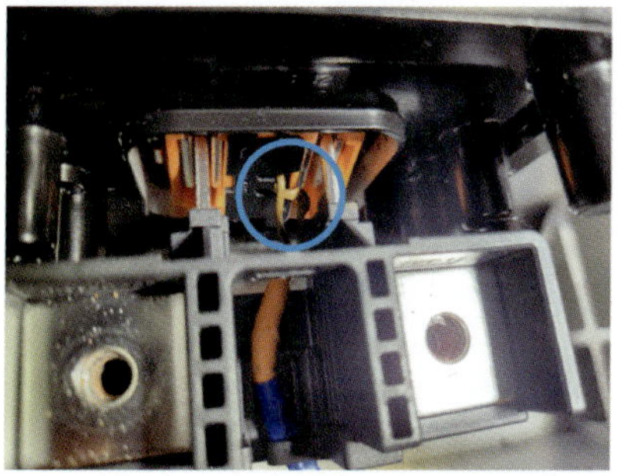 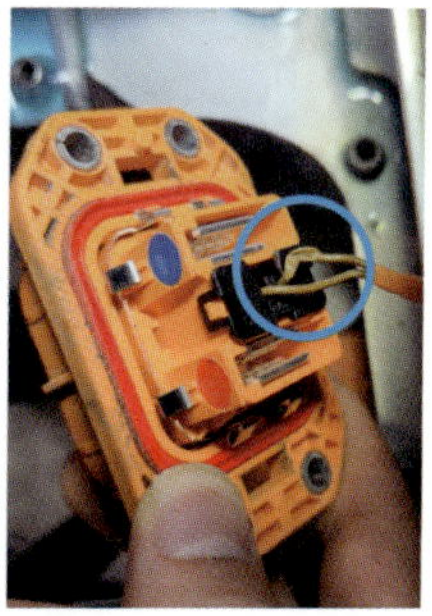

그림 피복 눌린 자국

[4] 발생원인

인터락 회로가 고전압 라인과 단락되어 DTC 2가지 발생하였고 인터락 와이어링을 통해 BMS 단품을 고장 내면서 차체와 단락, WARNING 점등으로 추정됨

[5] 조치사항

와이어링, BMS 교환

1.4.7. OS EV(코나 EV, 차량년식 : 2019년식)

[1] 고장증상

시동 불가로 견인 입고, 입고 후 기억 소거 시 주행은 가능 얼마 동안만

[2] 점검내용

① 자기진단 시 고장코드 P1B9600 고전압 배터리 셀 전압 편차 – 현재 표출

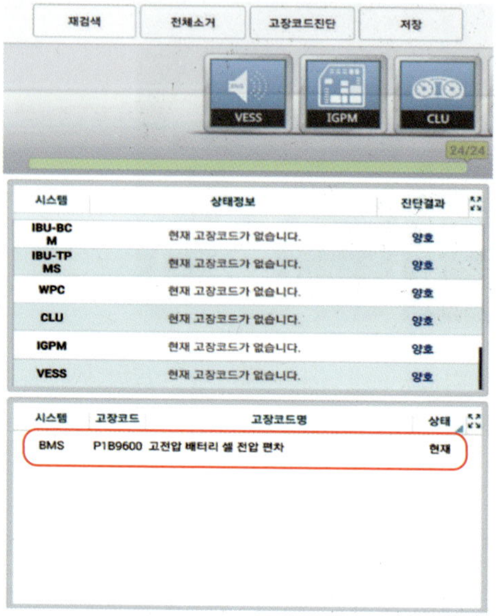

그림 고장코드

② 센서데이터 확인 시 배터리 셀 #65번 전압이 낮음 3.54V

③ 나머지 모든 셀은 4.12V로 정상

배터리 충전 상태(BMS)	27.5	%
최대 충전 가능 파워	163.40	kW
최대 방전 가능 파워	140.50	kW
배터리 팩 전압	404.4	V
배터리 최대 온도	7	℃
최대 셀 전압	4.12	V
최대 셀 전압 셀 번호	39	-
최소 셀 전압	3.54	V
최소 셀 전압 셀 번호	65	-
배터리 셀 전압 65	3.54	V
배터리 셀 전압 66	4.12	V
배터리 셀 전압 67	4.12	V
배터리 셀 전압 68	4.12	V
배터리 셀 전압 69	4.12	V
배터리 셀 전압 70	4.12	V
배터리 셀 전압 71	4.12	V
배터리 셀 전압 72	4.12	V
배터리 셀 전압 73	4.12	V
배터리 셀 전압 74	4.12	V
배터리 셀 전압 75	4.12	V
배터리 셀 전압 76	4.12	V
배터리 셀 전압 77	4.12	V
배터리 셀 전압 78	4.12	V
총 주행거리	25703	km
경고등 점등후 주행거리	7687	km
고장코드 발생 시 주행거리	18016	km

그림 센서데이터

(a) 셀#65번 4번 BPA 팩 전압

(b) 정상 팩의 전압

그림 팩 전압

[3] 발생원인

배터리 셀#65번 4번 BPA 불량

[4] 조치사항

배터리 #4번 BPA 교환

㉮ 신품 배터리 전압은 72V로 공급됨

㉯ 기존 배터리 전압은 83V임. 그대로 올리면 시동 불가

㉰ 배터리 셀 밸런싱 장비로 기존 전압 83V로 맞춰서 올려야 됨

그림 BPA 교환

1.4.8. OS EV(코나 EV, 차량년식 : 2019년식)

[1] 고장증상

BMS 경고등 점등, 배터리 충전 불량

[2] 점검내용

① DTC 점검 시 고장코드 P1B9600 고전압 배터리 셀 전압 편차 – 과거 표출

그림 고장코드

② 주행 중 이상 없음, 충전 이상 없음

③ DTC 출력 시 75번 셀 전압 편차 확인

㉮ 현재 센서데이터 75번 셀 0.4V 편차 있음

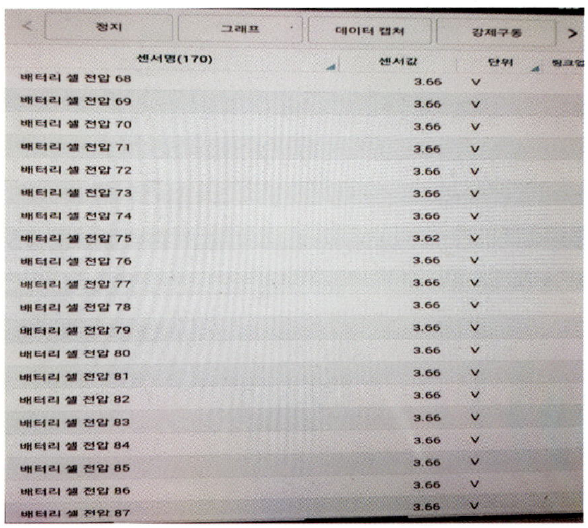

그림 센서데이터

㉯ 간헐적 75번 셀 전압 편차 0.1V 이상 발생으로 경고등 점등 및 충전 불량 발생으로 추정

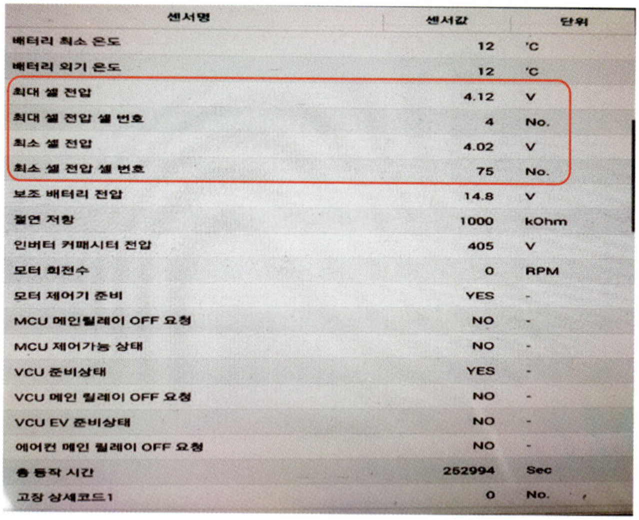

센서명	센서값	단위
배터리 최소 온도	12	'C
배터리 외기 온도	12	'C
최대 셀 전압	4.12	V
최대 셀 전압 셀 번호	4	No.
최소 셀 전압	4.02	V
최소 셀 전압 셀 번호	75	No.
보조 배터리 전압	14.8	V
절연 저항	1000	kOhm
인버터 커패시터 전압	405	V
모터 회전수	0	RPM
모터 제어기 준비	YES	-
MCU 메인릴레이 OFF 요청	NO	-
MCU 제어가능 상태	NO	-
VCU 준비상태	YES	-
VCU 메인 릴레이 OFF 요청	NO	-
VCU EV 준비상태	NO	-
에어컨 메인 릴레이 OFF 요청	NO	-
총 동작 시간	252994	Sec
고장 상세코드1	0	No.

그림 고장상황 데이터

[3] 발생원인

배터리 셀 불량

[4] 조치사항

7, 8번 배터리 모듈 교환 후 출고

1.4.9. OS EV(코나 EV, 차량년식 : 2019년식)

[1] 고장증상

레디 불가, 주행 불가, EV 시스템 경고등 점등이 되며 기억소거 후 시동 시 간헐적 READY 가능함

[2] 점검내용

① DTC 확인 시 P0AA6 고장상황 데이터 표출

② 센서데이터 확인, 절연저항 1000kΩ → KEY OFF 진단 시 절연저항 700~900kΩ

③ 고전압 배터리부 절연 파괴 판단되어 배터리 탈착

④ 고전압 배터리 손상 확인, 미세 스크래치만 확인됨

⑤ 고전압 배터리 내부 불량으로 판단, 배터리 탈거 점검

⑥ 기밀테스트 확인 시 PASS, 케이스 오픈 후 케이스 하부 충격 부위 수분유입 흔적이 있음

그림 수분 유입 흔적

⑦ 압력 조정재 탈거 후 약하게 에어건으로 공기 주입 확인 시 용접부 부근 외부 충격에 의하여 미세 크랙 발생 확인됨, 리프팅 후 육안 점검 시 발견되지 않음

그림 에어 주입

참고 기밀점검 시험기 사용 기밀 테스트 PASS

1. 기밀점검 시험기 매뉴얼 확인 20mbar 압력 주입 후 기밀 유지
   -2mbar 이상이면 ERROR 표출
2. 문제 배터리 케이스 누설로 20mbar까지 압력이 형성되지 않음에도
   -2mbar 미만으로 PASS 표출됨

참고 고전압 배터리 팩 어셈블리 기밀 점검

[고전압 배터리 팩 어셈블리 기밀 점검]

⚠ 주 의

- 고전압 배터리 팩을 차량에 장착하기 전에 "EV 배터리 팩 기밀점검 시험기"를 사용하여 기밀점검을 실시한다.

1. 서비스 플러그(A)를 장착한다.

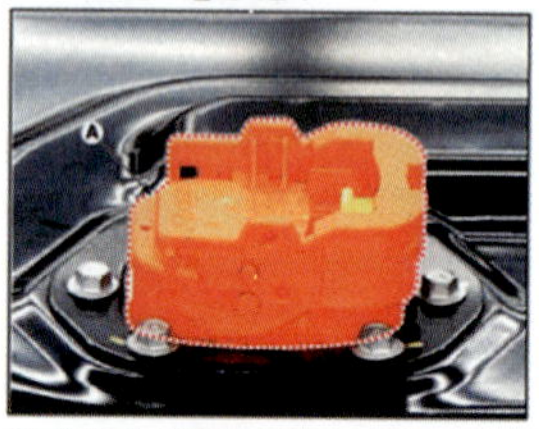

2. EV 배터리 팩 기밀점검 시험기에 들어있는 기밀 유지 커넥터(A)를 장착한다.

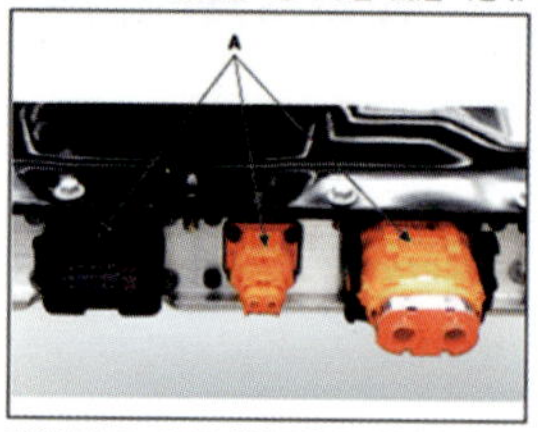

3. 기밀점검 테스터기의 압력 조정제 어댑터(A)를 배터리팩 상부에 위치한 압력 조정제 위에 화살표 방향으로 밀면서 5초간 유지하여 어댑터가 흡착되도록 한다.

참 고

- 약 5초간 누른후 손을 떼어도 진공압력에 의해 압력 조정제 어댑터는 떨어지지 않는다.

4. EV 배터리 팩 기밀점검 테스터기의 "start" 버튼을 눌러 고전압 배터리 팩 기밀점검을 실시한다.

유 의

- EV 배터리 팩 기밀점검 테스터기의 사용 방법은 업체 매뉴얼을 참고한다.

유 의

- 기밀점검 테스터중 아래 그림과 같이 호스의 꺾임을 유의한다.

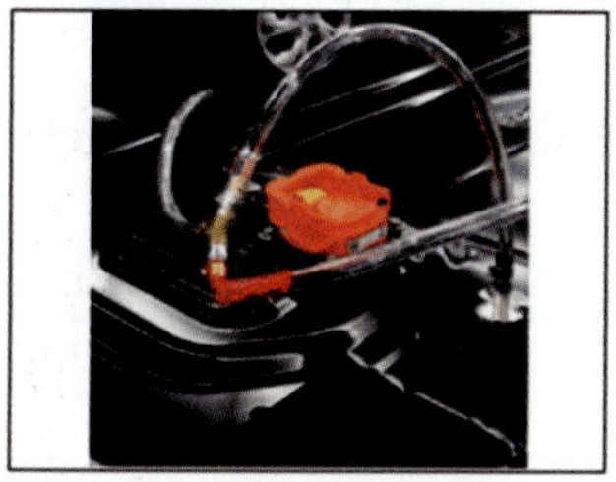

5. 고전압 배터리 팩의 압력 누설 여부를 확인한다.

참 고

- "고전압 배터리 팩" 의 압력 누설 판정 기준
- PASS 문구 : 이상없음
- ERROR 문구 : 이상있음

그림 고전압 배터리 팩 어셈블리 기밀 점검

[3] 발생원인

고전압 배터리 케이스 외부 충격으로 미세 크랙

[4] 조치사항

고전압 배터리 교환

1.4.10. OS EV(코나 EV, 차량년식 : 2018년식)

[1] 고장증상

경고등 발생

[2] 점검내용

① #665~668번 업그레이드 후 발생

② 자기진단 시 고장코드 P0B4A00 고전압 배터리 "4번 배터리 전압센싱부" 이상 – 현재 표출

그림 고장코드

③ 1차 배터리 팩 탈거 CMU 교체 후에도 센서데이터 0V 측정

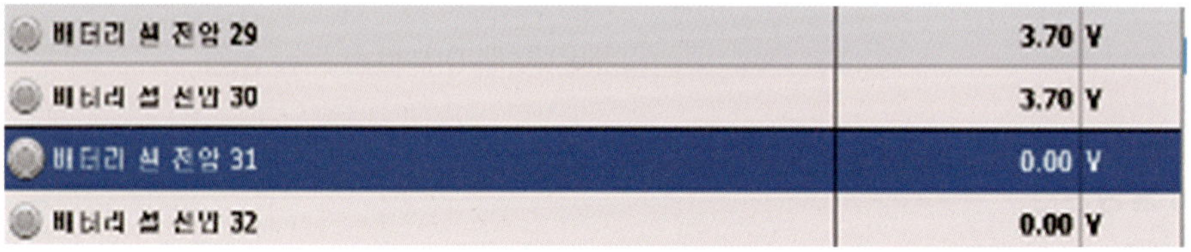

그림 센서데이터

고장 판정 조건

항목			판정 조건	고장예상
검출목적			전기차 배터리 전압센싱부 이상 방지 잘못된 전압 정보에 의한 제어오류 차단	1. 전기차 배터리 모듈과 BMS간 배선 및 커넥터 2. BMU / CMU 3. 배터리모듈 내 이상
검출조건			점화스위치 "ON" 보조배터리 정상전압(9-16V) 절연파괴 고장 없음	
고장코드발생기준값			셀 전압 이상값 (0V 혹은 5.1V) 3분 이상 (해당 모듈)	
고장코드해제기준값			셀 전압 정상값 이며 3분 이상 (해당 모듈)	
안전 모드	가용파워	충전제한	60%	
		방전제한	60%	
	Fan 컨트롤		-	
	Relay 컨트롤		유지	
	서비스 램프	ON 조건	2회 주행사이클	
		OFF 조건	점화스위치 "OFF"	
	DTC 확정		2회 주행사이클	
	경고등		ON	

그림 고장판정 조건

④ BMU 교체 후 확인 시 센서데이터 동일

⑤ 배터리 셀 모듈 진단 장비로 배터리 팩 전압 값 확인 시 정상(1차 측정 시)

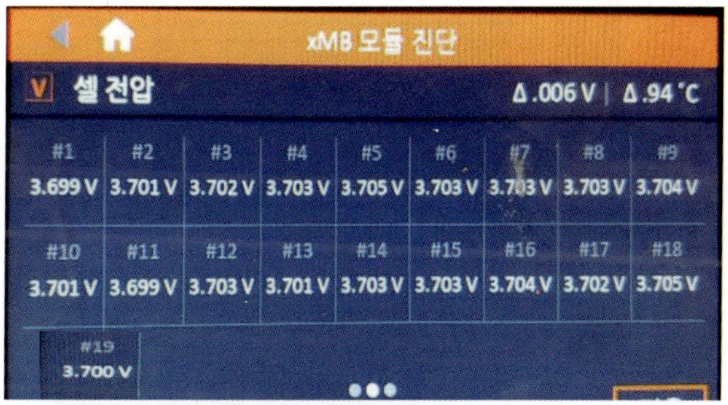

그림 배터리 팩 전압 값 확인

⑥ 2차 재 측정 시 모듈 진단 점검 안됨(배선 교환 시에도 측정 불가)

⑦ 배터리 팩 전체 전압 측정 시는 70.3V(3.7V × 19EA, ∴ 70V 측정 정상)

그림 배터리 팩 전체 전압 측정

⑧ 배터리 팩 라인 배선 점검 시작

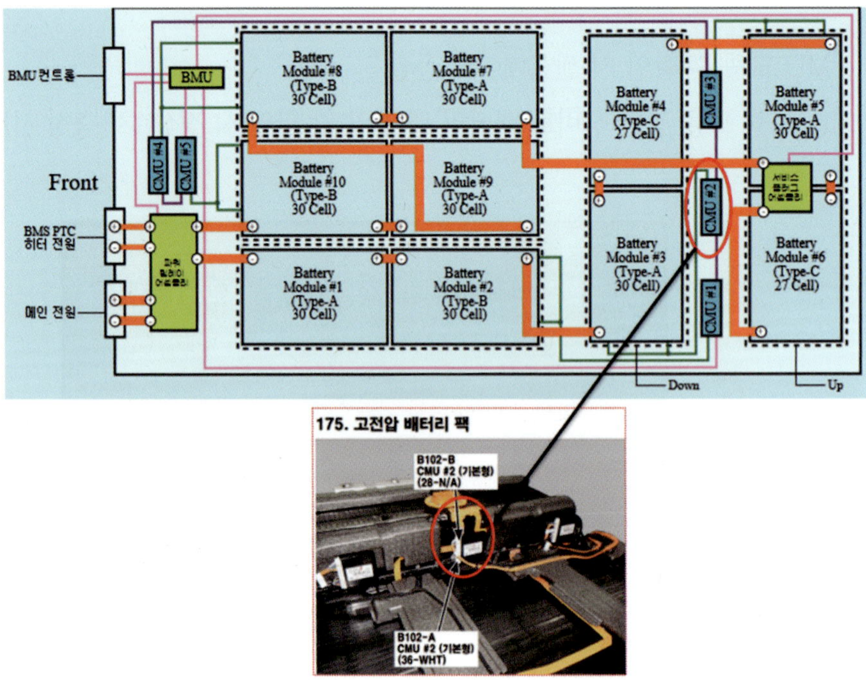

그림 고전압 배터리 팩 CMU #2

[3] 발생원인

배터리 팩 내부 센싱 연결 라인 불량 추정

[4] 조치사항

고전압 배터리 팩 교환 작업 후 센서데이터 정상 출력

1.4.11. OS EV(코나 EV, 차량년식 : 2019년식)

[1] 고장증상

OS EV 시동 불가

[2] 점검내용

① 시스템 전체 자기진단 실시, BMS – 배터리 제어 P1BD400 배터리 냉각수 수위 초과 – 현재 출력

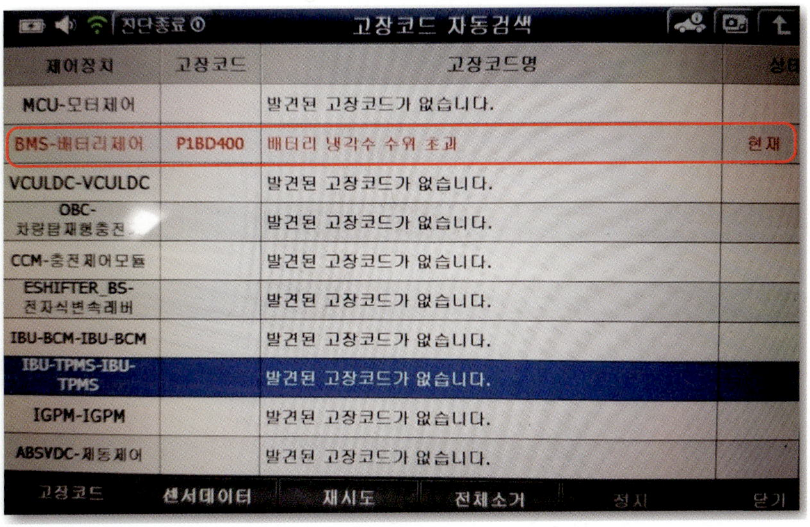

그림 고장코드

② 운행 중 배터리 케이스 하단 돌 뿌리 또는 고르지 못한 도로에서 충격에 의한 손상으로 파손에 의한 배터리 케이스 내부 냉각수(부동액) 라인 손상여부 확인 진행

③ 배터리는 공랭식이 아닌 수랭식 방식으로 케이스 내부 하단에 냉각수 누설모니터링용 센서 설치

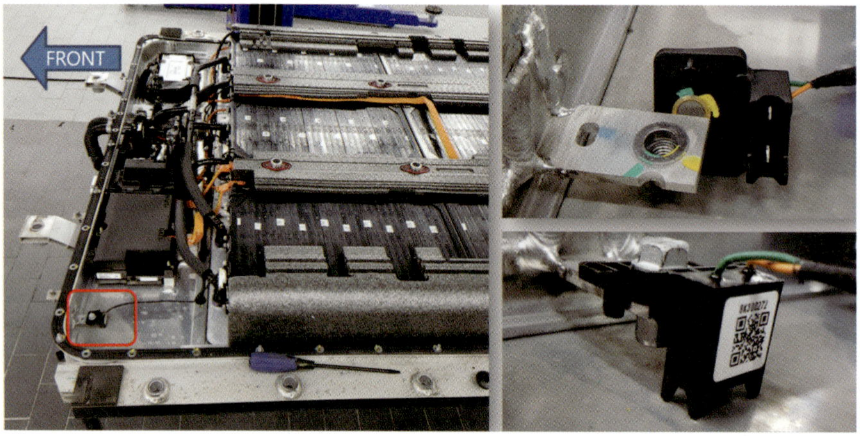

그림 누설모니터링용 센서

④ P1BD4 코드는 센서 하단 두 핀에 냉각수 누설(앞 좌측 모퉁이에 빗물이 고여 있던 흔적이 보임)로 인한 저항변화로 풀업 전압 5V가 0.2~3V로 전압 강하되면 모터 출력제한 및 시동 제한을 하게 됨.(정상 출력 값은 4.8V)

[3] 발생원인

우천 시 주행으로 배터리 케이스 하단 파손으로 빗물 유입에 의한 경고 등 점등

그림 배터리 케이스 파손

[4] 조치사항

배터리 ASS'Y 교환

참고 냉각 시스템

1. 수랭식 배터리 냉각 시스템 적용(EWP, 3-way 밸브, 배터리 칠러)
2. 수냉각 방법은 저 부하 시 라디에이터 활용 냉각을 하며, 고 부하 시 에어컨 활용하여 냉각
3. 최적 제어를 위한 전자식 팽창밸브를 적용하여 배터리 셀 온도 45℃ 이하로 균일하게 유지

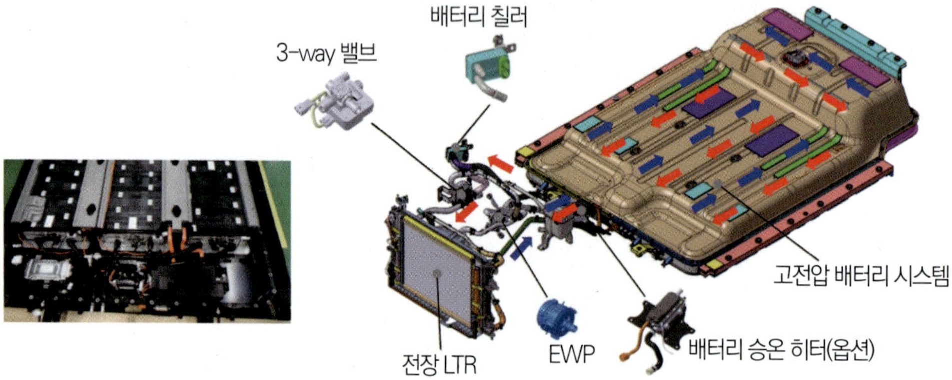

부동액 량	히트펌프 사양	히트펌프 미적용
일반형	13.2L	12.9L
도심형	11.0L	10.6L

그림 냉각 시스템

1.4.12. OS EV(코나 EV, 차량년식 : 2019년식)

[1] 고장증상

READY 후 경고등 점등됨

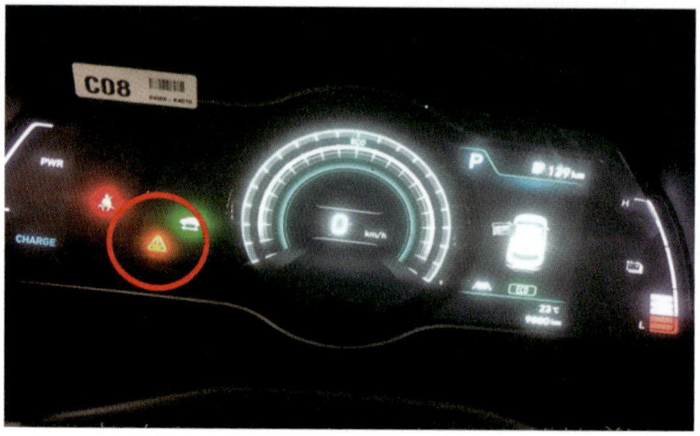

그림 경고등 점등

[2] 점검내용

① 차량 입고 후 진단코드 검색 시 BMS – 배터리 제어 P0AA600 고전압 배터리 부품 절연파괴 – 현재 표출

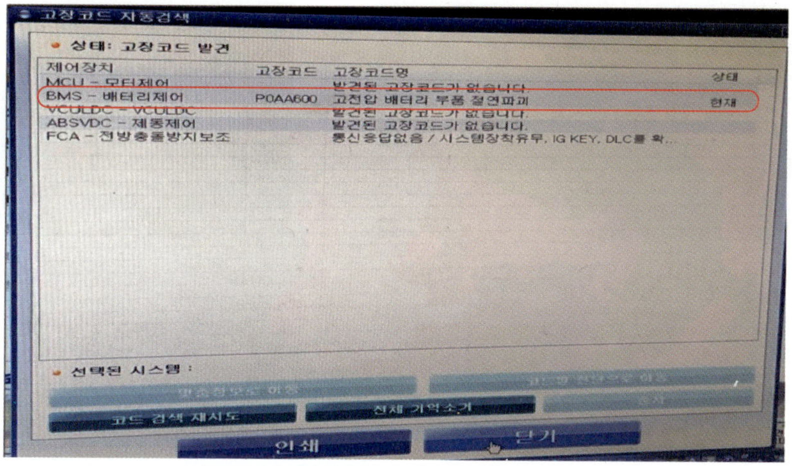

그림 고장코드

② GDS 사용하여 고전압 배터리 절연파괴 부품 검사 실시, 고전압 배터리 부 절연파괴 출력됨

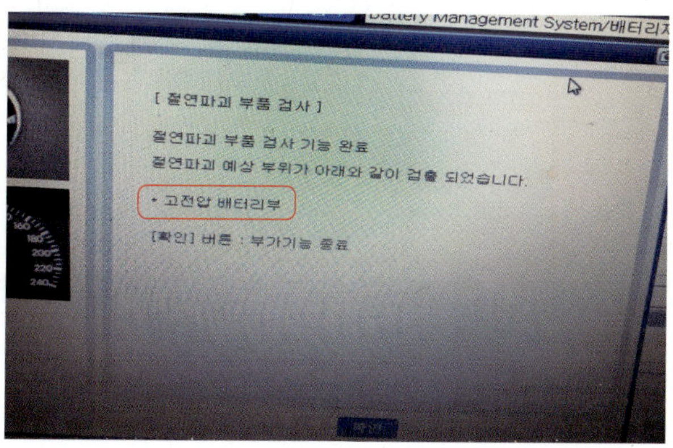

그림 절연파괴 부품 검사

③ 세이프티 플러그에서 고전압 배터리 팩 내부 절연저항 검사 실시, 배터리 팩 내부 절연저항 불량으로 확인됨(약 286kΩ)

(a) 정상 절연저항값

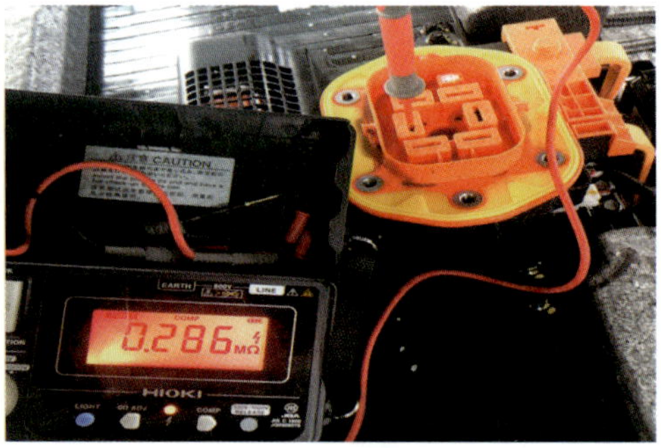

(b) 불량 절연저항값

그림 절연저항 측정

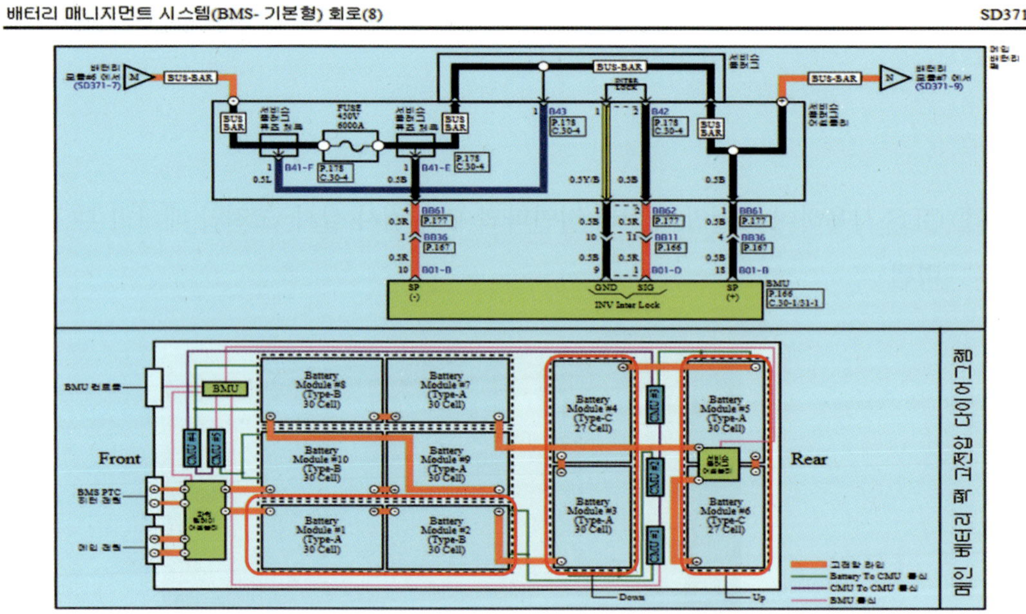

그림 고전압 배터리 배치도

[3] 발생원인

고전압 배터리 내부 절연 파괴

[4] 조치사항

고전압 배터리 팩 교환

1.4.13. OS EV(코나 EV, 차량년식 : 2019년식)

[1] 고장증상

EV 서비스 경고등 점등 및 가속불량

[2] 점검내용

① 자기진단 시 고장코드 P0AA600 고전압 배터리 절연파괴 검출 – 현재 표출

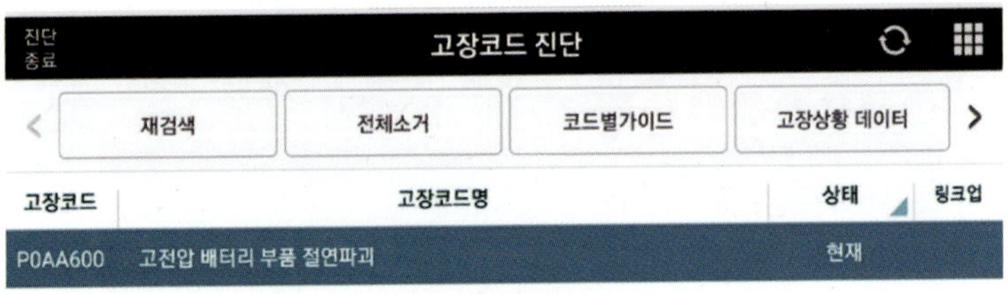

그림 고장코드

② 고장 상황코드 확인 시 절연저항 특이사항 없음, 고장 상황코드에 절연저항은 양호하게 출력됨

VIN = 014708, 차종명 = 코나 electric(OS EV) 150KW

발생시킨 고장코드[S3409_DTC_FFMSG3] : P0AA600
배터리 충전 상태(BMS),55.5,%,R3915
BMS 경고,YES,-,6066
BMS 고장,NO,-,6067
BMS 융착 상태,NO,-,R3696
BMS 완속 충전모드,NO,-,A821
BMS 급속 충전모드,NO,-,A822
BMS 충전 상태,NO,-,A870
배터리 팩 전류,0.0,A,6126
배터리 팩 전압,361.2,V,6127
최대 셀 전압,3.68,V,R1749
최대 셀 전압 셀 번호,18,NO.,A2362
최소 셀 전압,3.68,V,R1751
최소 셀 전압 셀 번호,1,NO.,A2363
보조 배터리 전압,12.7,V,6114
절연 저항,1000,KOHM,R1809
인버터 커패시터 전압,70,V,R1758
모터 회전수,0,RPM,6093
모터 제어기 준비,YES,-,6818

고장코드 발생 시 주행거리,33910,KM,

MCU 메인릴레이 OFF 요청,NO,-,R1757
MCU 제어가능 상태,NO,-,R1810
VCU 준비상태,YES,-,A823
VCU 메인 릴레이 OFF 요청,NO,-,A824
VCU EV 준비상태,NO,-,A825
에어컨 메인 릴레이 OFF 요청,NO,-,A826
총 동작 시간,3935570,SEC,6159
고장 상세코드1,0,NO.,A2550
고장 상세코드2,0,NO.,A2551
고장 상세코드3,0,NO.,A2666
고장 상세코드4,0,NO.,A2667
급속충전 릴레이 ON 상태,NO,-,R9834
충전 표시등 상태,NORMAL,-,R9028
고장 상세코드5,0,NO.,R10606
고장 상세코드6,0,NO.,R10607
배터리 칠러동작 상태,ACTIVE,-,R9846
배터리 히터 릴레이 상태,OFF,-,R9848
배터리 EWP 고장상태,NORMAL,-,R9849
배터리 측 밸브 고장상태,FAIL,-,R9850
PE 측 밸브 고장상태,NORMAL,-,R9851
총 주행거리,33917,KM,
경고등 점등후 주행거리,7,KM,
고장코드 발생 시 주행거리,33910,KM,

그림 고장 상황코드 확인

③ 부가기능 절연파괴 검사 시 양호

④ 시운전 이동 시 고장 확인됨, 고장 상황코드에 절연저항은 양호하게 출력됨

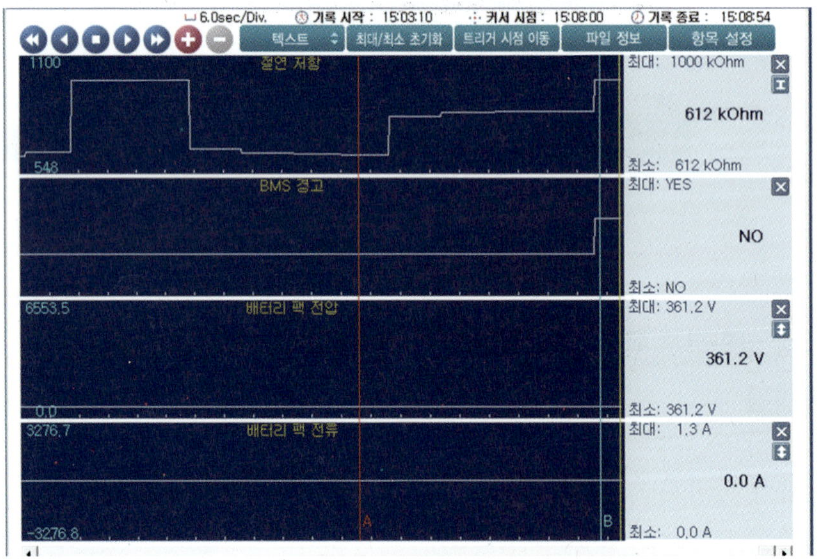

그림 고장 상황코드

⑤ 안전플러그 탈착 절연저항 점검, 안전플러그 기준 앞쪽과 뒤쪽 차이 확인

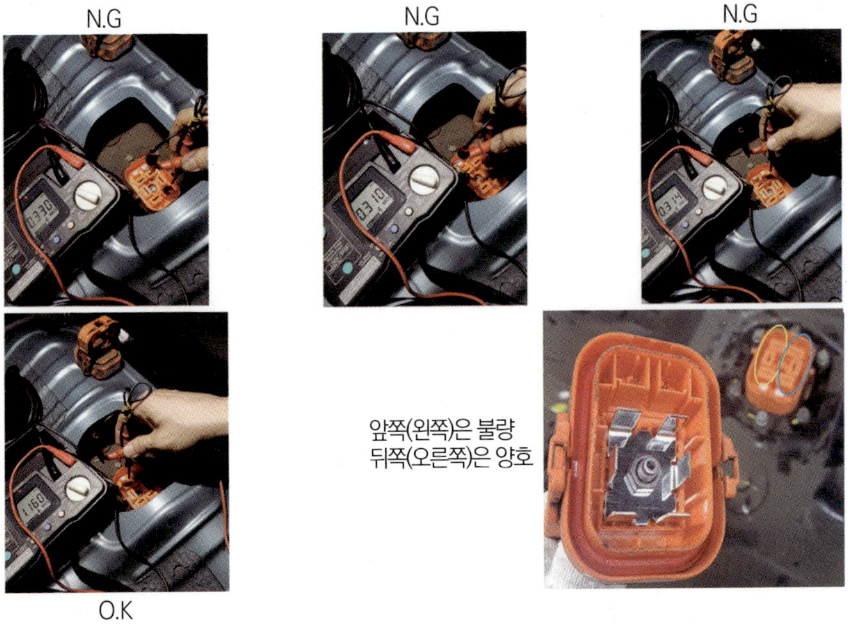

그림 절연저항 점검

⑥ 고전압 배터리 확인 시 BMS 점검 커버 파손 확인됨, 내부 수분 확인

그림 커버 파손

[3] 발생원인

배터리 하부 충격

[4] 조치사항

배터리 교환

1.4.14. OS EV(코나 EV, 차량년식 : 2018년식)

[1] 고장증상

주행 중 EV 경고등 점등 및 READY OFF됨

[2] 정비이력

E-컴프레서 교환 이력 있음

[3] 점검내용

① 진단코드 점검 시 고장코드 P0AA600 - 고전압 배터리 절연파괴 - 과거 표출

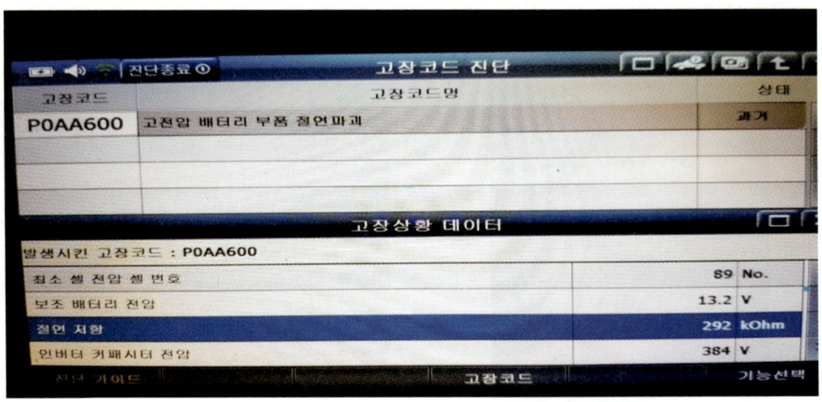

그림 고장코드

② 차량 정비이력 TMS 진단 정보 점검 시 3회 발생 이력 있음. 위 현상으로 방문 점검 및 E-컴프레서 교환 이력 있음

TMS진단정보

진단상세정보 | 상담이력

발생일	주행거리	ECU명	ECU ID	고장계열명	DTC	고장원인내용
2019-02-02 23:28:33	3,571Km	BMS	07ec	배터리 제어 시스템	P0AA600	배터리 제어 시스템
2018-12-21 10:23:20	1,972Km	BMS	07ec	배터리 제어 시스템	P0AA600	배터리 제어 시스템
2018-12-02 09:20:01	1,138Km	BMS	07ec	배터리 제어 시스템	P0AA600	배터리 제어 시스템

그림 TMS 진단 정보

③ 서비스 데이터 점검, READY 직후 고전압 배터리 절연저항 1,000kΩ에서 순차적으로 약 500,290Ω으로 다운되면서 EV 경고등 점등 및 READY OFF됨

2019 > 150KW > Battery Management System > 배터리제어 > P0AA600 고전압 부품 절연파괴 > DTC 정보

고장 코드 설명

P0AA600: 고전압 절연 파괴 (Hybrid Battery Voltage System Isolation Fault)
절연파괴 검출회로는 BMS의 내부에 회로로 꾸며져 있으며, 고전압 라인과 차체의 절연의 정도가 기준 수치 이하로 낮아 질때 고장으로 판단한다. 즉, 배터리 고전압 라인과 GND간 단락에 의한 고전압 절연파괴를 검출하면 상기 DTC를 표출한다. 현재 고장이 발생하면 서비스 램프를 점등시킨다. 만약 정상 상태로 회복되면 현재의 고장코드는 삭제되고 과거고장 코드(DTC 코드 끝부분에 H 표시)가 검출 된다. 이때 서비스 램프는 소등되며 과거 고장코드는 GDS를 사용하여 소거시킬수 있다

고장 판정 조건

<table>
<tr><th colspan="3">항목</th><th>판정 조건</th><th>고장 예상 원인</th></tr>
<tr><td colspan="3">검출목적</td><td>절연파괴에 의한 안전사고 방지</td><td rowspan="12">1. 전기차 배터리 팩
2. 타 고전압 사용부품 이상(모터 인버터, 에어컨등)
3. 절연 저항 센싱 회로 이상
4. 단상/3상 고전압 커넥터/케이블 이상, 수분 유입 등</td></tr>
<tr><td colspan="3">검출조건</td><td>점화스위치 "ON"
보조배터리 정상전압(9-16V)</td></tr>
<tr><td colspan="3">고장코드발생기준값</td><td>절연저항 300kΩ 이하로 108초 이상</td></tr>
<tr><td colspan="3">고장코드해제기준값</td><td>절연저항 300kΩ 이상으로 108초 이상</td></tr>
<tr><td rowspan="8">안전 모드</td><td rowspan="2">가용파워</td><td>충전</td><td>100%</td></tr>
<tr><td>방전</td><td>100%</td></tr>
<tr><td colspan="2">배터리시스템 릴레이 제어</td><td>유지</td></tr>
<tr><td rowspan="2">서비스 램프</td><td>ON 조건</td><td>1회 주행사이클</td></tr>
<tr><td>OFF 조건</td><td>점화스위치 "OFF"</td></tr>
<tr><td colspan="2">DTC 확정</td><td>1회 주행사이클</td></tr>
<tr><td colspan="2">경고등</td><td>ON</td></tr>
</table>

그림 DTC 진단 가이드

④ 고전압부품 절연저항 점검(PTC, OBC, E-컴프레서, EPCU, 모터 등)하였으나 절연저항 파괴 부위 없음

⑤ GDS 장비로 고전압부품 절연저항 점검 시 고전압 배터리부 절연파괴 출력됨(최초 G스캔 점검 시 정상)

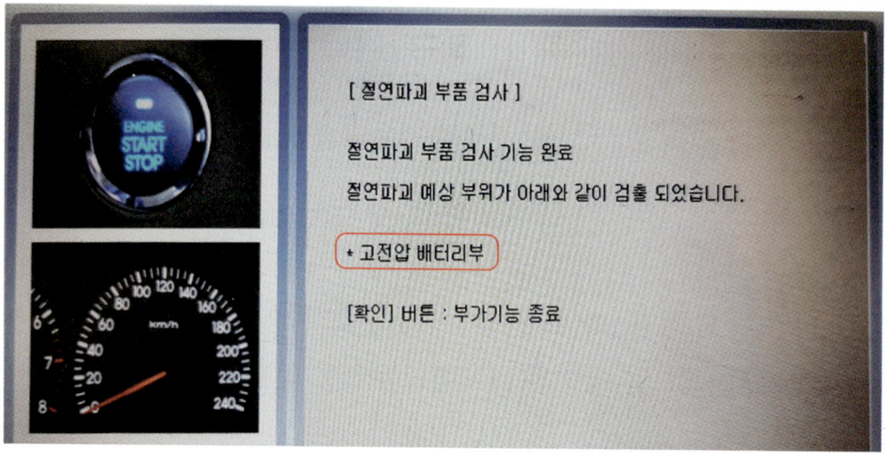

그림 절연파괴 부품 검사

⑥ 고전압 배터리 세이프티 플러그 탈거 절연저항 점검 시 약 0.3MΩ 측정됨

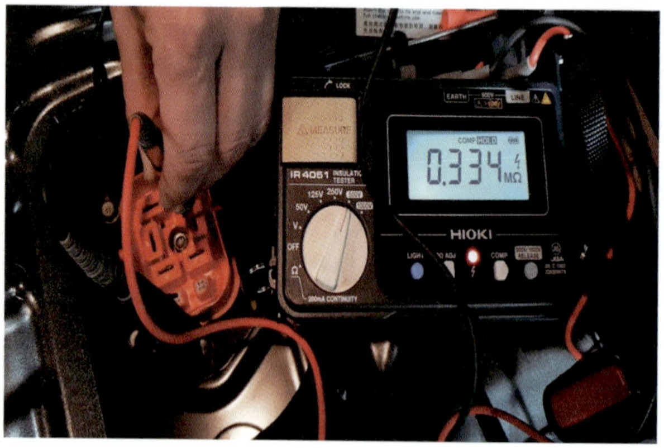

그림 절연저항 점검

⑦ 고전압 배터리 탈착 후 배터리 내부 점검결과 고전압 배터리 내부 결로 확인됨

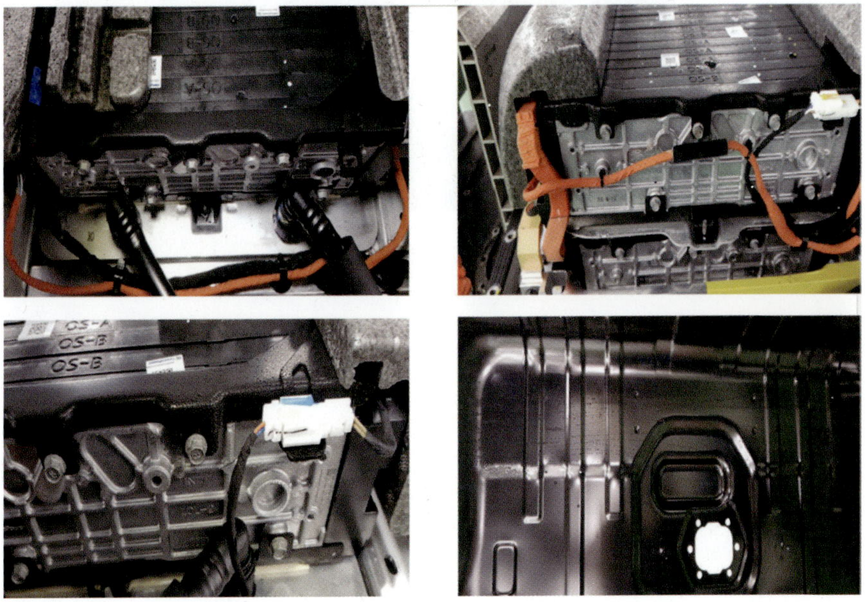

그림 고전압 배터리 팩 내부 결로 형성

⑧ 고전압 배터리 ASS'Y 교환

[4] 발생원인

고전압 배터리 내부 절연파괴

[5] 조치사항

고전압 배터리 ASS'Y 교환

1.4.15. OS EV(코나 EV, 차량년식 : 2019년식)

[1] 고장증상

주행 중 클러스터에 HEV 경고등 점등. 주행은 가능

그림 HEV 경고등

[2] 점검내용

① 차량 입고 당시 자기진단 결과 고장코드 P0AA600 고전압 배터리 부품 절연 파괴 – 현재 표출

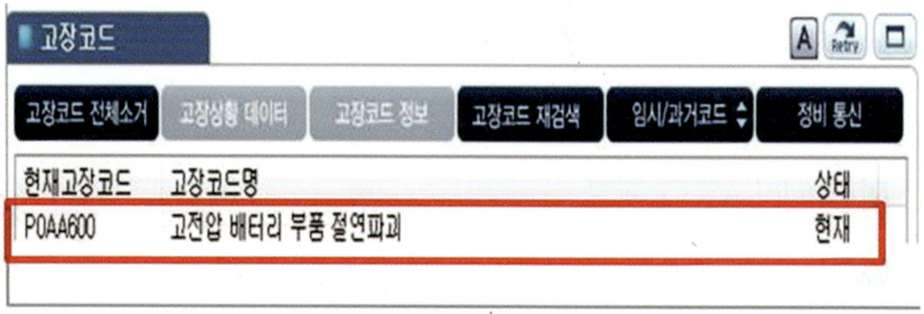

그림 고장코드

② 부가기능 중 절연파괴 부품 검사 결과 고전압 배터리 출력~고전압 배터리 입력단으로 확인됨.

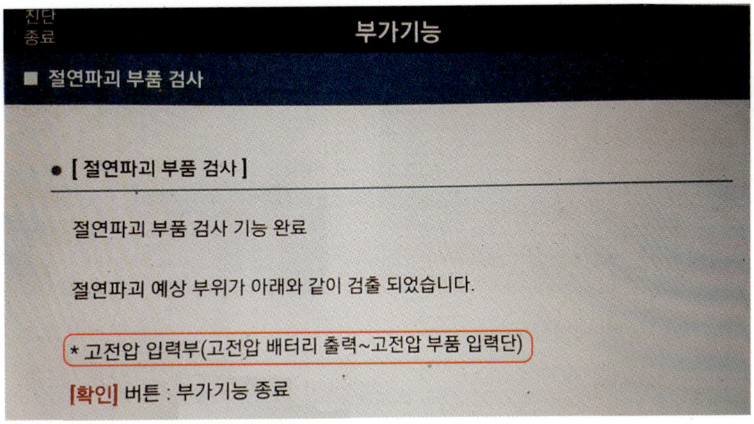

그림 절연파괴 부품 검사

③ BMS 센서 출력값 중 절연파괴 값 확인 시 약 201kΩ 확인됨(정상값 : 1000kΩ)

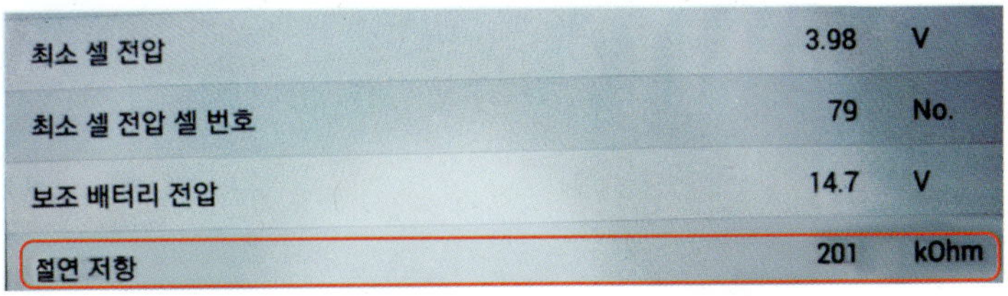

그림 센서 출력값

④ 고전압 배터리 메가옴 테스터기 이용하여 고전압 배터리 앞 측정 시 약 10MΩ, 고전압 배터리 뒤 약 32MΩ 확인됨

(a) 고전압 배터리 앞

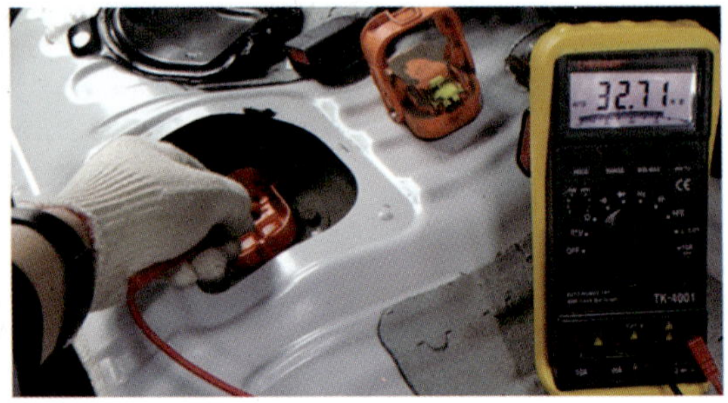

(b) 고전압 배터리 뒤

그림 고전압 배터리 앞·뒤 측정

⑤ 고전압 배터리 내부 절연파괴 의심되어 안전플러그 제거 후 절연파괴 점검 결과 안전플러그 후단부 셀 약 66kΩ 절연파괴 확인됨.

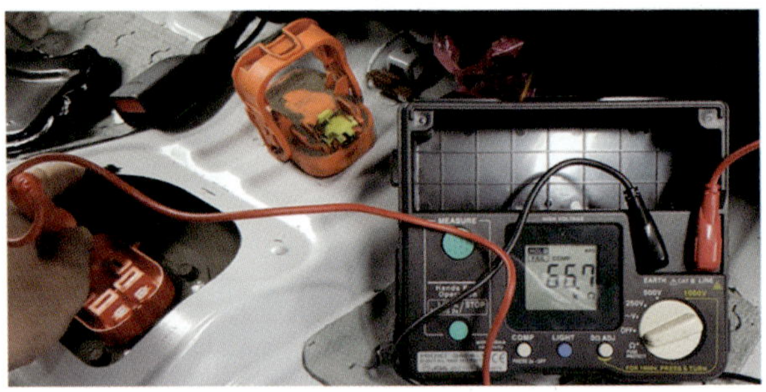

그림 안전플러그 후단부 절연저항 측정

⑥ 고전압 배터리 어셈블리 교환 작업.

[3] 발생원인

고전압 배터리 내부 절연파괴 발생됨.

[4] 조치사항

고전압 배터리 어셈블리 교환 후 절연저항 정상 확인됨.

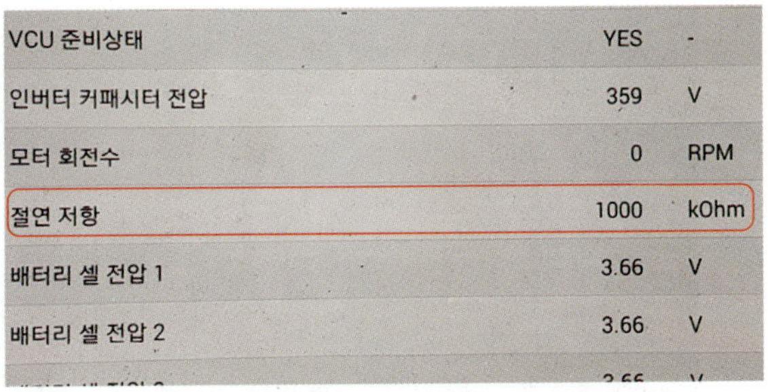

VCU 준비상태	YES	-
인버터 커패시터 전압	359	V
모터 회전수	0	RPM
절연 저항	1000	kOhm
배터리 셀 전압 1	3.66	V
배터리 셀 전압 2	3.66	V

그림 절연저항 정상

※ 주의 고전압 배터리 교환 시 하중에 주의요망

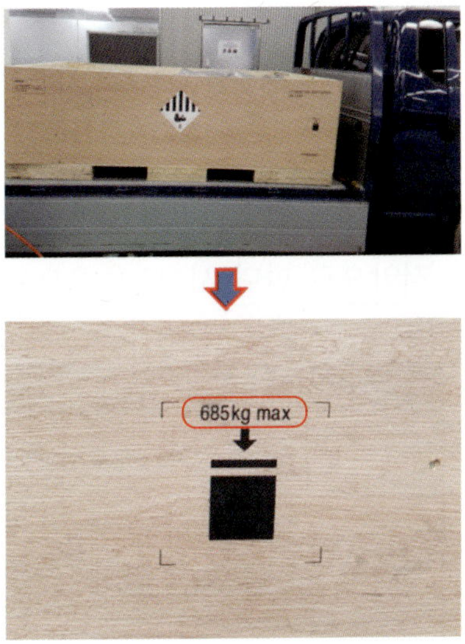

그림 고전압 배터리 하중

1.4.16. OS EV(코나 EV, 차량년식 : 2019년식)

[1] 고장증상

고전압 배터리 충전 후 주행가능거리 짧음, 고전압 배터리 완충 시 주행가능거리 510km에서 최근에 408km으로 감소

그림 충전완료 문구 확인 후 주행가능거리 409km

[2] 점검내용

① 자기진단 시 특이 사항 없으며 BMS측 서비스 데이터 배터리 충전상태 73.5%, 디스플레이 SOC 100%

㉮ BMS에서 높은 셀 전압으로 판단 시 98 × 4.16 = 410

㉯ BMS에서 낮은 셀 전압으로 판단 시 98 × 3.90 = 382

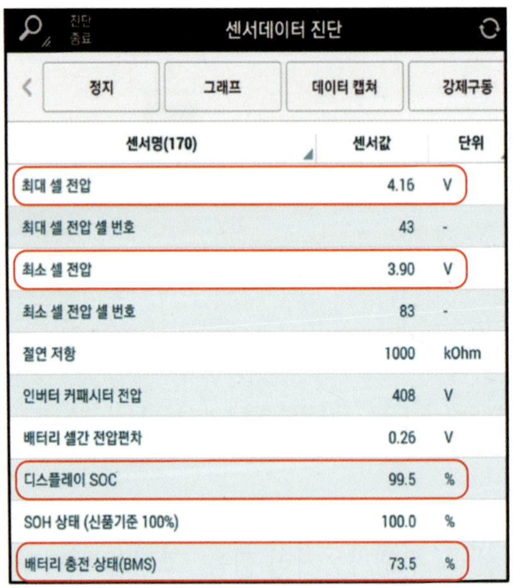

센서명(170)	센서값	단위
최대 셀 전압	4.16	V
최대 셀 전압 셀 번호	43	-
최소 셀 전압	3.90	V
최소 셀 전압 셀 번호	83	-
절연 저항	1000	kOhm
인버터 커패시터 전압	408	V
배터리 셀간 전압편차	0.26	V
디스플레이 SOC	99.5	%
SOH 상태 (신품기준 100%)	100.0	%
배터리 충전 상태(BMS)	73.5	%

그림 서비스 데이터

② 셀 전압 점검 시 83번 셀 3.90V 외 전체 4.16V 출력

③ 고전압 배터리 충전 시 블루링크 충전완료 문구 확인 후 차량 확인 시 배터리 충전 100%, 주행가능거리 408km이나 잔여 충전 시간 2시간 55분 표출

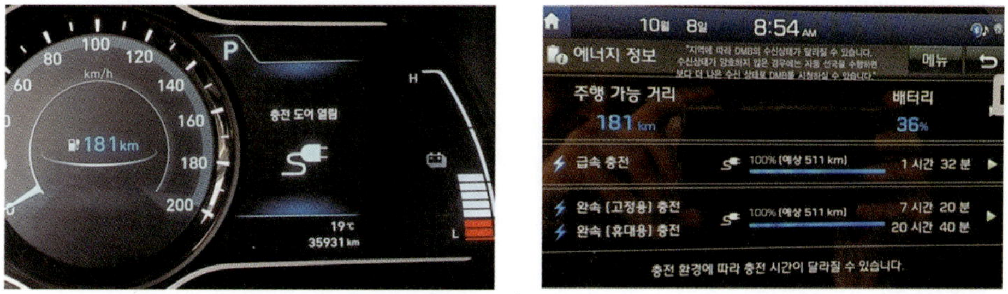

(a) 충전 전

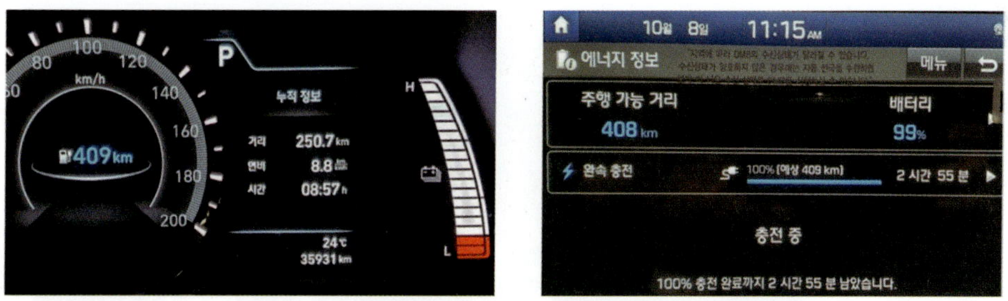

(b) 충전 후

그림 수리 전 고전압 배터리 충전 전, 후 데이터

④ 디스플레이 표시는 충전완료 문구 표출되나 실제 충전이 100% 안됨

⑤ 디스플레이는 높은 셀 전압, 주행가능거리 및 충전은 낮은 셀 전압으로 판단. 디스플레이와 주행가능거리 판단기준 셀 전압 이원화

⑥ 고전압 배터리 83번 셀 불량으로 고전압 배터리 낮은 셀 전압으로 충전량 표시하여 실제 완충전이 되지 않으나 100%로 표시함

[3] 발생원인

고전압 배터리 83번 셀 불량

[4] 조치사항

고전압 배터리 교환

1.4.17. OS EV(코나 EV, 차량년식 : 2018년식)

[1] 고장증상

클러스터에 "인버터 냉각수를 보충하십시요" 멘트 및 리저버 탱크 냉각수 오버 플로우 발생되어 견인 입고

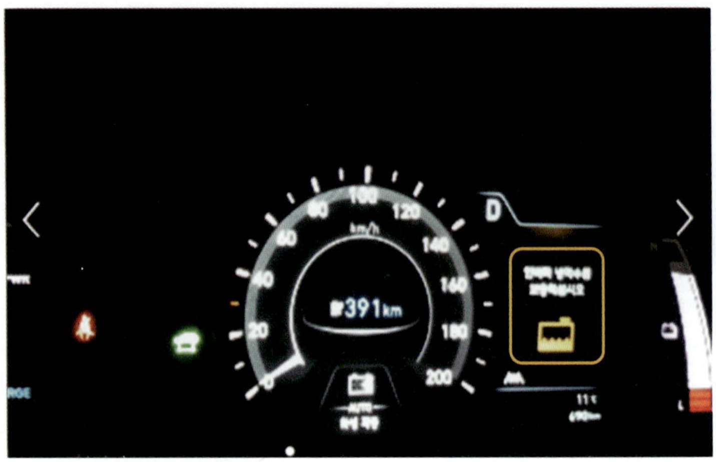

그림 클러스터에 "인버터 냉각수를 보충하십시요" 멘트

[2] 점검내용

① 전 시스템 진단시 DTC 없음

② 견인 입고 후 냉각수 보충 후 냉각라인 에어블리딩 실시 및 시운전 검증을 했으나 에어브리딩 시 특이점 없음, 최초 EWP 에어브리딩 : 회당 30분

③ 익일 차량 출고 시점에서 시동 ON/OFF 1~2회 반복 시 냉각수 부족 멘트 출력됨, 익일

냉각수 보충멘트 발생되고 2~3회 시동 시 보충 멘트 출력 안됨(시동 시 매회 EWP 구동 모니터링)

④ 냉각수 라인 점검 중 리저버 탱크 캡 탈거 시 압력해제되면서 냉각수 상부로 수위 올라옴

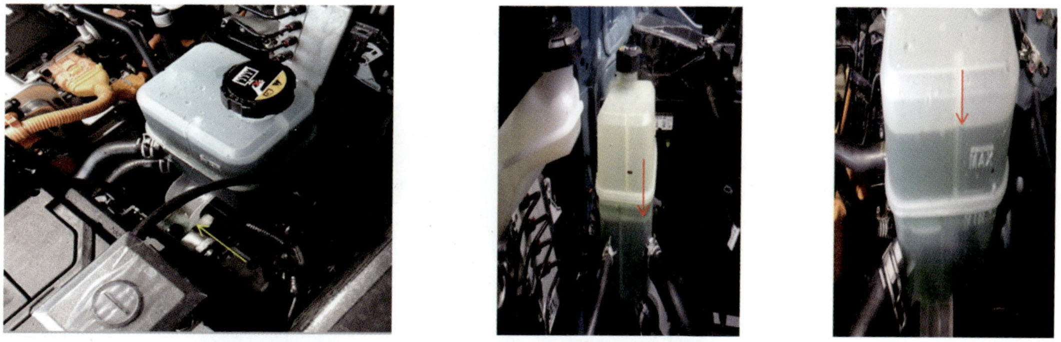

(a) 견인입고 당시 냉각수 오버 플로우　　(b) 냉간 리저버 캡 탈거　　(c) 냉간 리저버 캡 탈거

그림 냉각수 라인 점검

⑤ 냉간 초기 시동 시 PE-EWP 동작 RPM 급격히 상승됨.

㉮ 고전압 배터리 EWP : 2180RPM

㉯ PE-EWP : 42760RPM(※ 냉각수 보충 멘트 출력조건 : 2400RPM 이상 시)

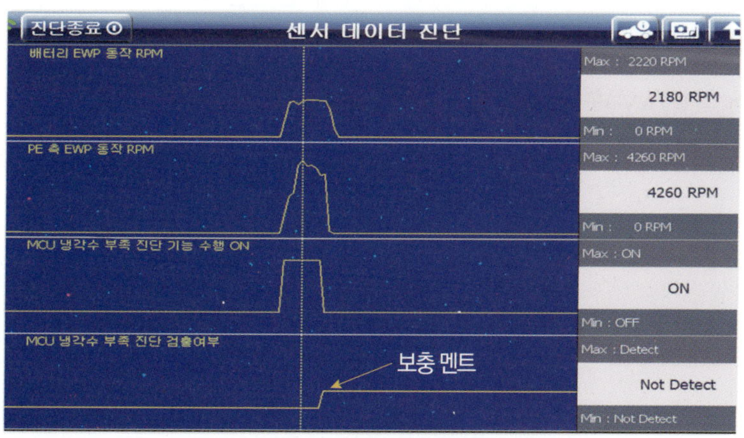

그림 센서데이터 진단

⑥ 리저버 탱크 캡 탈거 시 압력 해제음 발생되고 냉각수 상부로 다소 역류됨, 리저버 탱크 압력게이지 장착 후 리저버 탱크 1.8bar 가압 시 장시간 압력변화 없고, 냉각라인 누설 점검

㉮ 냉각라인 전체 체결부 육안 확인

㉯ 1.8bar 가압 시 게이지 변화 없음(가압 후 2시간 이상 검증)

그림 압력게이지 장착 후 가압

⑦ 순차적으로 PE측 EWP 동작 RPM 상승 문제 판단되어 순차적으로 EWP, 3WAY 교환하였으나 냉간 조건에서 동일현상 재현됨.

㉮ PE-EWP 교환 후 에어브리딩 수차례 실시함

㉯ 익일 시동 2회째 냉각수 보충 멘트 출력

㉰ PE-3WAY 밸브 교환 및 에어브리딩

㉱ 에어브리딩 이후 차량방치 상태에서 익일 냉각수 부족 멘트 출력됨

그림 PE-EWP 교환

그림 PE-3WAY밸브 교환

㉤ 초기 READY 진입 시마다 EWP 회전수를 피드백받아 냉각수 보충 멘트를 출력(PE, 고전압 둘 다 피드백)

㉥ EWP, 3WAY 밸브는 PE, 배터리 냉각용 각각 1EA씩 장착되어 있음.

⑧ 냉각수 라인 투명호스 장착 후 기밀 상태 점검, 장시간 방치 후 투명 호스 에어기포 확인됨, 시간이 지남에 따라 투명호스 기포량 증가 확인됨.

(a) PE-EWP 냉각수 출력부

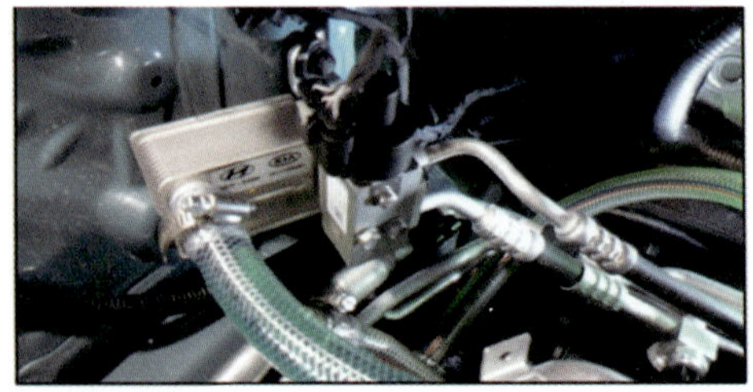

(b) 배터리 냉각라인 입·출구부

(c) 차량 방치 시 배터리 칠러측
미세한 기포들 응집

(d) 8시간 이상 경과 장시간 주차 시
다량의 기포 확인됨

그림 냉각라인 투명 호스장착 후 기밀상태 점검

⑨ 시동 OFF 상태에서 투명호스 육안 점검

⑩ 에어브리딩 10회 이상, 냉간 조건에서 재현되어 수리시간 지연됨(부품 교환 후 익일 점검, 에어브리딩 1회당 30분 소요)

⑪ 리저버 캡 열면 항상 압력 해제음 다소 강하게 들림, 동급차량 냉간 확인 시 압력발생 없음, 전날 에어브리딩만 하고 차량을 방치했는데, 누설이 없는데 왜 리저버에 압력이 냉간 시까지 걸려 있을까?

⑫ 냉각라인에 압력이 걸릴 수 있는 부분은 배터리 칠러측 냉매라인 유추함

⑬ 냉매회수(냉매량 650→550g 회수됨) 후 칠러측 A/C 파이프 제거 상태에서 장시간 확인 시 기포발생 없음, 칠러 탈거 상태에서 시운전 및 냉간 초기 시동 3일 검증

⑭ 배터리 칠러 점검 시 칠러 내부 A/C 가스라인 초미세 균열 발생. 배터리 칠러 내부 A/C 가스라인 미세 누설로 냉각 라인 압력생성 및 기포 발생.

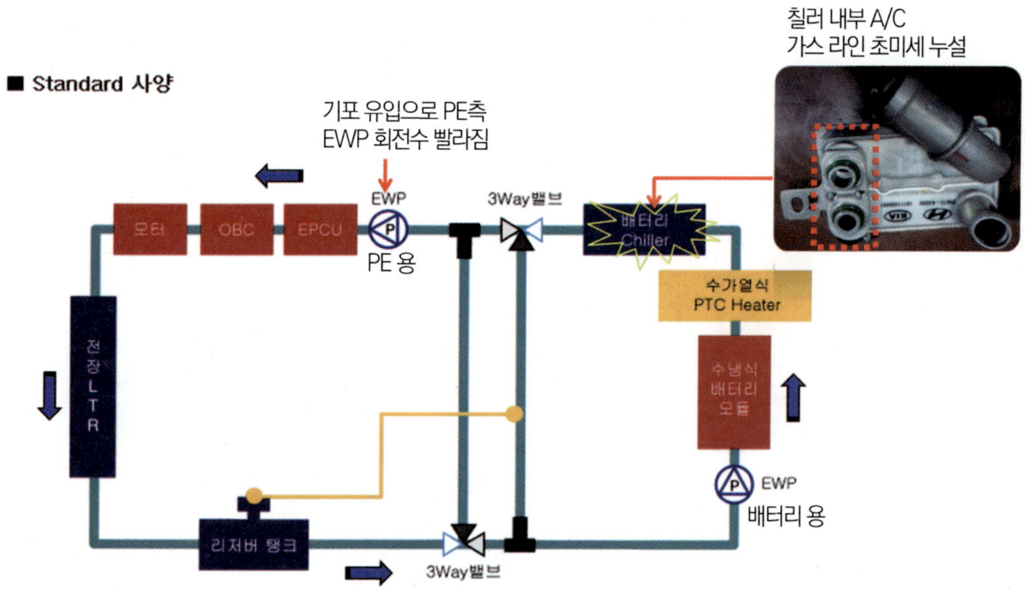

그림 냉각수 순환 및 배터리 칠러 균열

⑮ 배터리 칠러 교환 후 리저버 탱크 냉각수 오버 플로우 발생 없어짐

[3] 발생원인

배터리 칠러 내부 미세 균열

[4] 조치사항

배터리 칠러 교환

참고 가스량 및 냉각수 용량

1. OS-EV 공조 타입 및 가스량
   ① PTC 타입 : 550g
   ② PTC+이너 콘덴서 타입 : 650g
   ③ PTC+히트 씽크 타입 : 1000g
2. OS-EV 냉각수 용량
   ① 일반형+히트펌프 : 13.2ℓ

② 일반형+NON히트펌프 : 12.9ℓ
③ 경제형+히트펌프 : 11ℓ
④ 경제형+NON히트펌프 : 10.6ℓ(※ 고전압 배터리 6ℓ 포함)

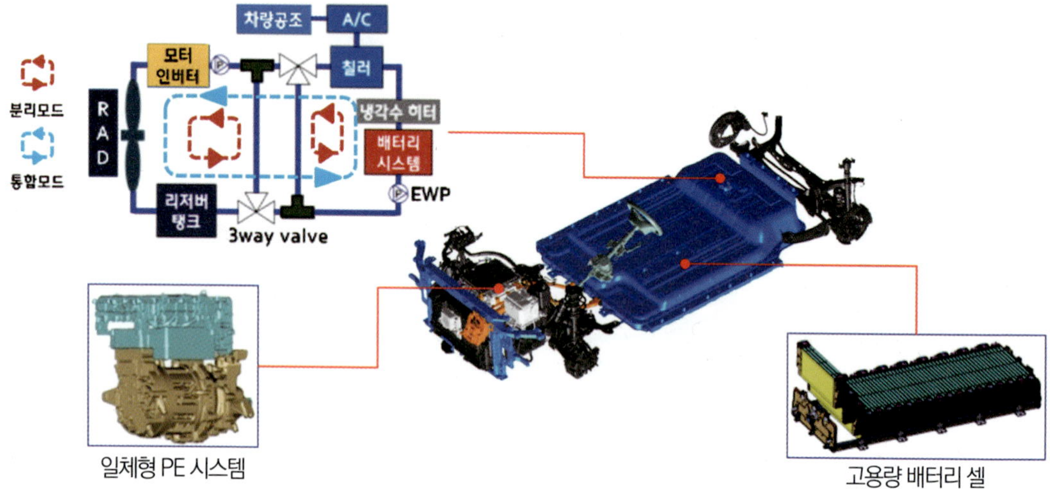

그림 분리모드 및 통합모드 냉각수 순환 방식

1.4.18. NE6 EV(아이오닉6 EV, 차량년식 : 2019년식)

[1] 고장증상

전기차 시스템 점검 문구 표출

그림 전기차 시스템 점검 문구

[2] 점검내용

① 자기진단 시 고장코드 P1AA700 배터리 비정상 거동 감지 – 셀 전압 편차 – 현재 표출

② 셀 전압 최대 최소 180mV 차이남

P1AA700

Hybrid/EV Battery Abnormal Performance : Cell Voltage Deviation

현재

센서명(139)	센서값	단위
에어컨 OFF 요청 상태	NO	-
셀 밸런싱 상태	YES	-
OPD 활성화 ON	NO	-
배터리 모니터링 이벤트 알림 상태	Yes(Alarm2)	-
윈터모드 활성화 상태	Installed & Off	-
BMS Wake-Up 모드	IG Wake Up	-
배터리 팩 전류	1.9	A
배터리 팩 전압	786.7	V
배터리 최대 온도	28	'C
배터리 최소 온도	25	'C
최대 셀 전압	4.10	V
최대 셀 전압 셀 번호	1	No.
최소 셀 전압	3.92	V
최소 셀 전압 셀 번호	58	No.

그림 "P1AA700" 센서데이터

③ 센서데이터 점검 시 58번 셀만 전압 낮음

	센서명	센서값	단위	링크업
☑	최대 셀 전압	3.84	V	
☑	최대 셀 전압 셀 번호	78	-	
☑	최소 셀 전압	3.66	V	
☑	최소 셀 전압 셀 번호	58	-	
☐	배터리 셀 전압 53	3.82	V	
☐	배터리 셀 전압 54	3.82	V	
☐	배터리 셀 전압 55	3.84	V	
☐	배터리 셀 전압 56	3.84	V	
☐	배터리 셀 전압 57	3.84	V	
☐	배터리 셀 전압 58	3.66	V	
☐	배터리 셀 전압 59	3.82	V	
☐	배터리 셀 전압 60	3.82	V	
☐	배터리 셀 전압 61	3.82	V	
☐	배터리 셀 전압 62	3.82	V	

그림 셀 센서데이터

고장 판정 조건

항목	판정 조건
진단 방법	충전 / 주차 중 BSA 셀간 전압 편차 감지 시
진단 조건	충전 / 주차 시 배터리 최소 온도 : 25℃ 이상
판정 조건	셀간 전압 편차 : 최소 180mV ~ 최대 400mV 셀간 전압 편차 유지 시간 : 5초
진단 시간	진단 즉시 (셀간 전압 편차 5초 이상 유지 시)
경고등 점등	1 D/C (Driving Cycle : 주행 사이클)
페일세이프 (fail-safe)	충전 파워 : 100% 방전 파워 : 100% 메인 릴레이 : On 유지 재시동 : 가능 재충전 : 80%까지 허용

그림 고장판정 조건

④ 58번 셀을 포함하는 모듈 10번 탈거하여 다른 모듈과 비교 시 전압 값이 낮음을 확인

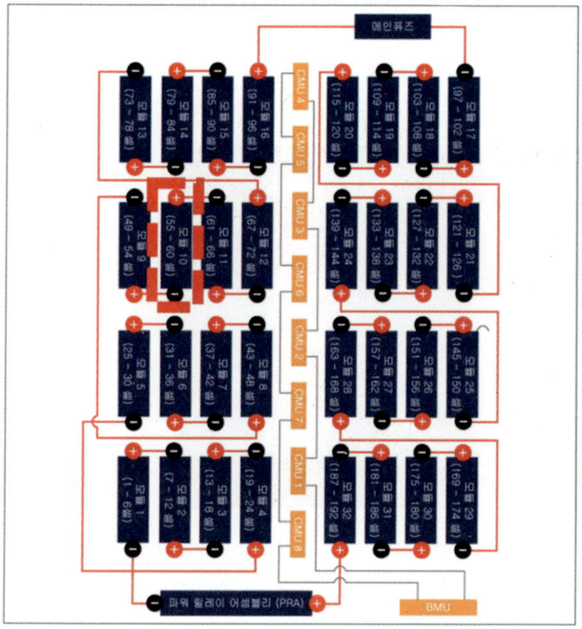

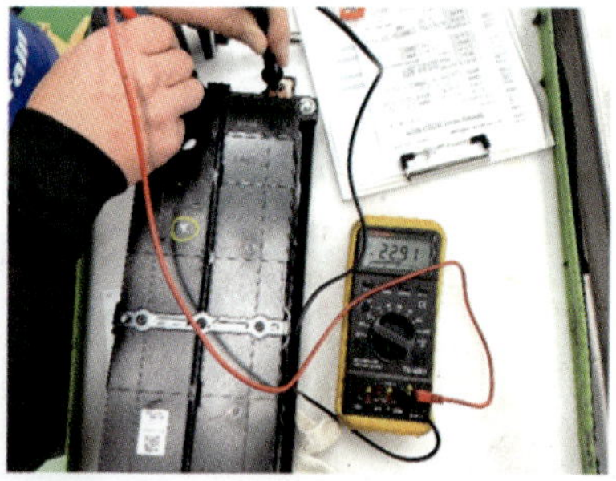

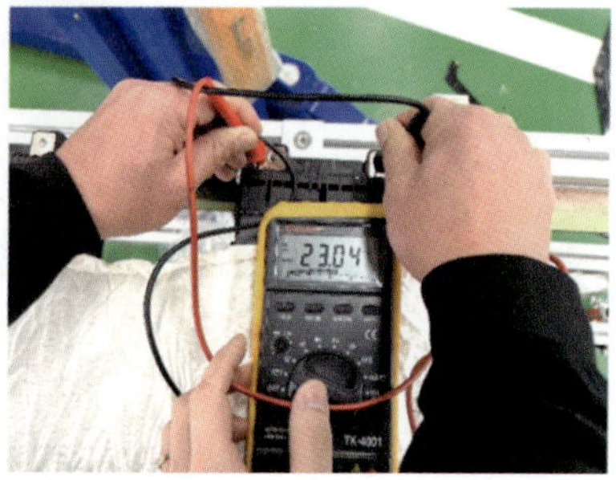

그림 모듈 점검

⑤ 해당 모듈(10) 교환 후 정상

[3] 발생원인

58번 셀 전압 낮음

[4] 조치사항

해당 모듈(10) 교환

1.4.19. OS EV(코나 EV, 차량년식 : 2018년식)

[1] 고장증상

① 배터리 100% 충전되었지만 주행가능거리 224km로 표시됨

그림 입고 전 클러스터 화면

② 입고 당시 배터리 50% 이상이지만 주행가능거리는 136km로 낮음. 경고등은 없음

그림 입고 당시 클러스터 화면

[2] 점검내용

① DTC 점검 시 정상

② 서비스 데이터 점검 시 클러스터 게이지는 50% 이상이었지만 BMS측 데이터는 33%, 최소 69번 셀 전압 낮음 확인, 다른 셀은 3.88V이나 69번 셀 3.58V로 낮음(주행가능거리는 최소 셀 전압으로 계산하기 때문에 클러스터에 낮게 표시됨)

센서명(176)	센서값	단위	링크업
SOC 상태	33.0	%	
BMS 메인 릴레이 ON 상태	YES	-	
최대 셀 전압	3.90	V	
최대 셀 전압 셀 번호	7	-	
최소 셀 전압	3.58	V	
최소 셀 전압 셀 번호	69	-	
배터리 셀 전압 68	3.88	V	
배터리 셀 전압 69	3.58	V	
배터리 셀 전압 70	3.88	V	

그림 센서데이터

③ 배터리 내부 불량

④ 업체 협조로 69번 셀 포함되어 있는 4번 모듈만 교환

[3] 발생원인

고전압 배터리 69번 CELL 불량

[4] 조치사항

4번 배터리 모듈 교환

EPCU 시스템 정비사례

02

EPCU 시스템 정비사례

02
CHAPTER

EV의 EPCU(Electric Power Control Unit)는 통합 전력 제어 장치로, 전기차의 전력 시스템을 관리하는 핵심 부품이다. 인버터, LDC, VCU로 구성되어 있으며, 인버터는 배터리의 직류 전력을 모터에 필요한 교류 전력으로 변환한다. LDC는 저전압 직류 전력을 제어하고, VCU는 차량 전체의 전력 제어를 담당한다.

2.1 EPCU 역할

① 전력 변환 : 배터리의 직류 전력을 모터 구동에 필요한 교류 전력으로 변환한다(인버터).

② 전압 조정 : 배터리에서 나오는 전압을 모터가 작동할 수 있는 적절한 수준으로 조정한다.

③ 배터리 보호 : 과충전, 과방전, 온도 상승 등의 위험으로부터 배터리를 보호한다.

④ 전력 제어 : 차량의 속도, 가속도, 제동 등 운전자의 요구에 따라 모터에 공급되는 전력을 조절한다.

⑤ 고장 진단 및 보호 : EPCU는 시스템 내에 고장이 발생했을 때 이를 감지하고 차량의

안전을 확보하기 위해 전력 공급을 차단하거나 다른 보호 조치를 취한다.

⑥ 차량 제어 : EPCU는 VCU(Vehicle Control Unit)와 연동하여 차량의 속도, 방향, 제동 등 차량의 전반적인 제어를 수행한다.

⑦ 전장 부하 전원 공급 : 차량 내 다양한 전자 장치(조명, 에어컨, 오디오 등)에 필요한 전원을 공급한다.

⑧ 충전 시스템 관리 : EPCU는 급속 충전 시 고전압을 배터리 팩에 안전하게 공급하고, 충전 상태를 모니터링하며 과충전 방지 등의 역할을 수행한다.

2.2 EPCU 구성

① 인버터(Inverter) : 고전압 배터리에서 직류(DC) 전력을 교류(AC) 전력으로 변환하여 모터 구동을 가능하게 한다.

② LDC(Low DC Converter) : 고전압 배터리에서 12V 저전압 배터리로 변환시켜 주기 위한 컨버터 시스템으로 12V 배터리 등 저전압 전력을 제어한다.

③ VCU(Vehicle Control Unit) : 차량의 전력 제어를 총괄하는 핵심 컨트롤러이다. VCU는 모터 제어, 회생제동 제어, 에너지 관리 등 전기차의 주요 기능들을 조절하며, 차량의 상태 및 운전자 의도에 따라 최적의 토크를 계산하여 모터에 전달한다. VCU는 차량의 전력 시스템을 안전하게 작동시키고, 에너지 효율을 높이는 데 중요한 역할을 하며 운전자의 조작과 센서 데이터를 기반으로 EPCU의 기능을 조절한다.

2.3 EPCU 기능

① 전력 변환 : 배터리의 직류 전원을 모터가 사용할 수 있는 교류 전원으로 변환한다(인버터).

② 전력 제어 : 모터의 속도와 토크를 제어하여 차량의 가속 및 감속을 조절한다(인버터, VCU).

③ 전력 공급 : 고전압 배터리의 전압을 저전압(12V)으로 변환하여 차량의 전장 시스템에 전력을 공급한다(LDC).

④ 온도 관리 : 각 부품의 작동 온도를 모니터링하고, 필요시 전자식 워터 펌프를 작동시켜 냉각수를 순환시킨다.

⑤ 안전 관리 : 배터리의 상태를 체크하고 충전 제어를 담당하며, 안전성을 위한 시스템을 갖추고 있다.

⑥ 주행 제어 : 가속 및 감속 명령을 처리하여 전기차의 운전성을 높인다.

2.4 고장 시 증상 및 점검방법

2.4.1. AE EV(아이오닉 EV, 차량년식 : 2017년식)

[1] 고장증상

EPCU 내부(MCU 모듈 IG BT 단자 소손으로) 프리차징 실패로 인한 주행불가

그림 클러스터 경고등

[2] 정비이력

최초 입고 당시 고장코드 MCU 제어기에서 P0A8B 구동모터 파워모듈 이상 - 현재 고장. P0AEF 구동모터 인버터 온도센서 전압 낮음 - 현재 고장. EPCU 교환 후 프리차징 실패 발생으로 레디 진입 불가되어 차량 견인 입고하여 점검 중

[3] 점검내용

① HI-DS 진단장비 사용하여 고장코드 및 서비스 데이터 점검 실시. 고장코드 P0C17 구동 모터 위치센서 미보정 - 현재 표출. P1B77 고전압 배터리 프리차징 실패 - 현재 표출

고장코드에서 VCULDC 제어기에서 차대번호 쓰기 실패 시 나타나는 고장코드임.
GDS로 사용하시면 성공 G스캔은 실패라고 나타남

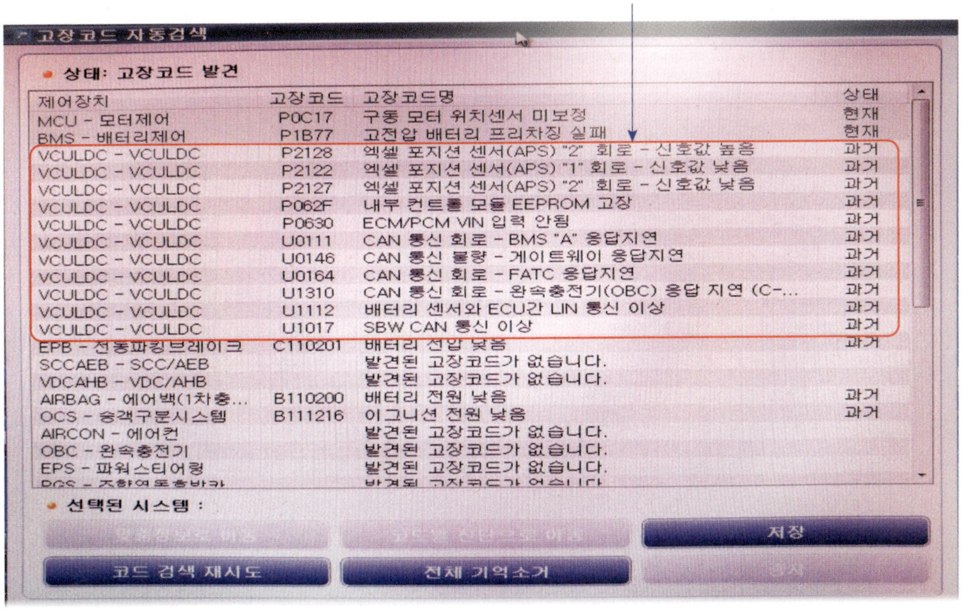

고장코드 자동검색

상태: 고장코드 발견

제어장치	고장코드	고장코드명	상태
MCU - 모터제어	P0C17	구동 모터 위치센서 미보정	현재
BMS - 배터리제어	P1B77	고전압 배터리 프리차징 실패	현재
VCULDC - VCULDC	P2128	엑셀 포지션 센서(APS) "2" 회로 - 신호값 높음	과거
VCULDC - VCULDC	P2122	엑셀 포지션 센서(APS) "1" 회로 - 신호값 낮음	과거
VCULDC - VCULDC	P2127	엑셀 포지션 센서(APS) "2" 회로 - 신호값 낮음	과거
VCULDC - VCULDC	P062F	내부 컨트롤 모듈 EEPROM 고장	과거
VCULDC - VCULDC	P0630	ECM/PCM VIN 입력 안됨	과거
VCULDC - VCULDC	U0111	CAN 통신 회로 - BMS "A" 응답지연	과거
VCULDC - VCULDC	U0146	CAN 통신 불량 - 게이트웨이 응답지연	과거
VCULDC - VCULDC	U0164	CAN 통신 회로 - FATC 응답지연	과거
VCULDC - VCULDC	U1310	CAN 통신 회로 - 완속충전기(OBC) 응답 지연 (C-...	과거
VCULDC - VCULDC	U1112	배터리 센서와 ECU간 LIN 통신 이상	과거
VCULDC - VCULDC	U1017	SBW CAN 통신 이상	과거
EPB - 전동파킹브레이크	C110201	배터리 전압 낮음	과거
SCCAEB - SCC/AEB		발견된 고장코드가 없습니다.	
VDCAHB - VDC/AHB		발견된 고장코드가 없습니다.	
AIRBAG - 에어백(1차충...	B110200	배터리 전원 낮음	과거
OCS - 승객구분시스템	B111216	이그니션 전원 낮음	과거
AIRCON - 에어컨		발견된 고장코드가 없습니다.	
OBC - 완속충전기		발견된 고장코드가 없습니다.	
EPS - 파워스티어링		발견된 고장코드가 없습니다.	

선택된 시스템 :

저장

코드 검색 재시도　전체 기억소거

그림 고장코드

② 입고 시 EPCU 분해해서 보니 MCU IG BT 단자 소손발생.

③ 세이프티 안전 플러그 저항 측정 시 무한대 나옴으로 교환.

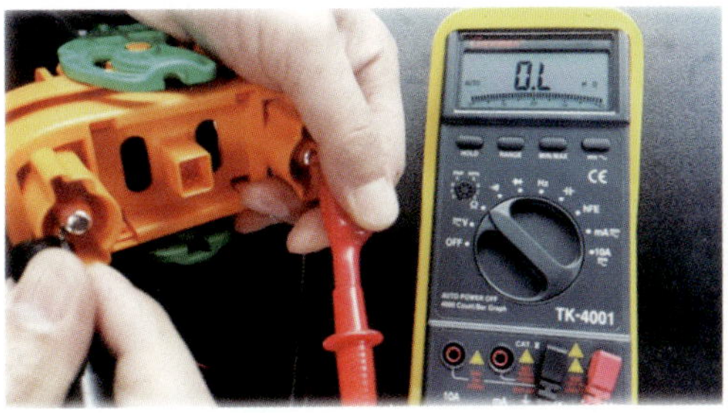

(a) 불량

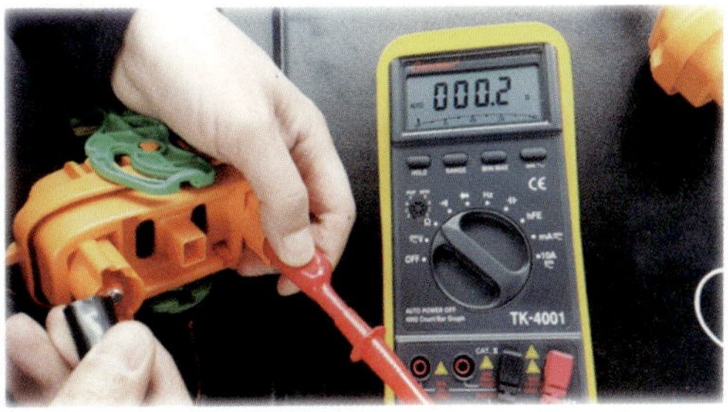

(b) 정상

그림 세이프티 안전 플러그 저항 측정

④ 입고 당시 P1B77 고전압 프리차징 실패로 현재 고장 남아 있어서 세이프티 안전 플러그 교환 후 고장코드가 P1B25 고전압 배터리 고전압 경로 이상(현재)으로 바뀌고 READY 진입 실패 발생.

2017 > 88KW > Battery Management System > 배터리제어 > P1B25 인버터 고전압단과 고전압 배터리 전압 편차 > DTC 정보

고장 코드 설명

G ON 후 고전압 배터리의 전원을 공급하는 서비스 플러그가 OFF 또는 서비스 플러그가 제거되어 있거나, 고전압을 직렬로 연결하기 위한 부스바(bus bar) 단선시, 서비스 플러그 내부에 설치되어 있는 125A/DC450V 용량의 휴즈가 용단시 상기 DTC를 표출한다. 고전압 배터리 팩 전압과 MCU 에서 측정되는 고전압배터리 전압(인버터 커패시터) 간 전압차의 절대값이 30V 이상일 경우 고장검출한다.
현재 고장이 발생하면 서비스 램프를 점등시킨다. 만약 정상 상태로 회복되면 현재의 고장코드는 삭제되고 과거고장 코드(DTC 코드 끝부분에 H 표시)가 검출 된다. 이때 서비스 램프는 소등되며 과거 고장코드는 스캔툴을 사용하여 소거시킬수 있다.

고장 판정 조건

항목	판정 조건			고장예상 원인
검출목적	서비스 플러그 또는 서비스 플러그 메인 휴즈 단선에 의한 고전압 공급 차단 검출 주행 중 릴레이 라인 단선에 의한 고전압 공급 차단 검출 시스템 제어이상으로 인한 팩전압의 과다 상승 및 하강 검출			1. 전기차 배터리 모듈과 BMS간 배선 및 커넥터 단자 접속 불량 및 단선 2. 전기차 배터리 서비스 플러그 메인 휴즈 3. 전기차 배터리 서비스 플러그 결함 4. 전기차 배터리 메인 릴레이 5. BMS 6. MCU
검출조건	점화스위치 "ON" 보조배터리 정상전압(9-16V) 메인 릴레이 "ON" 전압센싱 정상			
고장코드발생기준값	전기차 배터리 팩 전압값과 MCU 에서 측정되는 인버터 커패시터 전압 차이의 절대값이 30V 이상으로 5초 이상			
고장코드해제기준값	점화스위치 "OFF"			
안전 모드	가용파워	충전제한	0%	
		방전제한	0%	
	Fan 컨트롤		-	
	Relay 컨트롤		OFF	
	서비스램프	ON 조건	1회 주행사이클	
		OFF 조건	점화스위치 "OFF"	
	DTC 확정		1회 주행사이클	
	경고등		ON	

그림 P1B25 고전압 배터리 고전압 경로 이상 고장코드 정보

⑤ 멀티테스터기로 고전압 정션박스 및 고전압 파워 릴레이 회로 점검 시 정상.

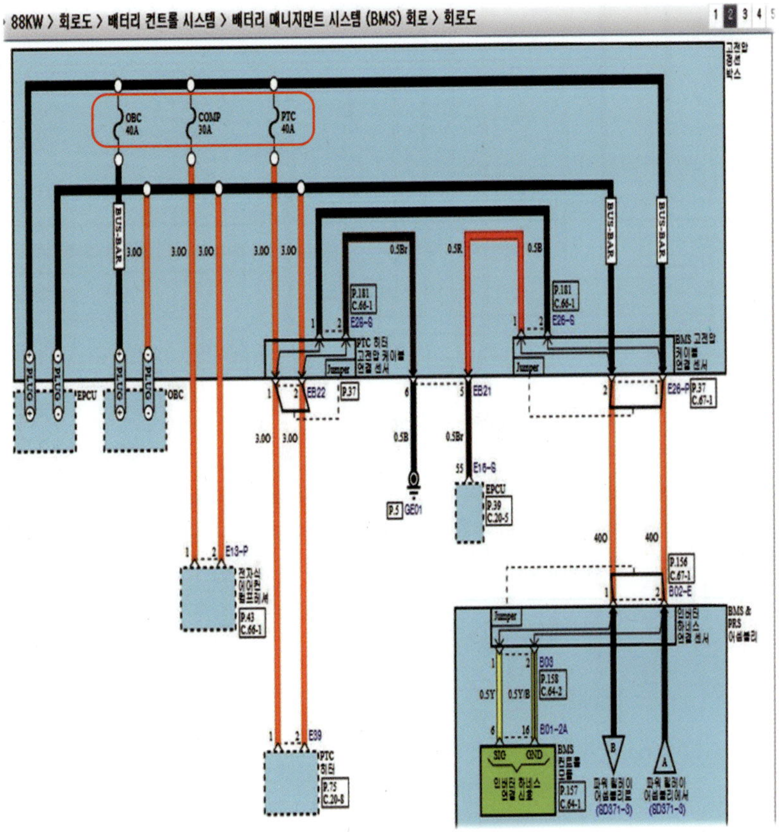

그림 퓨즈 점검

⑥ 캐패시터 레지스터 단품 점검 시 저항 값이 무한대로 나와서 부품 청구 후 교환 전 재차 다시 저항 측정 시 정상

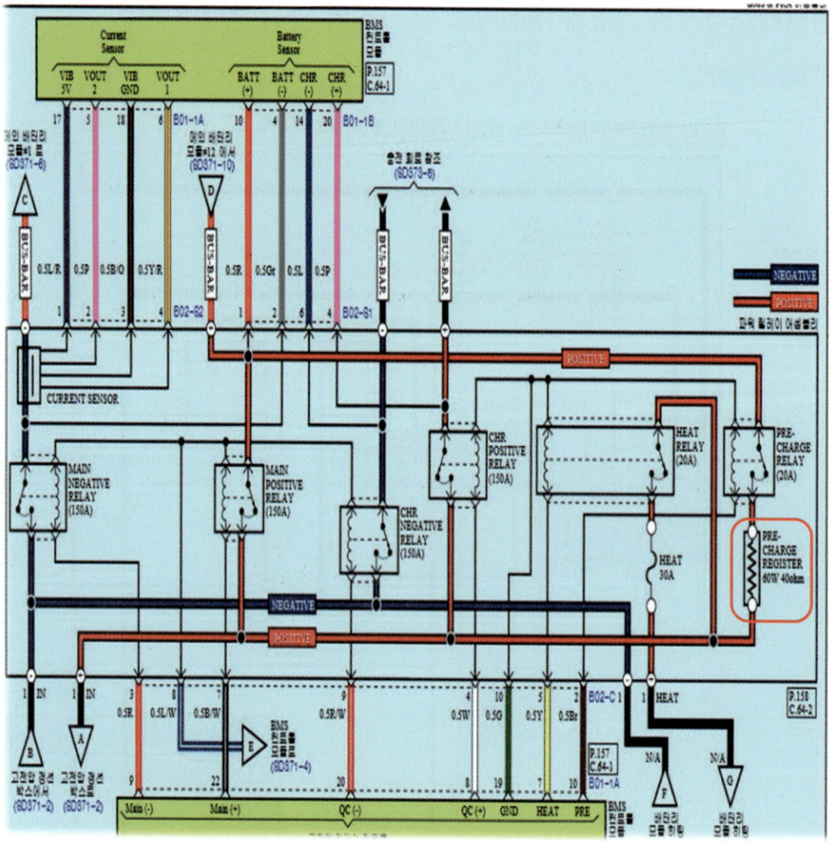

그림 캐패시터 레지스터 단품 점검

⑦ 고전압 릴레이 강제 구동 테스트 실시. 메인(+, −), 프리차징 릴레이 강제 구동 테스트 시 정상이나 레디 진입은 안됨.

⑧ 고전압 배터리 팩 전압 측정부 정상

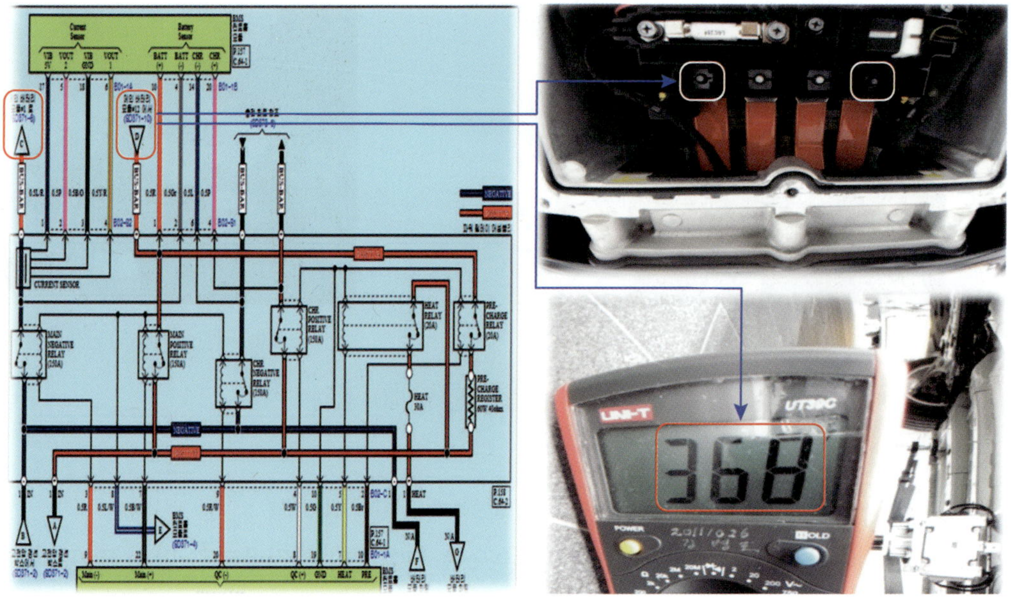

그림 고전압 배터리 팩 전압 측정

⑨ 고전압 파워 릴레이 박스 교환 후 릴레이 단품 테스트 시 불량 확인

(a) 메인 릴레이(-) 융착

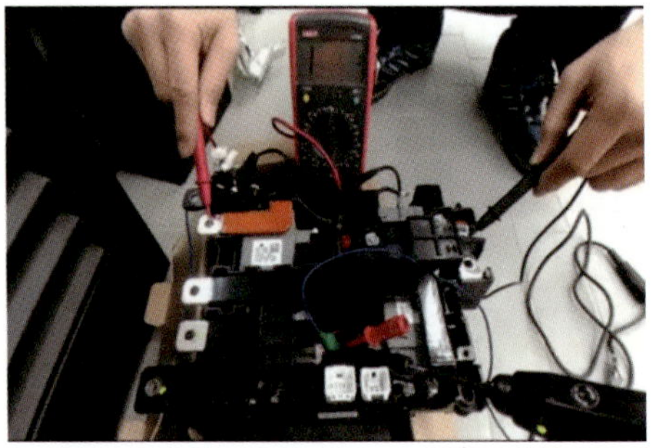

(b) 메인 릴레이(+) 단선

그림 메인 릴레이 점검

[4] 발생원인

EPCU 내부 MCU IG BT 단자 회로 소손으로 세이프터 안전플러그 단선 및 프리차징 실패.

[5] 조치사항

EPCU, 세이프터 안전플러그, 고전압 파워 릴레이박스 교환

2.4.2. AE EV(아이오닉 EV, 차량년식 : 2017년식)

[1] 고장증상

Ready 시동 불가

[2] 점검내용

① 전체 시스템 진단 시 고장코드 BMS P-1B77 프리차징 실패 -현재 표출

그림 P 1B77-인버터 커패시터 프리차징 실패(현재)

② 고장 상황 데이터 분석하여 BMS 고장 감지하여 고전압 릴레이 차단만 확인할 수 있음

발생시킨 고장코드 : P1B77

P1B77

인버터 커패시터 프리차징 실패 — 현재

센서명(41)	센서값	단위
배터리 외기 온도	25	℃
최대 셀 전압	3.98	V
최대 전압 셀 위치	41	-
최소 셀 전압	3.96	V
최소 전압 셀 위치	1	-
팬 단수	0	-
팬 피드백 주파수	0	Hz
보조 배터리 전압	12.2	V
절연 저항	1000	kOhm
인버터 커패시터 전압	4	V
모터 회전수	0	RPM
모터 제어기 준비	YES	-
MCU 메인릴레이 OFF 요청	NO	-
MCU 제어가능 상태	NO	-
VCU 준비 상태	YES	-
VCU 메인 릴레이 OFF 요청	NO	-

저장

S/W Ver.	NSH-01-0076	VCI Ver.	02.67
Res Ver.	NSH-01-0099	OS Ver.	Android 11

발생시킨 고장코드 : P1B77

P1B77

인버터 커패시터 프리차징 실패 — 현재

센서명(41)	센서값	단위
배터리 충전 상태(BMS)	82.0	%
최대 충전 가능 파워	0.00	kW
최대 방전 가능 파워	0.00	kW
BMS 메인 릴레이 ON 상태	NO	-
배터리 사용가능 상태	NO	-
BMS 경고	NO	-
BMS 고장	YES	-
BMS 융착 상태	NO	-
BMS 완속 충전모드	NO	-
BMS 급속 충전모드	NO	-
BMS 충전 상태	NO	-
배터리 팩 전류	0.0	A
배터리 팩 전압	382.3	V
배터리 최대 온도	26	℃
배터리 최소 온도	25	℃

저장

S/W Ver.	NSH-01-0076	VCI Ver.	02.67
Res Ver.	NSH-01-0099	OS Ver.	Android 11

발생시킨 고장코드 : P1B77

P1B77

인버터 커패시터 프리차징 실패 현재

센서명(41)	센서값	단위
모터 제어기 준비	YES	-
MCU 메인릴레이 OFF 요청	NO	-
MCU 제어가능 상태	NO	-
VCU 준비 상태	YES	-
VCU 메인 릴레이 OFF 요청	NO	-
VCU EV 준비상태	NO	-
에어컨 메인 릴레이 OFF 요청	NO	-
총 동작 시간	17421781	Sec
고장 추가 정보 1	0	-
고장 추가 정보 2	0	-
고장 추가 정보 3	0	-
고장 추가 정보 4	0	-
급속 충전 릴레이 후단전압	5.8	V
(고장 추가 정보)프리차징 평균 전류	0.0	A
(고장 추가 정보)프리차징중 평균 전류값 높음	-	-

저장

S/W Ver.	NSH-01-0076	VCI Ver.	02.67
Res Ver.	NSH-01-0099	OS Ver.	Android 11

그림 고장 상황 데이터

③ PRA 강제구동 테스트 점검 시 메인 "– 릴레이"만 구동불가 확인됨. 프리차저 릴레이. + 메인 릴레이 강제 구동 시 정상 확인

메인 릴레이(-) ON	시동키 ON,	...	[정지]버튼 선택시 정지	강제구동 실패
프리차지 릴레이 ON	시동키 ON,	...	[정지]버튼 선택시 정지	강제구동 정상
메인릴레이(-) ON & 프리차지 릴레이 ON	시동키 ON,	...	[정지]버튼 선택시 정지	
프리차지 릴레이 ON & 메인 릴레이(-), (+) ON	시동키 ON,	...	[정지]버튼 선택시 정지	
급속충전 릴레이(-) ON	시동키 ON,	...	[정지]버튼 선택시 정지	
급속충전 릴레이(+) ON	시동키 ON,	...	[정지]버튼 선택시 정지	
급속충전 릴레이(-)(+) 동시 ON	시동키 ON,	...	[정지]버튼 선택시 정지	
메인 릴레이(+) ON	시동키 ON,	...	[정지]버튼 선택시 정지	강제구동 정상
급속충전 릴레이(+),(-) & 메인릴레이(-),(+) ON	시동키 ON,	...	[정지]버튼 선택시 정지	

그림 PRA 강제구동 테스트

④ 메인 릴레이 연관 와이어링 점검, BMS B01-1A #9pin 헐거움 확인하고 핀 수정

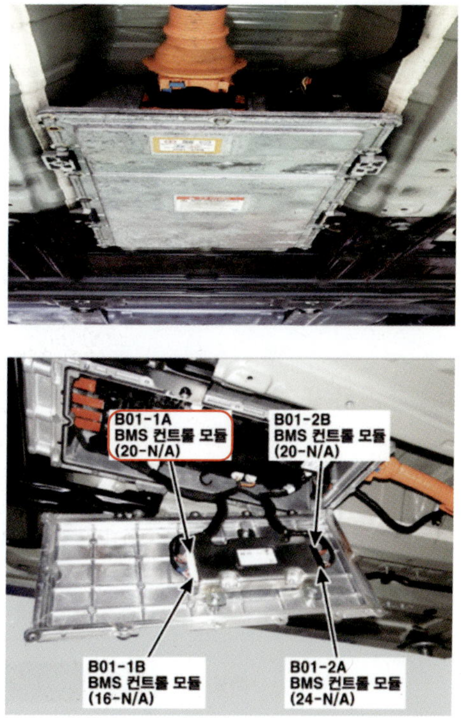

그림 차량하부 파워 릴레이 박스

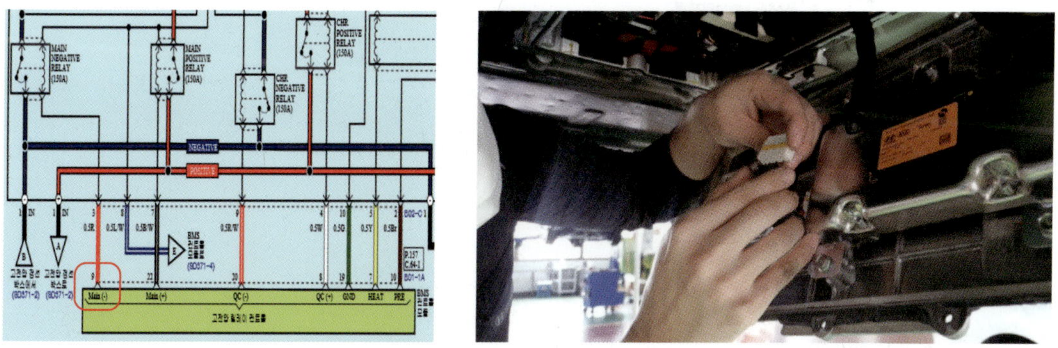

그림 BMS B01-1A #9 pin 헐거움 확인

[3] 발생원인

B01-1A #9번 핀 텐션 부족

[4] 조치사항

B01-1A #9번 핀 수정

2.4.3. HR EV(포터 EV, 차량년식 : 2019년식)

[1] 고장증상

READY 불가(커패시터 프리차징 실패)

[2] 점검내용

① 고장코드 점검 시 고장코드 BMS P1B7700 인버터 커패시터 프리차징 실패 - 현재 표출

그림 고장코드

② "고전압 배터리 릴레이 – 강제구동" 실시하였을 때 커패시터 전압 변동 없음

P1B7700

인버터 커패시터 프리차징 실패 | 과거

센서명(76)	센서값	단위
고장 상세코드1	4	No.
고장 상세코드2	0	No.
고장 상세코드3	0	No.
고장 상세코드4	0	No.
절연 저항	3000	kOhm
인버터 커패시터 전압	2	V

그림 고장 상황 데이터

③ 고전압 배터리 내 PRA 점검 메인 릴레이(+) 단락, 메인 릴레이(–) 정상, 프리차지 저항 정상, 메인퓨즈 400A 단선

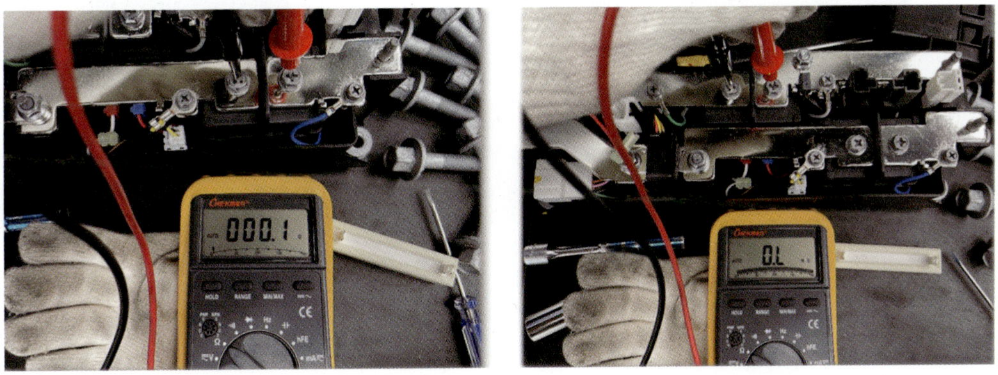

(a) 메인 릴레이(+) 단락

(b) 메인 릴레이(–) 정상

(c) 프리차지 저항 정상

(d) 메인 퓨즈 400A 단선

그림 메인 릴레이, 프리차지, 메인 퓨즈 점검

④ 고전압 배터리 내 부품의 파손이 확인되었으므로, 고전압 부품 점검 실시

㉮ 고전압 배터리 커넥터에서 절연 저항 측정 시 정상

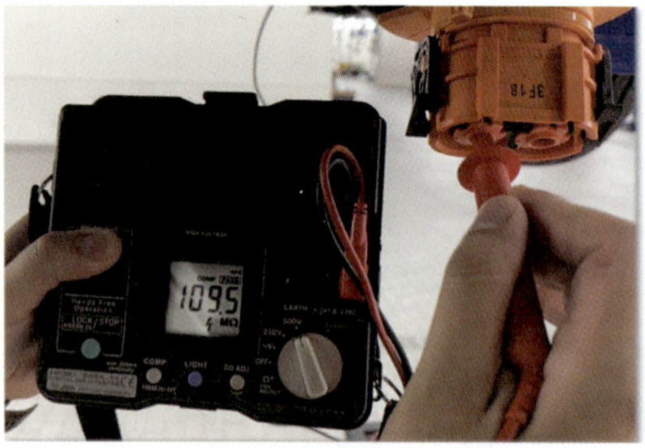

(a) 109.5MΩ 정상

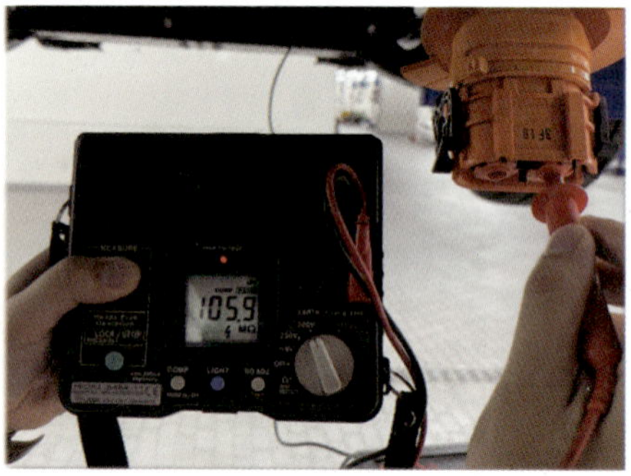

(b) 105.9MΩ 정상

그림 커넥터 절연 저항 측정

㉯ 고전압 배터리 커넥터에서 커패시터 용량 측정 시 정상(정상값 : 934.4μF±10%, 측정값 : 947μF)

그림 고전압 배터리 커넥터에서 커패시터 용량 측정

㉰ 고전압 부품을 하나씩 탈거하여 육안 점검하던 중, EPCU에서 탄내가 발생하여 EPCU 탈거하여 흔들어보니 내부에서 소리가 나고, 검은 재가 떨어짐

㉱ EPCU 커버를 탈거 시, 내부 부품 파손으로 고전압 회로 소손 확인

⑤ EPCU 내부 회로 열화 발생(추정)으로 고전압 부품의 파손이 발생하였으나, 커패시터 용량은 정상(정상값 : 880μF±10%, 측정값 : 917μF 정상)

그림 커패시터 용량 측정

⑥ EPCU 내 MCU 인버터 커패시터는 정상이나, 다른 모터 구동이나 부품 동작에 사용되는 고전압 회로가 소손된 것으로 추정. 이번 사례처럼 고전압 회로 고장이 발생되면 일반적인 장비를 이용한 고전압 부품 검사법(절연 저항 측정, 커패시터 용량 측정)으로 고장 부위를 점검하기는 어려울 것으로 판단됨.

[3] 발생원인

① EPCU 내부 부품 파손으로 고전압 회로 소손

② EPCU 내부 고전압 회로 단락 발생 과전류 발생 메인 릴레이 단락 & 메인퓨즈 단선

[4] 조치사항

EPCU, PRA, 메인퓨즈 400A 교환

2.4.4. JE GV60 EV(제네시스 EV, 차량년식 : 2021년식)

[1] 고장증상

주행 중 EV 경고등 점등 및 충전 불가 현상 발생

[2] 점검내용

① DTC 검색 시 고장코드 BMS P0AA600 고전압 부품 절연 파괴 검출 – 현재 표출

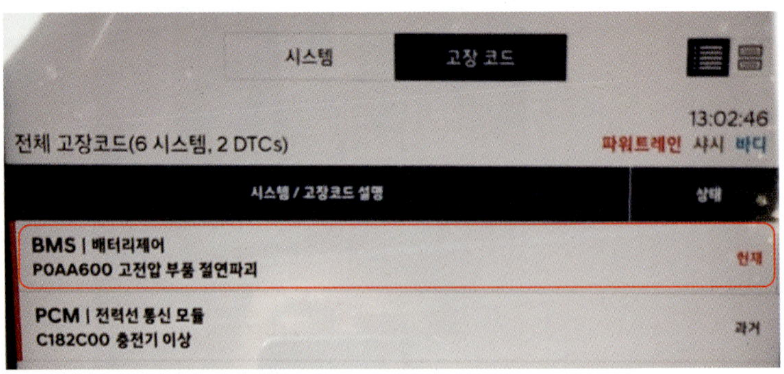

그림 고장코드

② P0AA600 고장 상세코드 검출 확인, 고장 상세코드 1 → 0, 고장 상세코드 2 → 1, 고장 상세코드 3 → 2, 고장 상세코드 4~6 → 0

고장 상세코드_센서값

P0AA600 고장 상황 데이터 상세코드						고장 위치
상세코드 1	상세코드 2	상세코드 3	상세코드 4	상세코드 5	상세코드 6	
1	-	-	-	-	-	메인 릴레이 전단 절연 파괴
-	1	-	-	-	-	메인 릴레이 후단 절연 파괴
1	-	1	-	-	-	고전압 배터리
-	1	2	-	-	-	고전압 입력부
-	1	4	-	-	-	모터 3상부
-	1	32	-	-	-	에어컨 컴프레셔 / PTC 히터
-	-	-	-	-	-	절연 파괴 위치 판단 불가

그림 고장 상세코드

③ 부가기능 고전압 부품 절연 저항 점검 시 "고전압 입력부" 절연 불량 확인. 전방, 후방 고전압 정션 블록 2부분으로 나누어 절연 저항 점검 실시

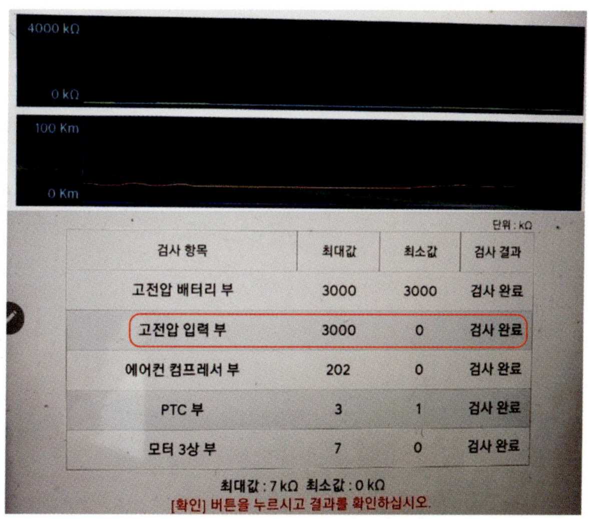

그림 절연 저항 점검

전방 후방

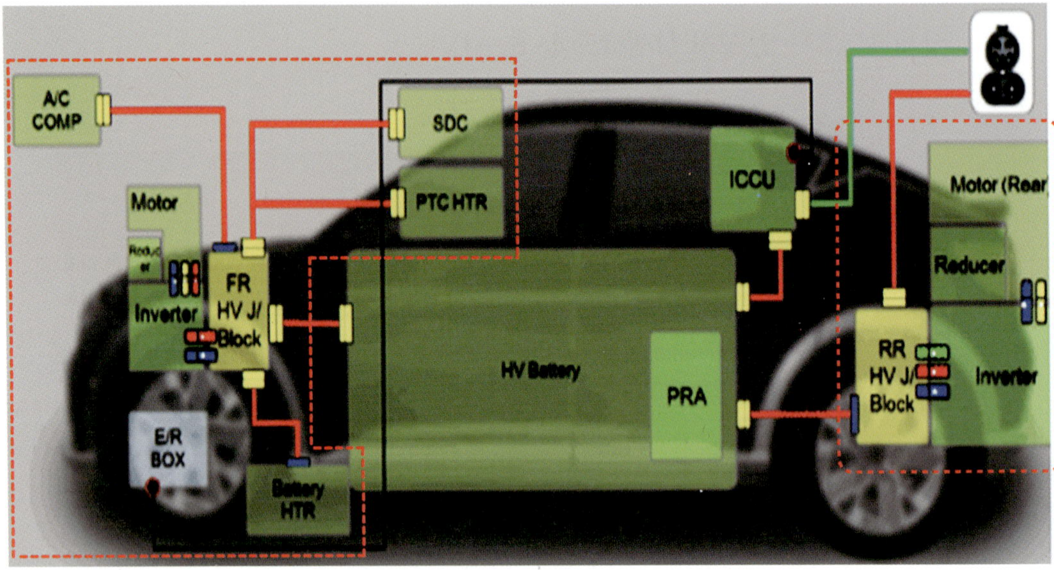

그림 2부분으로 나누어 절연 저항 점검

④ 고전압 부품 절연 저항 검사 시 PRA 후단, "고전압 입력부"로 확인

⑤ 메가옴 테스터기 이용하여 프론트 고전압 정션박스 라인 절연 저항 점검, 프론트 고전압 정션박스 라인 절연 저항 양호

⑥ 메가옴 테스터기 이용하여 리어 고전압 정션박스 라인 절연 저항 점검, 리어 고전압 정션박스 라인 절연 저항 불량

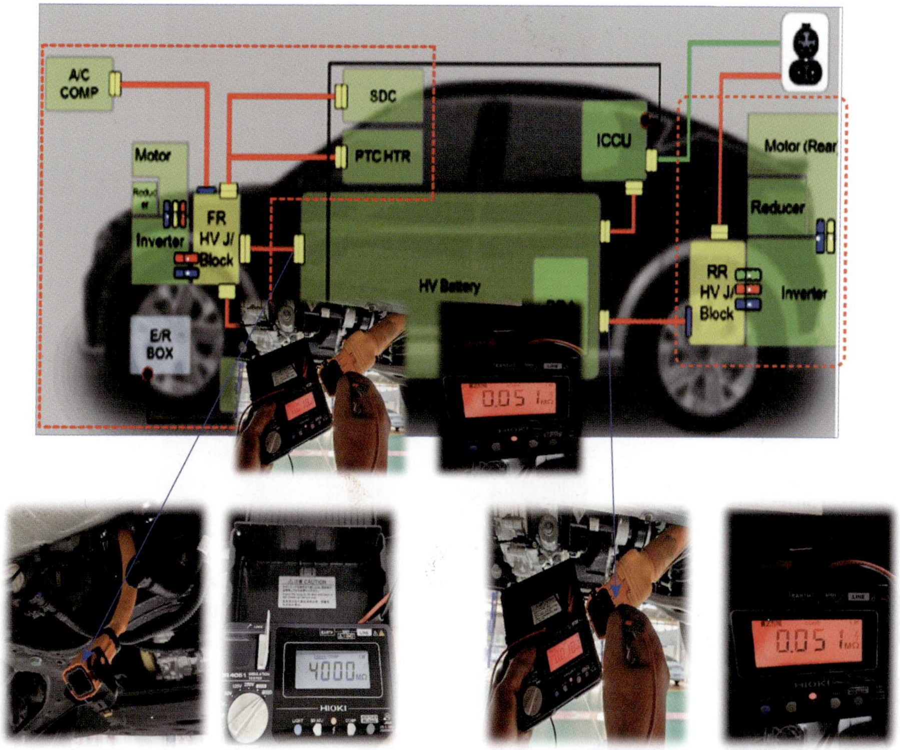

전방

(a) 절연 저항 양호

후방

(b) 절연 저항 불량

그림 프론트 및 리어 고전압 정션박스 라인 절연 저항 점검

⑦ 리어 정션박스, 멀티 인버터, 구동모터 분리 후 단품 절연 저항 점검 시 후방 고전압 정션 블록 단품 절연 저항 점검 시 양호, 후륜 구동모터 3상(U, V, W) 및 중성단 절연 저항 점검 시 양호, "멀티 인버터" 절연파괴 발생 확인. 내부 이물질에 의한 멀티 인버터 고전압 절연파괴 발생

그림 리어(후방) 고전압 정션 블록 점검

그림 후륜 구동모터 U, V, W 및 중성단 점검

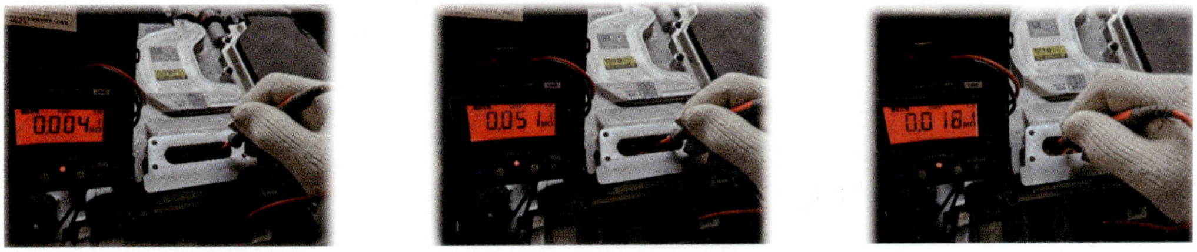

그림 · 멀티 인버터 점검

[3] 발생원인

멀티 인버터 단품 점검 과정에서 이물질 확인됨

[4] 조치사항

멀티 인버터 및 관련 부품 교환 후 정상 출고

2.4.5. NE EV(아이오닉 EV, 차량년식 : 2021년식)

[1] 고장증상

① 고전압 배터리 충전 불량으로 점검 의뢰.

② 고전압 배터리 셀간 전압 편차.

[2] 정비이력

P1AA600 배터리 비정상 거동감지 관련 고장상세코드 1-128번 확인되어 BMS 업그레이드

[3] 점검내용

① 자기진단 및 센서데이터 확인.

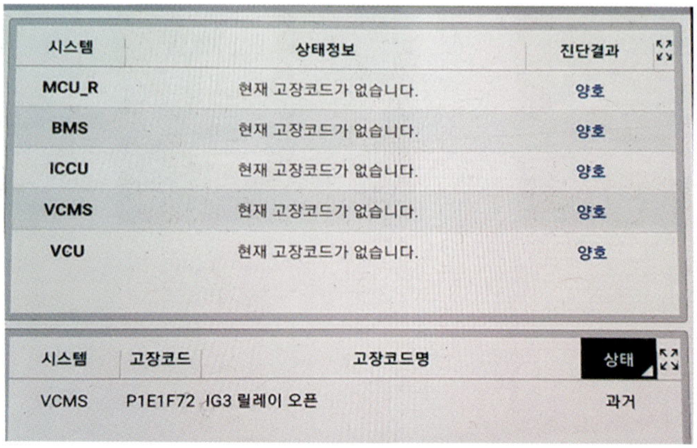

그림 고장코드

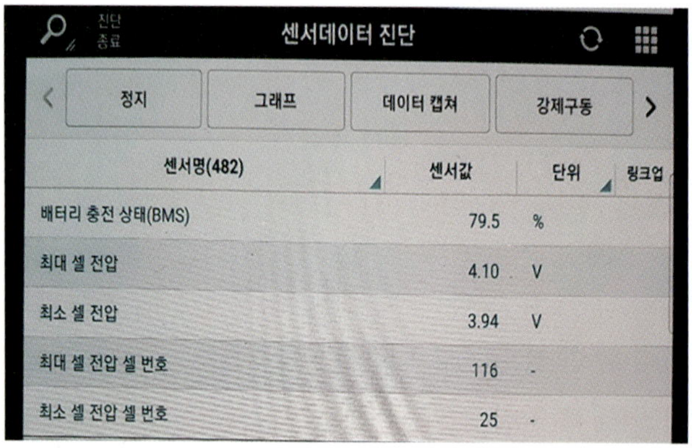

그림 센서데이터

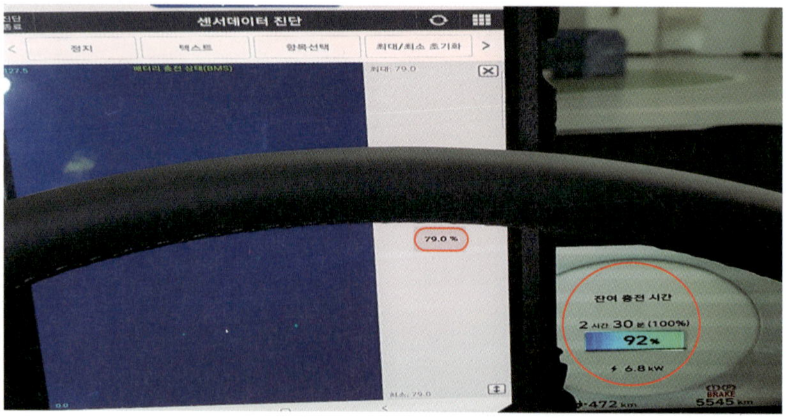

그림 BMS 업그레이드 이후 SOC 표출 상태

② BSA 탈거 후 5번 모듈과 6번 모듈 25번 셀 및 타 셀 비교

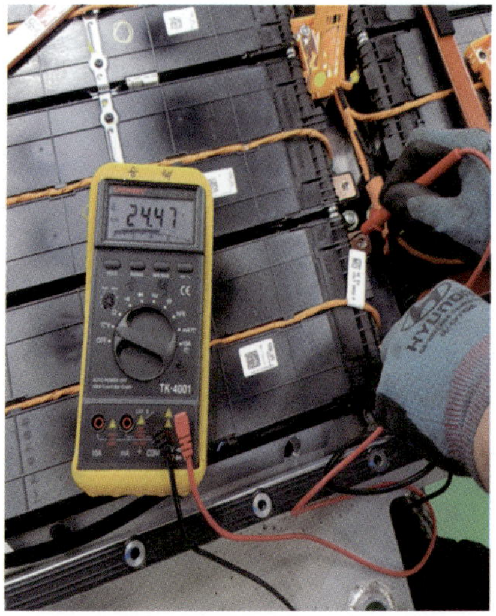

(a) 5번 모듈 토탈 전압

(b) 6번 모듈 토탈 전압

그림 5번, 6번 모듈 토탈 전압

(a) 25번 셀 전압

(b) 26번 셀 전압

그림 25번, 26번 셀 전압

[4] 발생원인

BMA 5번 모듈 25번 셀 전압 낮음

[5] 조치사항

BSA 교환

2.4.6. NE EV(아이오닉 EV, 차량년식 : 2021년식)

[1] 고장증상

전기차 시스템 점검 경고등 및 파워다운 경고등 점등

[2] 점검내용

① 고장코드 확인 시 고장코드 P0AA600 고전압 부품 절연파괴 – 과거 표출

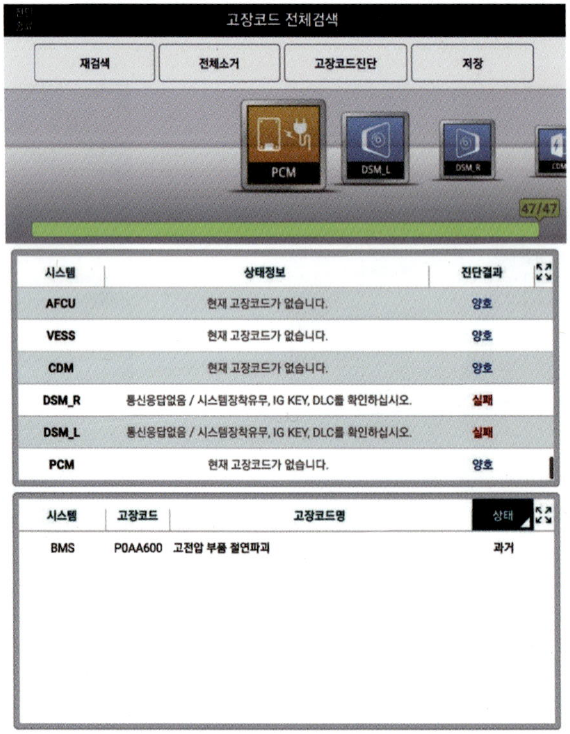

그림 고장코드

② 센서데이터 및 부가기능 절연파괴 부품검사, 절연 저항 0kΩ

유효 모듈 온도센서 개수	18	-
배터리 상하부 온도 편차	0	'C
배터리 PRA 버스바 온도	34	'C
배터리 PRA 버스바 온도 2	-44	'C
절연 저항	0	kOhm
프리차징 최대 전류	8.2	A
프리차징 평균 전류	0.1	A
보조배터리 전압	12.9	V

그림 센서데이터

● **[절연파괴 부품 검사]**

절연파괴 부품 검사 기능 완료

절연파괴 예상 부위가 아래와 같이 검출 되었습니다.

*** 고전압 입력부(고전압 배터리 출력~고전압 부품 입력단)**

[확인] 버튼 : 부가기능 종료

그림 절연파괴 부품검사

③ H13 커넥터 메가옴 테스터 측정 시 0.135MΩ

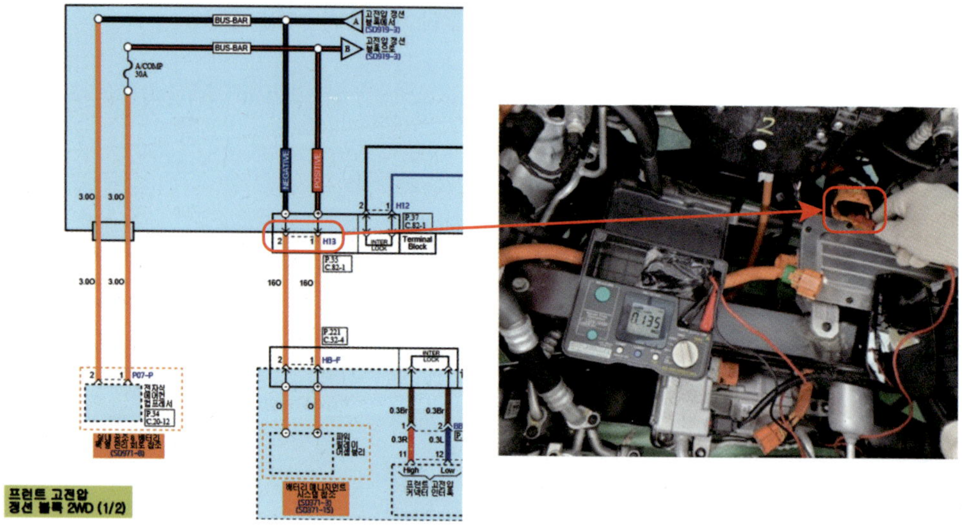

그림 메가옴 테스터 측정

④ 프런트 고전압 정션박스에 연결되어 있는 다른 부품 정상

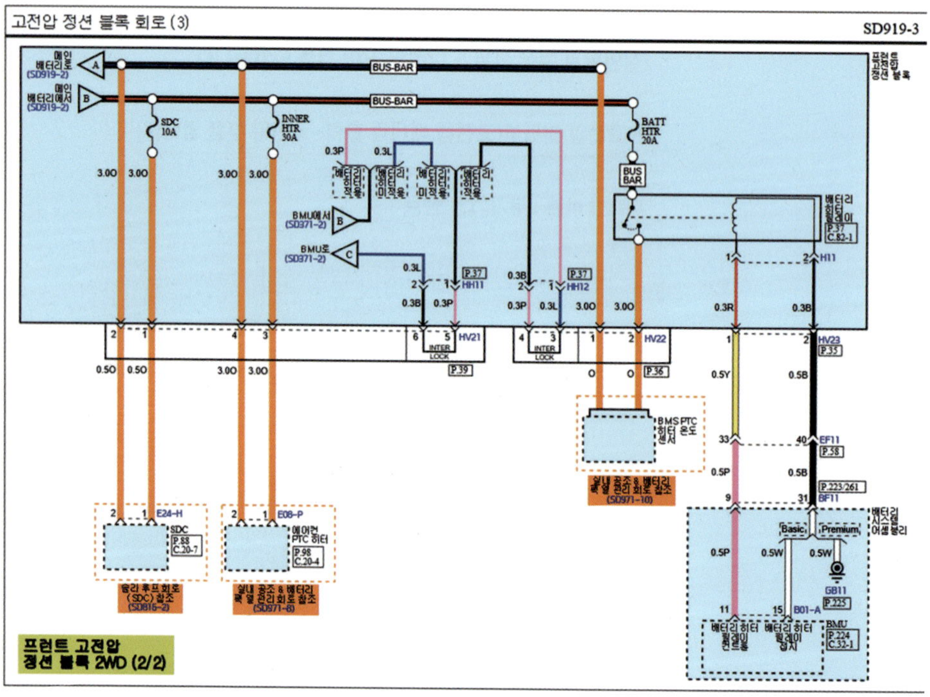

그림 고전압 정션 블록회로

⑤ 고전압 배터리 프런트 쪽 0.121MΩ(리어쪽 커넥터 탈거 전)

⑥ 고전압 배터리 리어쪽에서 커넥터 탈거 후 정상(고전압 배터리 정상)

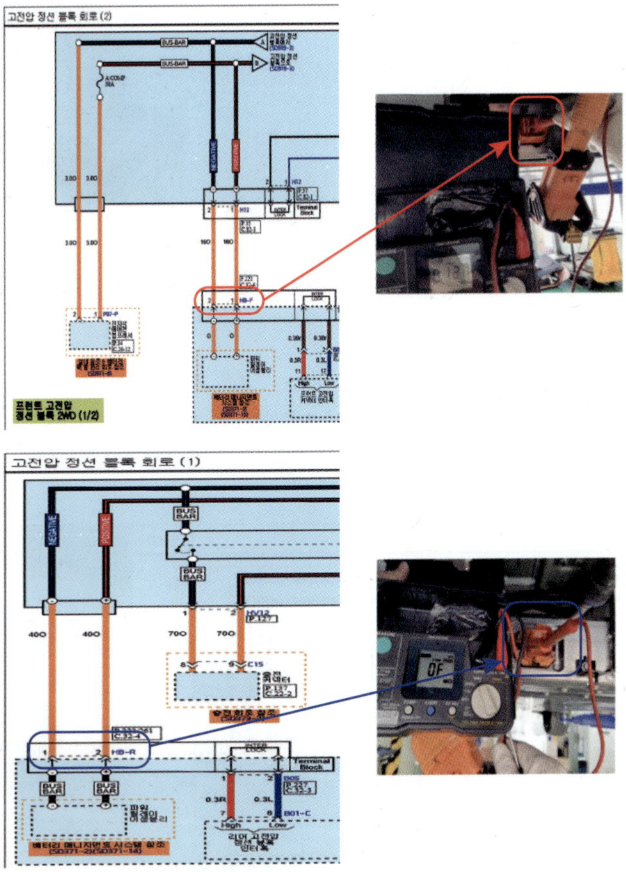

그림 고전압 배터리 프런트, 리어쪽 점검

⑦ 리어 고전압 정션박스 점검(충전기 간 커넥터 탈거 후)

⑧ 충전기측 절연 저항 정상

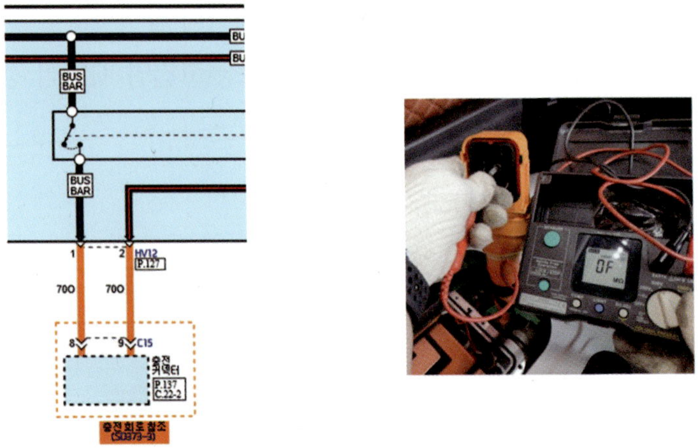

그림 충전기 측 절연 저항

⑨ 리어 고전압 정션 블록 내 인버터와 연결되어 있는 버스바 단자 측정 시 0.13MΩ 측정

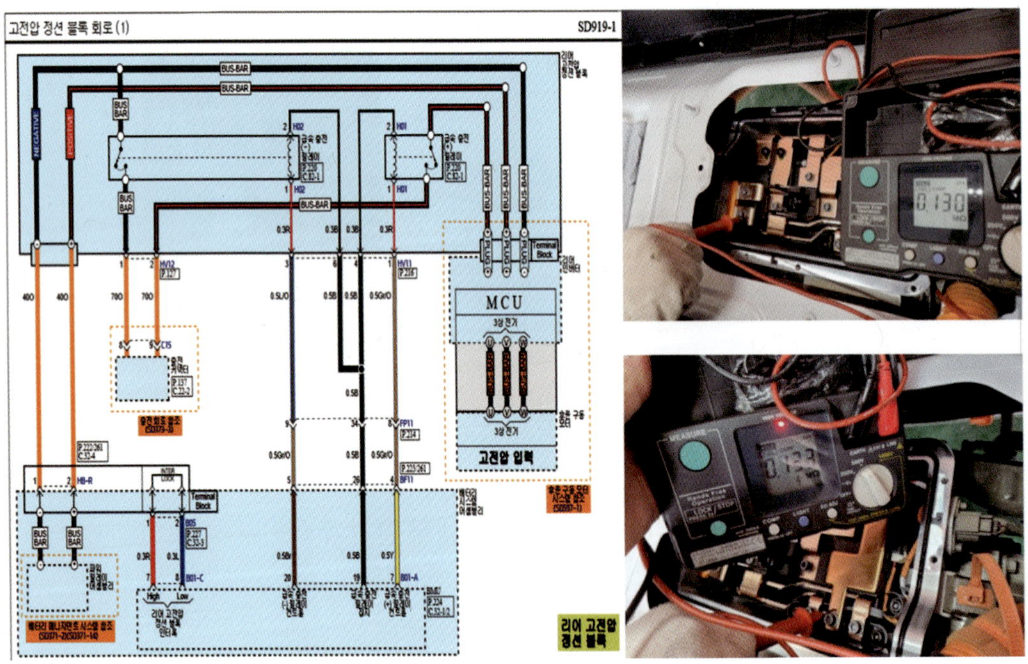

그림 버스바 단자 측정

⑩ 인버터와 모터 중 이상 판단되어 리어 멤버 탈거

⑪ 인버터와 모터 점검 위해 고전압 정션블록 탈거 중 인버터 – 정션 블록간 버스바 터미널 결합부에서 잉여볼트(이물질) 발견

그림 이물질 발견

⑫ 리어 고전압 정션박스 측정 시 인버터에서 오는 단자들 절연 파괴

⑬ 유입되어 있던 볼트 확인 시 캡 채결 볼트와 동일한 볼트로 캡(커버) 조립과정에서 들어간 것으로 추정

⑭ 인버터 소자 고장 가능성 있어 인버터 교환

[3] 발생원인

리어 고전압 정션블록 정비과정에서 멀티 인버터간 연결부 볼트 유입

[4] 조치사항

인버터 교환 및 유입된 볼트 제거 후 조립

2.4.7. AE EV(아이오닉 EV, 차량년식 : 2017년식)

[1] 고장증상

주행 중 경고 등 점등

그림 경고 등 점등

[2] 점검내용

① DTC 진단 시 고장코드 P0AA6 고전압 부품 절연파괴 –과거 표출(DTC 진단가이드에 보면 절연 저항이 300kΩ 이하로 54초 이상일 경우 DTC 발생으로 나옴)

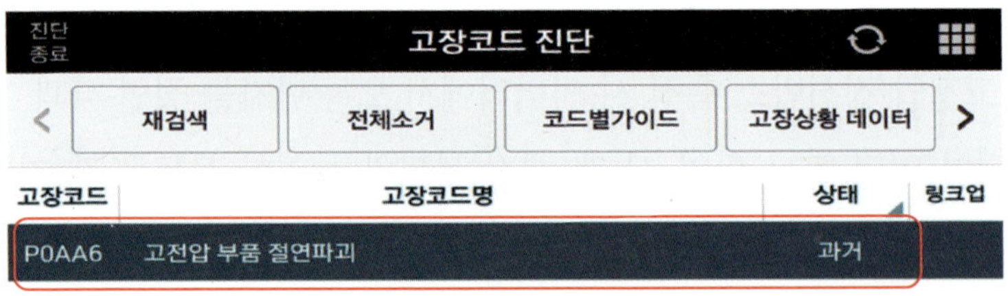

그림 고장코드

② 절연파괴 검사 시 절연파괴 측정 안됨

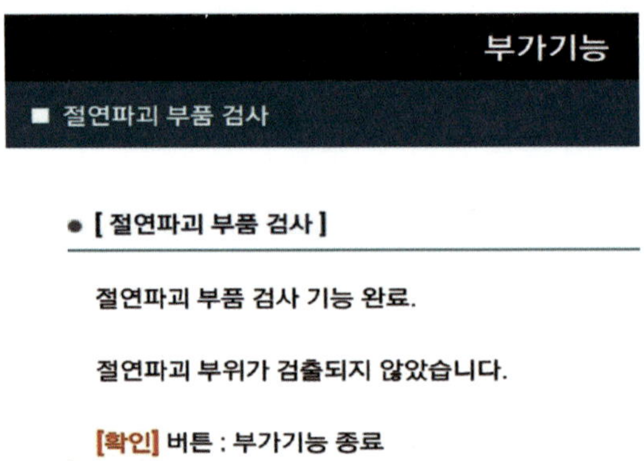

그림 절연파괴 검사

③ 고장상황 데이터를 보면 절연 저항이 265kΩ으로 낮음

고장상황 데이터

■ 발생시킨 고장코드 : P0AA6

센서명	센서값	단위
보조 배터리 전압	14.4	V
절연 저항	265	kOhm
인버터 커패시터 전압	357	V
모터 회전수	600	RPM
MCU 준비 상태	YES	-
MCU 메인릴레이 OFF 요청	NO	-
MCU 제어가능 상태	YES	-
VCU 준비상태	YES	-
VCU 메인 릴레이 OFF 요청	NO	-
VCU EV 준비상태	YES	-
에어컨 메인 릴레이 OFF 요청	NO	-

그림 고장상황 데이터

④ 시운전하면서 절연 저항 센서데이터 점검 시 약 350~450kΩ 측정됨. 문제는 있지만 고장코드 발생 기준 값에 부합하지 않아 DTC는 미 발생

⑤ 메가옴 테스터기 이용하여 고전압 부품 절연 저항 검사 실시

⑥ EPCU 메가옴 테스터기로 절연 저항 측정 시 U, V, W와 차체 약 200kΩ(불량) 정도로 측정됨. 불량이라 일반 멀티미터로 측정해도 측정이 가능

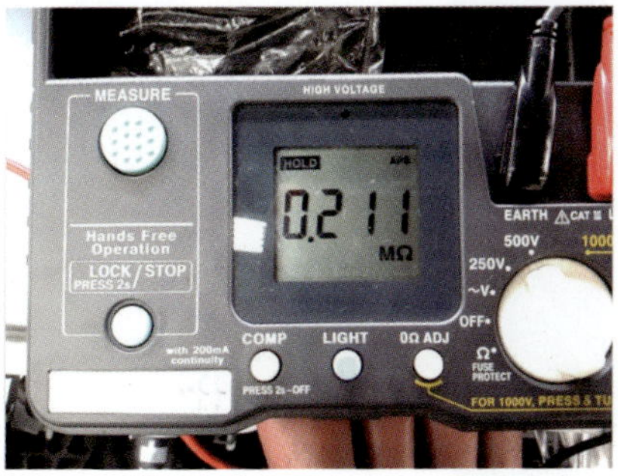

(a) 메가옴 테스터기로 측정

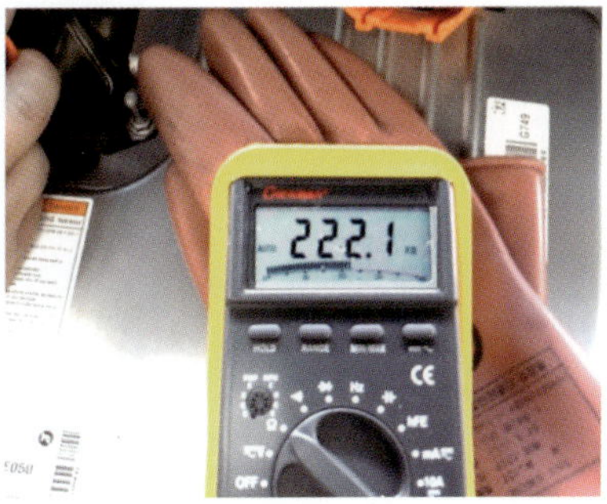

(b) 일반 멀티미터로 측정

그림 EPCU 절연 저항 측정

⑦ 신품 EPCU 절연 저항 측정 시 ∞로 정상

그림 신품 EPCU 절연 저항 측정

⑧ 수리 완료 후 시운전 시 서비스데이터 값 확인 시 절연 저항 1000kΩ으로 정상

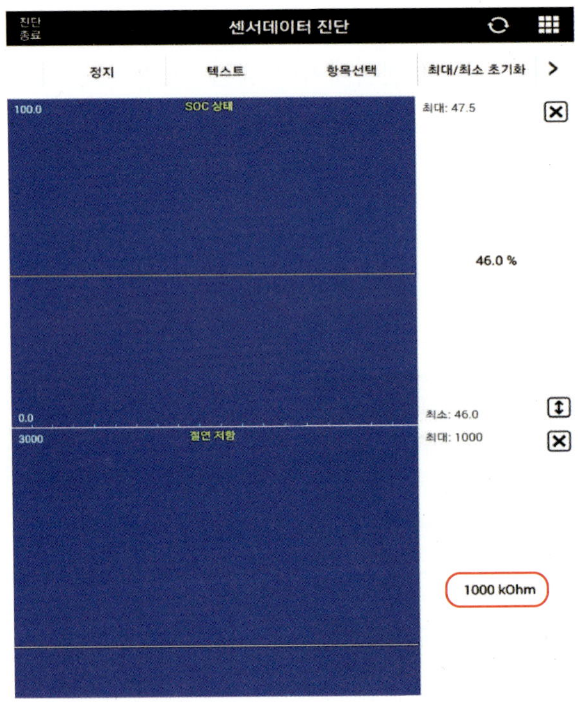

그림 서비스데이터 값

[3] 발생원인

EPCU 내부 불량

[4] 조치사항

EPCU 교환

PRA 시스템 정비사례

03

PRA 시스템 정비사례

03 CHAPTER

EV에서 PRA(Power Relay Assembly)는 고전압 배터리에서 전기를 공급하거나 차단하는 역할을 하는 부품이다. 전기차의 안전성과 직결되는 중요한 부품이며, 고전압 배터리 시스템 어셈블리(BSA) 내에 포함되어 있다.

3.1 PRA 역할

① 전원 공급 및 차단 : 고전압 배터리에서 발생되는 전력을 인버터 및 기타 고전압 부품으로 전달하거나, 필요에 따라 전원을 차단하는 역할을 한다. 이를 통해 전기차의 구동 시스템에 전력을 공급하고, 안전상의 이유로 전원을 차단할 수 있다.

② 프리차징(Pre-charging) 기능 : 고전압 배터리와 인버터 사이의 회로를 연결할 때 발생하는 순간적인 고전류로 인한 부품 손상을 방지하기 위해, 프리차징 릴레이와 저항을 사용하여 전압을 서서히 높여주는 역할을 한다. 갑작스러운 전류 surge로 인한 인버터 손상을 막아주는 중요한 안전장치이다.

③ 고전압 제어 : 고전압 배터리 시스템 내에서 메인 릴레이를 제어하여 전력 흐름을 관리하고, BMS(Battery Management System)의 신호에 따라 작동하여 배터리 상태를 안전하게 유지한다.

④ 시스템 보호 : 고전압 배터리 시스템의 이상 상황 발생 시, PRA는 즉시 전원을 차단하여 시스템을 보호하는 역할을 한다.

3.2 PRA 구성

① 메인 릴레이(Main Relay) : 고전압 배터리 전원을 ON/OFF하여 차량 구동을 가능하게 하는 핵심 부품이다.

② 프리차지 릴레이(Precharge Relay) : 고전압 배터리 시스템 초기 충전 시 충격 완화를 위해 사용된다. 고전압 배터리와 인버터 회로를 연결할 때, 과도한 전류로 인한 부품 손상을 방지하기 위해 제한된 충전 전류를 인버터에 전달하는 역할을 한다.

③ 저항(Resistor) : 프리차지 릴레이와 함께 동작하여 배터리 전압을 안정화시키고, 인버터에 전달되는 전압의 충전 시간을 지연시킨다.

④ 전류센서(Current Sensor) : 배터리 시스템의 전류 흐름을 측정하여 배터리 성능을 모니터링한다.

⑤ 온도센서(Temperature Sensor) : 배터리 온도를 측정하여 배터리 시스템의 안전성과 성능을 관리한다.

⑥ 버스바(Busbar) : 고전압 전력을 효율적으로 전달하는 역할을 한다.

3.3 PRA 기능

① 전원 공급/차단 : 고전압 배터리의 전력을 구동 시스템으로 흐르게 하거나 차단하여, 전기차의 시동, 주행, 충전 등을 제어한다.

② 안전 기능 : 이상 발생 시 전력 공급을 신속하게 차단하여 감전 사고나 화재 등 위험으로부터 보호하는 역할을 한다.

③ 회생 제동 : 회생 제동 시 발생하는 전기에너지를 배터리에 저장할 수 있도록 돕는다.

3.4 고장 시 증상 및 점검방법

3.4.1. GV70 EV(제네시스 EV(JK EV), 차량년식 : 2022년식)

[1] 고장증상

READY 안됨

[2] 정비이력

저전압 배터리 경고등 및 파워제한 경고등 점등으로 점검

① P1A9096 : DC/DC 컨버터 입력 전압 센서 고장

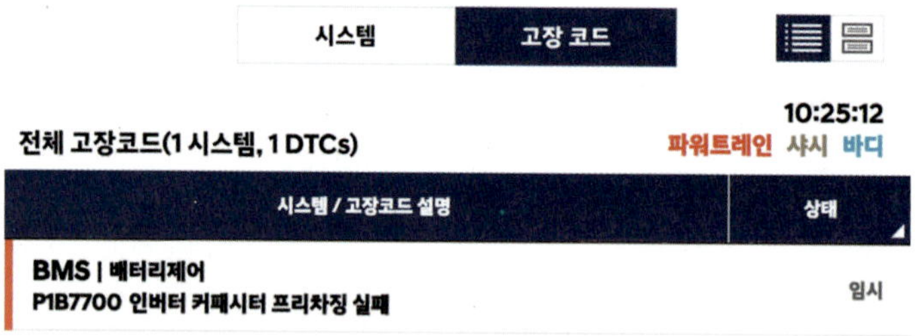

그림 고장코드

[3] 점검내용

① 절연파괴 검사 시 2번째 항목 고전압 입력부에서 중단됨

② 고전압 모듈 커패시터 점검 시 특이사항 없음

③ 프리차지 릴레이 강제구동 검사 시 인버터 커패시터 약 6V → 약 740V 승압 안 됨

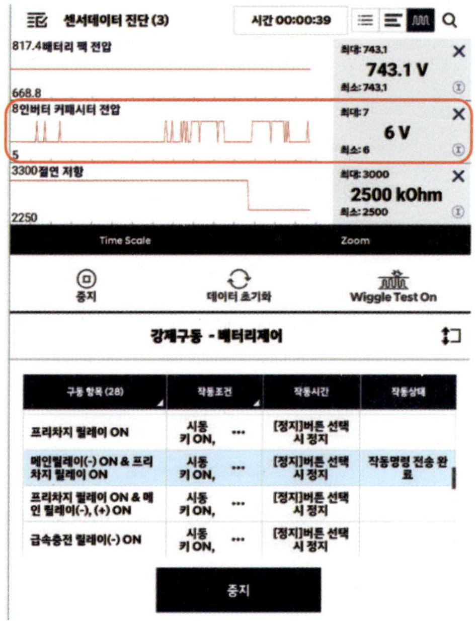

그림 프리차지 릴레이 강제 구동

④ 프리차지 레지스터 저항 점검 시 "∞" 측정

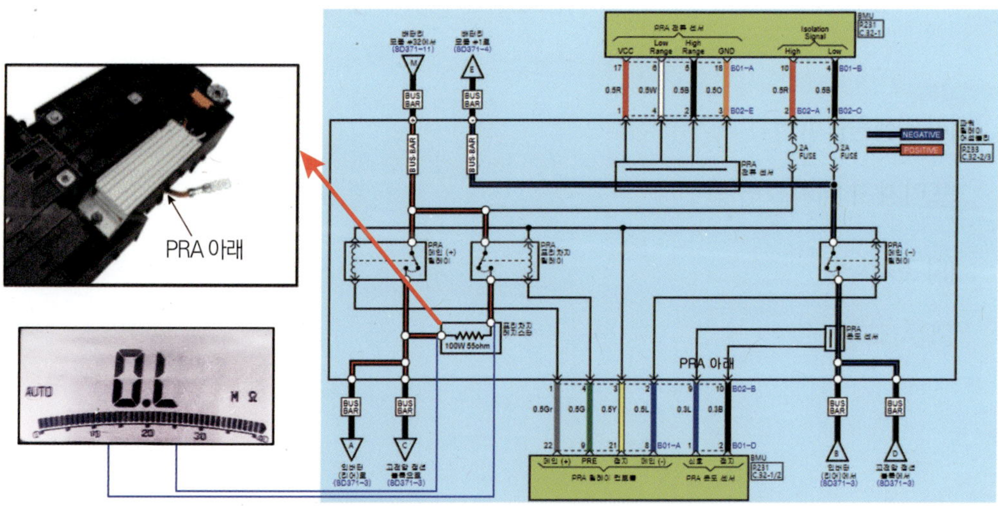

그림 프리차지 저항 회로도

⑤ PRA 교환 및 프리차지 릴레이 강제 구동 시 인버터 커패시터 전압 6V → 741V 승압

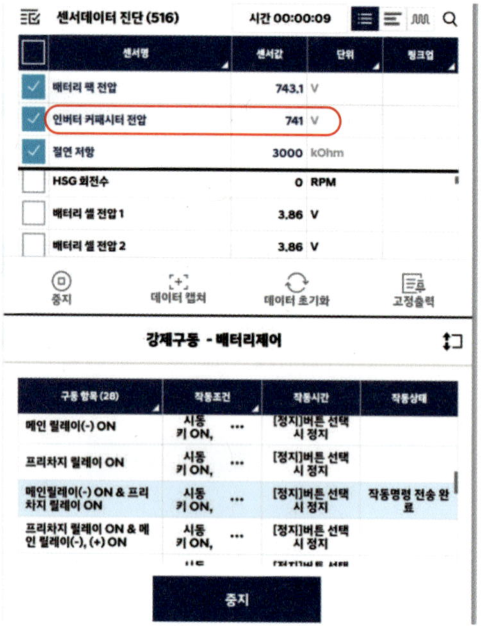

그림 PRA 교환 후 강제 구동 시 센서 출력

[4] 발생원인

프리차지 레지스터 단선

[5] 조치사항

PRA 교환

참고 차종별 커패시턴스 용량(오차범위: ±10%, PTC 히터 ±20%)

차종	고전압회로 연결부품 커패시턴스(단위 : μF)							
	전륜 인버터	후륜 인버터	ICCU (또는 OBC)	LDC	컴프레서	PTC 히터	WCCU	합계
JK EV	270	270	23.3		26.7	1.1	40	631.1
JW	130(74kW 모터) 270(160kW 모터)	270	23.3		26.7	1.65	40	491.65 631.65
NE	130	270	23.3		26.7	1.65	-	451.65
RG3 EV	270	270	23.3		26.7	0.05	-	590.05
OS EV	880	-	4.7	4.5	39	11	-	939.2
HR EV	880	-	4.7	4.5	43	2.2	-	934.4
AE EV	786	-	4.7	4.5	39	11	-	845.2

3.4.2. HR EV(포토 EV, 차량년식 : 2020년식)

[1] 고장증상

READY 불가

[2] 정비이력

절연저항 관련 고장코드 발생으로, EPCU 및 구동 모터 교환

[3] 점검내용

① 자기진단 점검 시 절연저항 관련 고장코드 발생으로, EPCU 및 구동모터 교환 후 고장코드 확인 시 MCU P0C17 구동 모터 위치센서 미보정 – 과거, BMS P1B7700 인버터 커패시터 프리차징 실패 - 임시표출. P0C17 구동모터 위치센서 미보정 코드의 경우 레졸버 보정 실시 못해 발생하였으므로 무시

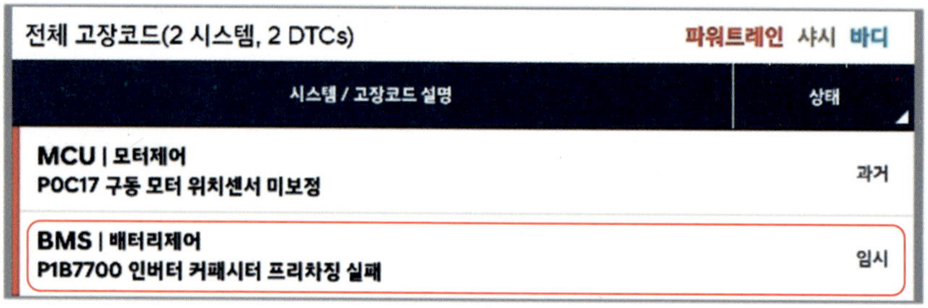

그림 고장코드

② BMS P1B7700 인버터 커패시터 프리차징 실패

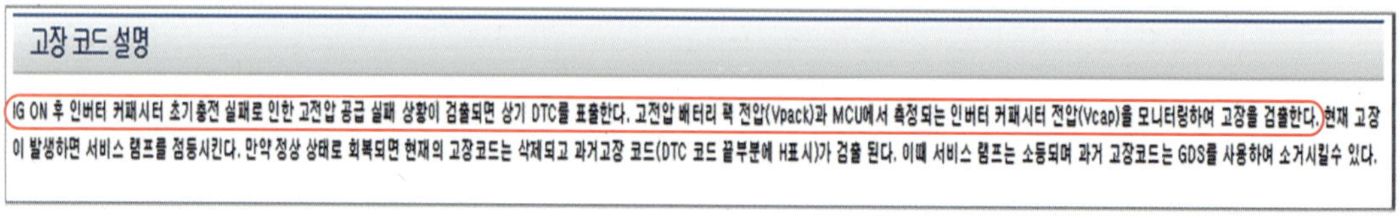
고장 코드 설명

IG ON 후 인버터 커패시터 초기충전 실패로 인한 고전압 공급 실패 상황이 검출되면 상기 DTC를 표출한다. 고전압 배터리 팩 전압(Vpack)과 MCU에서 측정되는 인버터 커패시터 전압(Vcap)을 모니터링하여 고장을 검출한다. 현재 고장이 발생하면 서비스 램프를 점등시킨다. 만약 정상 상태로 회복되면 현재의 고장코드는 삭제되고 과거고장 코드(DTC 코드 끝부분에 H표시)가 검출 된다. 이때 서비스 램프는 소등되며 과거 고장코드는 GDS를 사용하여 소거시킬수 있다.

그림 고장코드 설명

③ 센서데이터 점검 시 고전압 배터리의 전압은 367.9V로 정상. READY를 시도해도 인버터 커패시터 전압이 그대로임. 만약 PRA에서 정상적으로 릴레이가 작동했다면 인버터 커패시터 쪽으로 고전압 배터리의 전원이 공급되어 순간적으로 커패시터가 충전됨

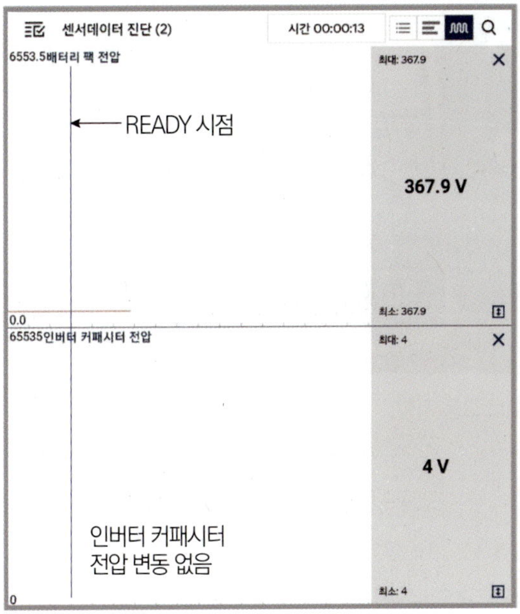

그림 센서데이터 점검

④ PRA에서 릴레이가 구동하지 않아 일시적으로도 전원 공급이 되지 않은 것으로 판단

⑤ 고전압 배터리에서 PRA 탈거하여 단품 점검 진행, PRA 케이스 탈거하여 단품에서 가장 점검하기 좋은 프라차지 저항 측정해보니 단선으로 확인

[프리차지 레지스터(FRE-Charge Resistor) 제원]

항목		제원
코일	정격용량(W)	60
	저항(Ω)	40

(a) 고품 저항

(b) 신품 저항

그림 프라차지 저항 측정

⑥ 프리차지 저항 불량으로 정상적인 프리차징되지 않아 BMU에서 메인 릴레이를 구동하지 않은 것으로 판단

[4] 발생원인

PRA 내부 프리차지 저항 불량

[5] 조치사항

PRA 교환

3.4.3. HR EV(포토 EV, 차량년식 : 2022년식)

[1] 고장증상

READY 불가 및 전기차 점검 문구

[2] 점검내용

① 입고 당시 현상 상시 재현(READY 불가)

② 자기진단 시 고장코드 P1B7700 인버터 커패시터 프리차지 실패 – 현재 표출

P1B7700

인버터 커패시터 프리차징 실패 현재

그림 고장코드

③ 고전압 배터리 탈거 후, 고전압 퓨즈 점검 시 양단 통전되므로 정상

그림 전압 퓨즈 점검

④ PRA 탈거 후 프리차지 저항, 릴레이 점검 시 프리차지 저항 단선(O.L)

⑤ 프리차저 릴레이, 메인 릴레이 점검 시 정상(단락 없음)

⑥ 고전압 배터리 내 배터리 팩 절연저항 점검 시, 정상(절연 저항 값 정상)

⑦ 고전압 정션 블록 입력단의 캐패시터 용량 측정 시 캐패시터 값 969μF(정상 값 : 934.4 μF±10%)으로 정상.(전륜인버터 880μF, OBC 4.7μF, LDC 4.5μF, 컴프레서 43μF, PTC 11μF)

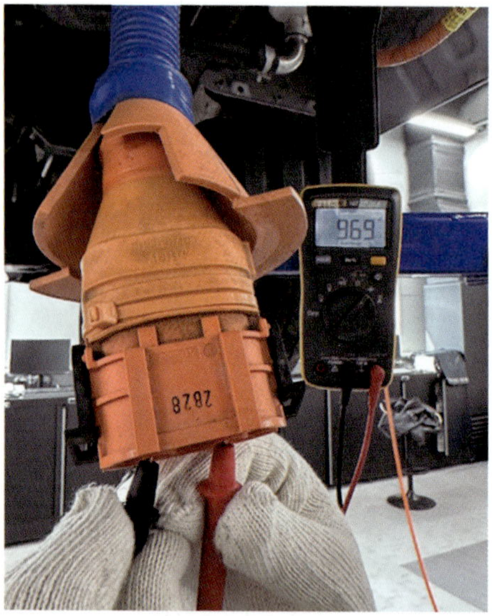

그림 캐패시터 용량 측정

⑧ 승온히터 고전압 커넥터에서 캐패시터 용량이 측정 안 되어 원인부품으로 판단했으나, 승온히터는 단순한 저항 발열체이므로, 캐패시터가 없고 부품은 정상으로 판단. 승온히터 저항 측정 시, 약 43Ω으로 정상수치로 판단됨

그림 승온히터 저항 측정

⑨ 고전압 정션 블록 입력단의 절연저항 측정 시 정상

⑩ PRA 탈거 후, 프리차지 저항 점검 시 단선

그림 프리차지 저항 점검

[3] 발생원인

프리차지 저항 성능 저하로 인한 단선으로 추정

[4] 조치사항

프리차지 저항을 포함한 PRA 교환 조치

3.4.4. HR EV(포토 EV, 차량년식 : 2019년식)

[1] 고장증상

프리차징 실패 READY 불가

[2] 점검내용

① 입고 후 자기진단 점검 시 고장코드 BMS P1B7700 인버터 커패시터 프리차징 실패 – 과거, EPB C110201 배터리 전압 낮음 – 과거 표출

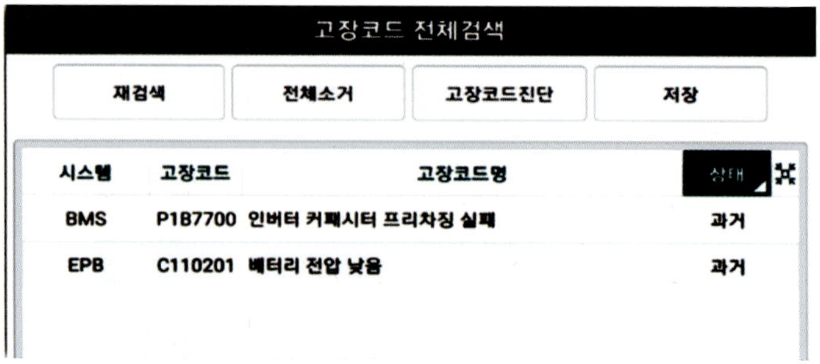

그림 고장코드

② 고장상황 데이터 확인 시 인버터 커패시터 전압 2V

그림 고장 상황데이터

③ READY 시 출력데이터 고전압 배터리 정상이나 인버터 커패시터 전압 2V 비정상

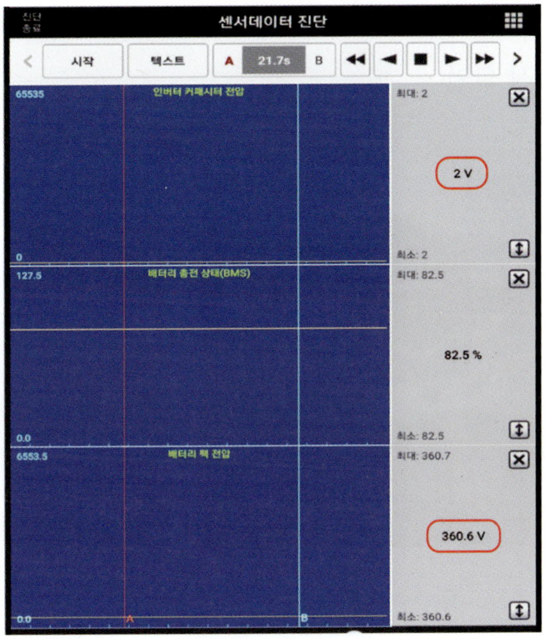

그림 센서 데이터

④ 프리차저 릴레이 컨트롤 확인 시 12V 출력 확인, 릴레이 정상 출력으로 BMU 정상 추정

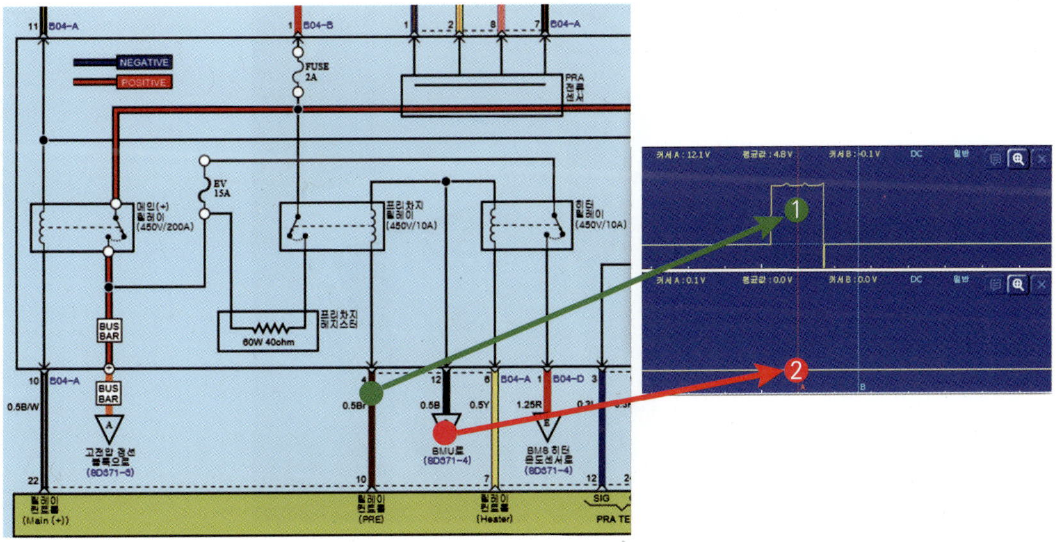

그림 릴레이 컨트롤 확인

⑤ PRA 단품 측정 불가로 BSA 탈거 후 단품 점검, 각 릴레이 코일 단 저항과 전압 인가 후 통전 시 정상 확인

그림 각 릴레이 코일 단 저항과 전압 인가 후 통전 측정

⑥ 단품 점검 시 프리차저 릴레이 정상

⑦ 프리차저 저항 확인 시 단선 확인

그림 프리차저 저항 측정

[3] 발생원인

PRA 내부 프리차저 저항 불량

[4] 조치사항

PRA 교환

3.4.5. NE EV(아이오닉 EV, 차량년식 : 2021년식)

[1] 고장증상

충전 중단 및 “전기차 시스템 점검” 문구 출력

[2] 점검내용

① 고장진단 시 고장코드 BMS - P1AA600 배터리 비정상 거동 감지 – 현재, BMS - P0C8D12 고전압 배터리 “10번 온도센서” 이상 – 과거 표출

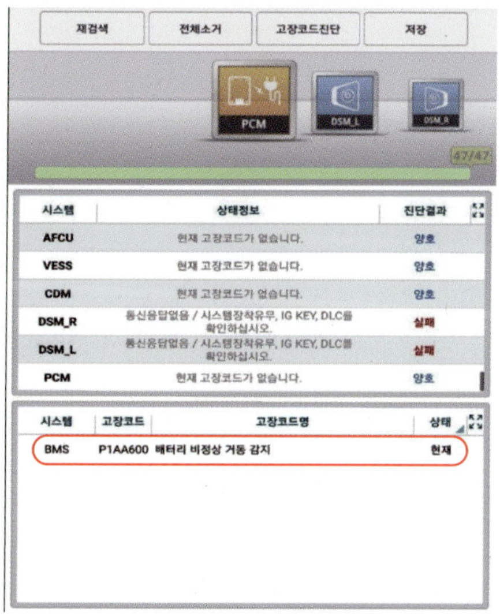

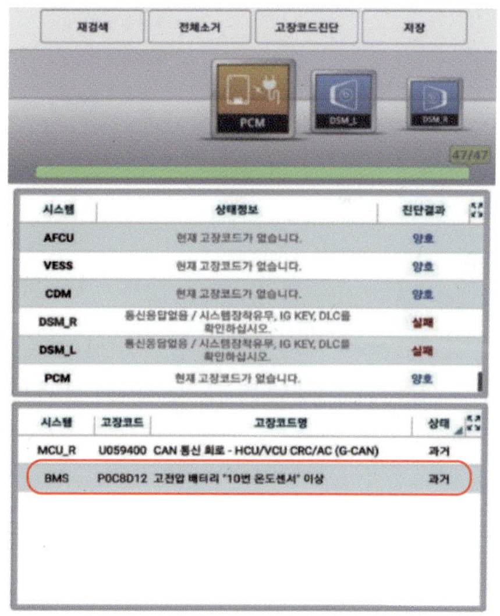

그림 고장코드

② 고장상황 데이터 10번 온도센서 −37℃

고장상황 데이터

■ 발생시킨 고장코드 : P1AA600

센서명	센서값	단위
배터리 모듈 7 온도	30	'C
배터리 모듈 8 온도	32	'C
배터리 모듈 9 온도	31	'C
배터리 모듈 10 온도	-37	'C
배터리 모듈 11 온도	31	'C
배터리 모듈 12 온도	32	'C
배터리 모듈 13 온도	31	'C
배터리 모듈 14 온도	32	'C
배터리 모듈 15 온도	31	'C
배터리 모듈 16 온도	33	'C
배터리 모듈 온도 17	30	'C
배터리 모듈 온도 18	31	'C
고장 추가 정보 1	0	-
고장 추가 정보 2	8	-
고장 추가 정보 3	200	-
고장 추가 정보 4	1	-
고장 추가 정보 5	0	-
고장 추가 정보 6	2	-
고장 추가 정보 7	0	-
고장 추가 정보 8	0	-

그림 고장상황 데이터

③ 고전압 배터리 모듈 10번 온도센서 단품 불량 또는 와이어링 불량으로 판단되어 고전압 배터리 어셈블리 탈착 점검 실시

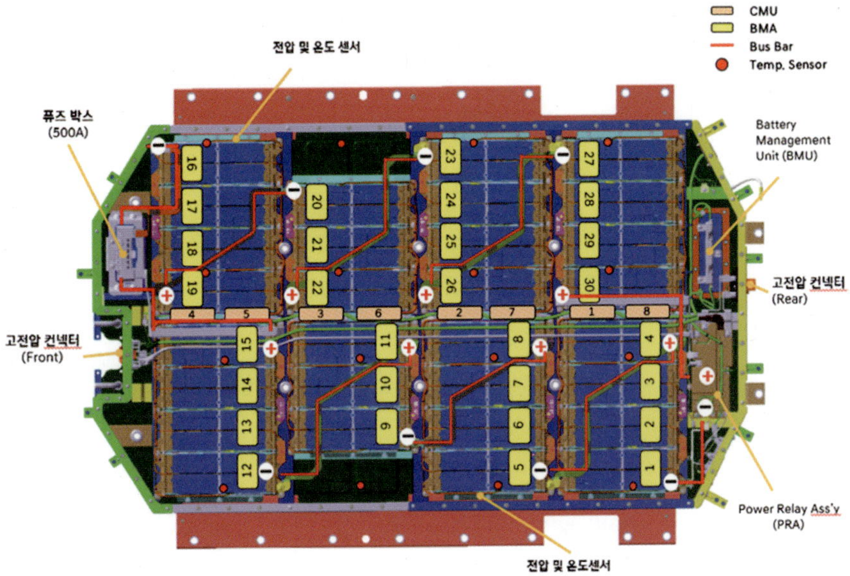

그림 고전압 배터리 팩(항속형)

④ 급속 충전 중 온도센서 단품 불량으로 판단되어 고전압 배터리 탈착

⑤ 고전압 배터리 내 와이어링 및 온도센서 점검

⑥ 9번 모듈 하단에 장착된 온도센서 단품 문제로 판단되어 교환

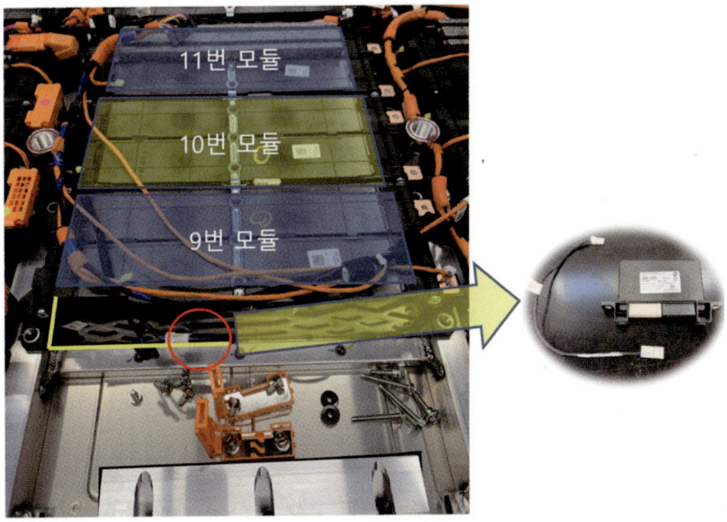

그림 온도센서 장착 위치

⑦ 고전압 배터리 모듈 10번 온도센서 단품 불량 추정으로 교환 후 BSA 기밀 테스트 후 장착, 온도센서 모두 23℃로 센서데이터 양호

센서명(514)	센서값	단위	링크업
배터리 모듈 10 온도	23	'C	
배터리 셀 전압 91	3.76	V	
배터리 셀 전압 92	3.76	V	
배터리 셀 전압 93	3.76	V	
배터리 셀 전압 94	3.76	V	
배터리 셀 전압 95	3.76	V	
배터리 셀 전압 96	3.76	V	
최대 내부 저항	3.00	mOhm	
최대 내부 저항 배터리 셀번호	1	-	
평균 내부 저항	3.00	mOhm	
배터리 모듈 6 온도	23	'C	
배터리 모듈 7 온도	23	'C	
배터리 모듈 8 온도	23	'C	
배터리 모듈 9 온도	23	'C	
배터리 모듈 11 온도	23	'C	
배터리 모듈 12 온도	23	'C	
최대 충전 가능 파워	0.00	kW	
최대 방전 가능 파워	0.00	kW	
배터리 셀간 전압편차	0.00	V	

그림 센서데이터

[3] 발생원인

10번 온도센서 단품 불량으로 판단

[4] 조치사항

10번 온도센서 교환, 온도센서 교환 후 양호

3.4.6. NE1 EV(아이오닉 EV, 차량년식 : 2021년식)

[1] 고장증상

자기진단 시 ICCU P1A9096 발생되어 ICCU 및 퓨즈 교환 후 READY 불가되어 견인 입고

그림 클러스터 경고문구

[2] 정비이력

ICCU 및 퓨즈 교환

[3] 점검내용

① 자기진단 시 BMS P1B7700 인터버 커패시터 프리차징 실패 –현재 표출, 고전압 회로 단선 추정

시스템 / 고장코드 설명	상태
BMS | 배터리제어 **P1B7700 인버터 커패시터 프리차징 실패**	현재

그림 고장코드

② P1B7700 고장상황 데이터 확인 시, 프리차징 전압 4V, 전류 0.1A로 고전압 회로 단선 추정

고장 추가 정보 1	4	
고장 추가 정보 2	0	
고장 추가 정보 3	4	4V
고장 추가 정보 4	1	0.1A

상세코드3	전압	-	프리차징 중 MCU 캐패시터 최대전압 [v]
상세코드4	전류	-	프리차징 중 평균전류 [0.1A]

그림 고장상황 데이터

③ BMS 센서데이터 점검 시 READY했을 때 인버터 커패시터 전압이 7V에서 변동 없음. 고전압 배터리 회로 점검 필요

그림 센서데이터 점검

④ 고전압 배터리 내부 PRA 점검 시 40MΩ으로 프리차지 저항 단선(정상 저항 값 55Ω)

(a) 불량

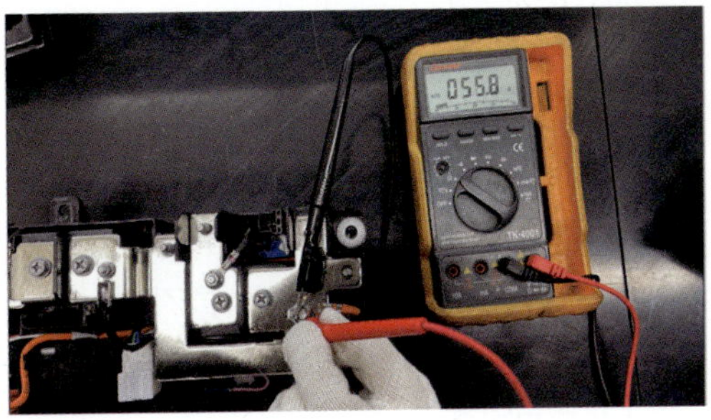

(b) 정상

그림 프리차지 저항 점검

⑤ PRA 교환

[4] 발생원인

ICCU 내부 고전압 회로 손상되어, 과전류에 의한 PRA(프리차지 저항) 파손(단선)

[5] 조치사항

PRA 교환

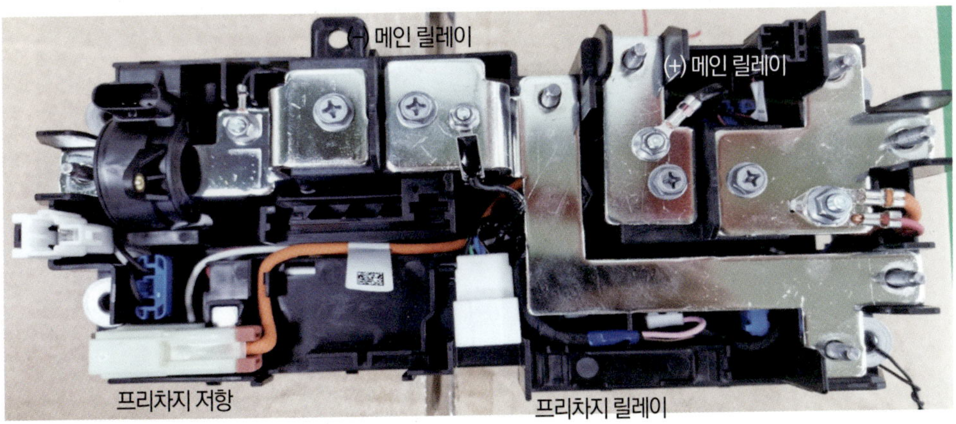

그림 PRA

3.4.7. AE EV(아이오닉 EV, 2017년식)

[1] 고장증상

경고등 점등 및 READY 불가

[2] 정비이력

경고등 점등 및 READY 불가 현상으로 1차 PTC, EPCU 교환

[3] 점검내용

① 위 현상으로 1차 PTC, EPCU 교환 후 입고

② 진단코드 점검 및 고장상황 데이터 점검 시 고장코드 P1B77 프리차징 실패 – 현재 표출. 고장상황 데이터 특이사항 없으나 고장정보 1, 2가 모두 0으로 표출되고 고장발생 시 전류 값 0A 출력

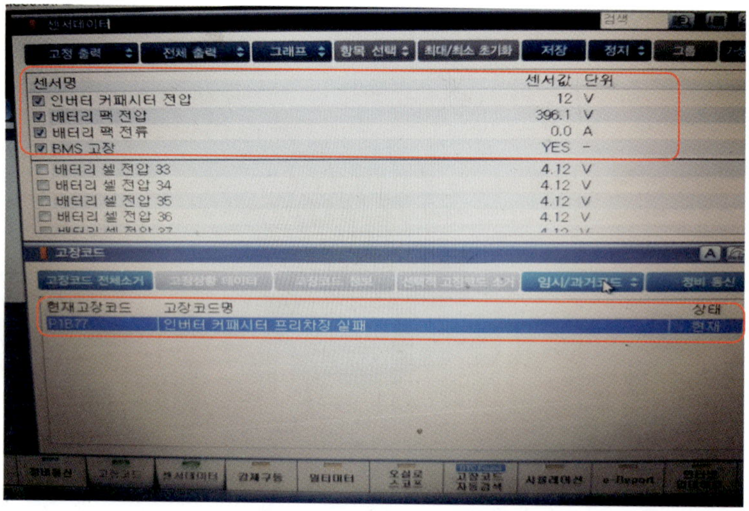

그림 고장코드

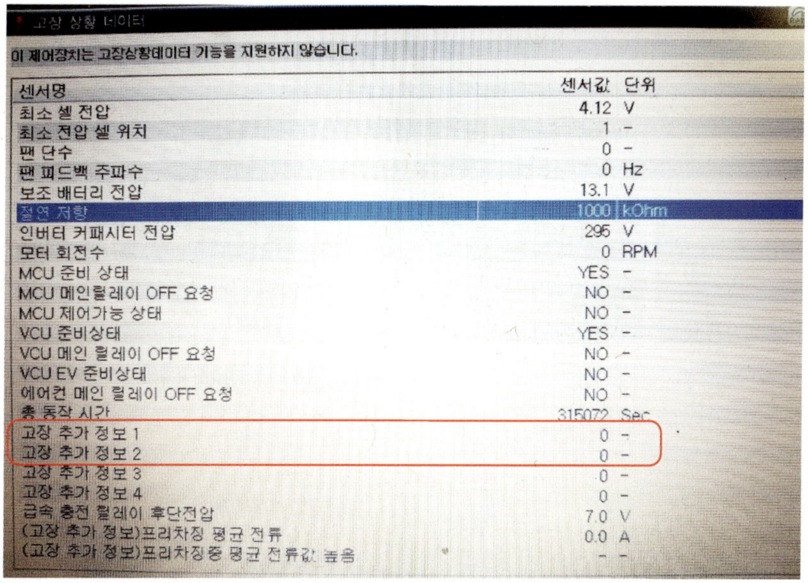

그림 고장정보

③ 프리차징 릴레이 코일 저항 및 스위칭 점검 시 스위칭 불가

(a) 릴레이 코일 저항

(b) 스위칭 불가

그림 프리차징 릴레이 점검

④ 릴레이 교환 후 코일 저항 및 스위칭 점검

그림 릴레이 교환 후 릴레이 점검

[4] 발생원인

프리차징 릴레이 내부 스위칭 불량

[5] 조치사항

PRA 고전압 정션 박스 교환

OBC 시스템 정비사례

04

OBC 시스템 정비사례

04
CHAPTER

OBC(On-Board Charger, 온보드 충전기)는 차량 내부에 설치된 배터리 충전기라고 할 수 있다. 전기자동차의 충전은 급속 충전과 완속 충전 두 가지로 분류되는데, OBC는 외부 전원(일반적으로 AC 전력)을 차량 배터리에 맞는 DC 전력으로 변환하여 전기차를 충전하는 역할을 한다. 즉, 전력망과 배터리 사이의 인터페이스 역할을 하며, 완속 충전을 담당한다. LDC와 협조하여 컨버터, 인버터, 배터리 등과 함께 전력변환 기능을 담당하고 있다.

4.1 OBC 역할

① 교류(AC) 전력을 직류(DC) 전력으로 변환 : 가정용 콘센트나 충전소에서 제공되는 AC 전력을 받아, 전기차 배터리가 사용하는 DC 전력으로 변환한다.

② 배터리 충전 관리 : 배터리 상태 및 충전량에 따라 전압과 전류를 조절하여 안전하고 효율적인 배터리 충전을 가능하게 한다.

③ 전력 품질 관리 : 입력되는 AC 전력의 고조파 왜곡(THD)을 줄여 전력망에 미치는 영향을 최소화한다.

④ 충전 시스템 제어 : 충전 연결 확인 및 제어 신호 처리를 통해 충전 과정을 관리한다.

⑤ 전력 변환 효율 극대화 : 전력 변환 과정에서 손실을 최소화하여 충전 시간을 단축하고 에너지 효율을 높인다.

4.2 OBC 구성

① 입력 필터 : 전력망으로부터 유입되는 노이즈를 제거한다.

② 정류기 브리지 : AC 전압을 DC 전압으로 변환한다.

③ 역률 보정(PFC) 모듈 : 전력 사용 효율을 높인다.

④ DC-DC 컨버터 : 변환된 DC 전압을 배터리 충전에 적합한 전압으로 조절한다.

⑤ CCM(Charge Control Module) : 충전 시스템의 전반적인 동작을 제어하고 관리하며, 안전하고 효율적인 충전 환경을 제공한다.

참고 역률 보정(PFC, Power Factor Correction)

전력 시스템에서 역률을 개선하여 효율을 높이는 기술이다. 역률은 유효 전력과 피상 전력의 비율을 나타내며, 역률이 낮으면 전력 손실이 증가하고 전력망에 부담을 줄 수 있다. PFC는 이러한 역률을 개선하여 전력 소비를 줄이고 효율을 향상시키는 역할을 한다.

4.3 OBC 기능

① 교류(AC)를 직류(DC)로 변환 : 외부 전원 콘센트에서 공급되는 AC 전압을 배터리 충전에 적합한 DC 전압으로 변환한다.

② 배터리 완속 충전 : 충전소에서 공급받는 AC 전력을 차량 배터리에 안전하고 효율적으로 충전한다.

③ 전력 변환 제어 : 충전 과정에서 필요한 전압, 전류, 주파수 등을 제어하여 배터리 충전을

최적화한다.

④ 충전 상태 모니터링 : 충전 상태를 실시간으로 확인하고 관리하여 배터리 안전성을 확보한다.

⑤ 통신 기능 : 충전소와 통신하여 충전 시작, 중지, 전력량 조절 등을 수행한다.

참고 OBC와 인버터의 차이점

OBC와 인버터는 모두 전력 변환 장치이지만, 역할이 다르다. OBC는 외부 AC 전원을 받아 배터리를 충전하는 장치인 반면, 인버터는 배터리의 DC 전력을 모터 구동에 필요한 AC 전력으로 변환하는 장치이다. 즉, OBC는 충전에, 인버터는 주행에 사용된다.

4.4 고장 시 증상 및 점검방법

4.4.1. AE EV(아이오닉 EV, 차량년식 : 2019년식)

[1] 고장증상

① 완속 충전 중 약 1분 후 충전 실패

② 완속 충전 중에 통합경고등 점등 및 클러스터에 "전기차 시스템을 점검하십시오" 문구 출력

그림 클러스터 경고 메시지

[2] 점검내용

① 입고 당시 시스템 전체 자기진단, 고장코드 BMS P0AA6 고전압 시스템 절연파괴 – 현재 표출, 일반 주행 중에는 특이사항 및 고장코드 발생되지 않음

② P0AA6 고전압 부품 절연파괴 코드에 대한 분석(절연저항 300kΩ = BMS에서 메인 릴레이 차단)

고장코드 전체소거 | 고장상황 데이터 | 고장코드 정보 | 선택적 고장코드 소거 | 임시/과거코드

고장코드	고장코드명	상태
P0AA6	고전압 부품 절연파괴	현재

고장 판정 조건

항목	판정 조건			고장예상 원인
검출목적	절연파괴에 의한 안전사고 방지			1. 전기차 배터리 팩 2. 타 고전압 사용부품 이상(모터 인버터, 에어컨등) 3. 절연 저항 센싱 회로 이상 4. BMS
검출조건	점화스위치 "ON" 보조배터리 정상전압(9-16V)			
고장코드발생기준값	절연저항 300kΩ 이하로 54초 이상			
고장코드해제기준값	절연저항 900kΩ 이상으로 54초 이상			
안전 모드	가용파워	충전제한	0%	
		방전제한	0%	
	Fan 컨트롤		-	
	Relay 컨트롤		OFF	
	서비스램프	ON 조건	1회 주행사이클	
		OFF 조건	점화스위치 "OFF"	
	DTC 확정		1회 주행사이클	
	경고등		ON	

그림 고장판정 조건

③ BMS 서비스 데이터에 현재 절연저항 값 1000kΩ 상태, 시운전 중 실시간 절연 상태 및 현재 절연 상태 양호함.

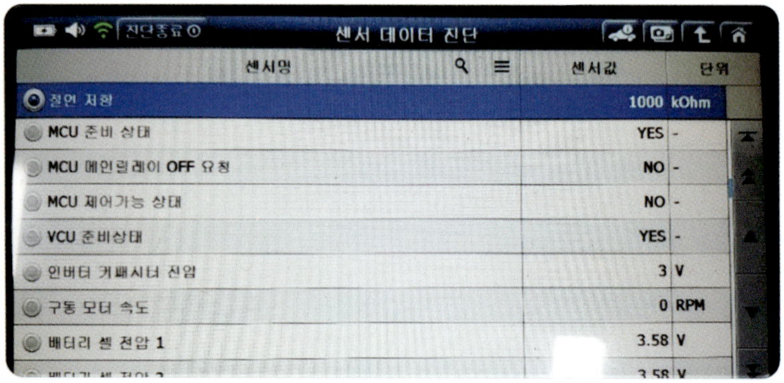

그림 서비스 데이터

④ 주행 중에는 절연파괴 고장 코드 발생하지 않아 고전압 회로를 면밀히 분석결과 배터리로부터 각각의 절연상태 확인.

⑤ 고전압회로 절연상태 점검결과 절연상태 아주 양호

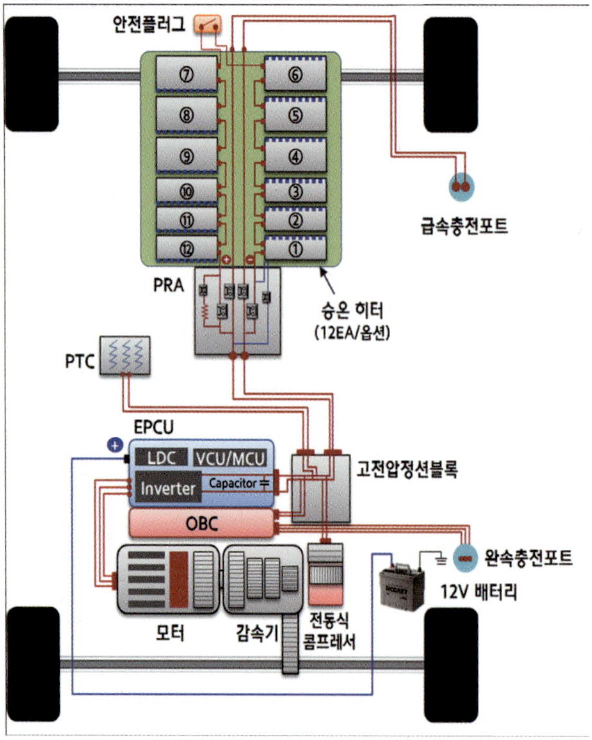

그림 고전압회로 절연상태 점검

⑥ OBC 내부 직류 교류 전환 직후에서 절연파괴 예상됨.

⑦ 완속 충전 중 220V 교류를 직류로 전환 후 충전을 위한 직류 연결부위에서 절연파괴로 확인됨.

⑧ 특이사항으로 완속 충전 중에 절연파괴코드 발생에 대한 문제로 OBC 문제 예상으로 OBC 교환 진행

⑨ 완속 충전기 이용하여 100% 완충 후 출고 조치함.

[3] 발생원인

완속 충전 중 OBC에서 고전압 변압 중 OBC 내부에서 절연파괴됨

[4] 조치사항

OBC ASS'Y 교환 후 완속 충전 정상적으로 가능함

4.4.2. HR EV(포터 EV, 차량년식 : 2021년식)

[1] 고장증상

급속 충전 케이블 소착으로 분리 불가로 충전케이블 장착 상태로 READY 불가로 충전기에서 케이블 분리 후 견인 입고

그림 클러스터 메시지

그림 케이블 분리 후 견인 입고

[2] 점검내용

① DTC 점검 정상

② 콤보차저 와이어링 탈거 후 점검

③ 완속 충전 케이블은 분리되나 급속 충전 케이블 소착 확인

④ 소착 케이블 분리 시도

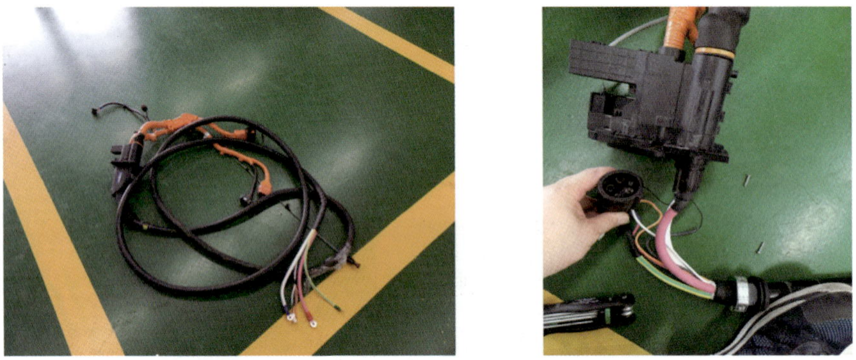

그림 케이블 분리

[3] 발생원인

충전기 케이블 관리 미흡으로 이물질 유입으로 소착

[4] 조치사항

콤보차저 인렛 와이어링 교환

4.4.3. HR EV(포터 EV, 차량년식 : 2021년식)

[1] 고장증상

충전기 연결 시 충전 등 들어왔다가 잠시 후 소등됨, 완속 및 급속 모두 충전 불가하지만 레디는 잘 되 차량 운행 가능

그림 충전기 연결

그림 계기판에 충전 등 들어왔다가 잠시 후 소등

[2] 점검내용

① 현상 확인, 충전 불가 확인(계기판 충전 등 확인)

② IG3 릴레이 점검, 블로어 릴레이와 교환 시 동일 증상 발생

그림 IG3 전원부 점검

③ IG3 퓨즈 3개 점검한 결과 퓨즈 육안 확인 시 정상이며, 전압 정상 확인

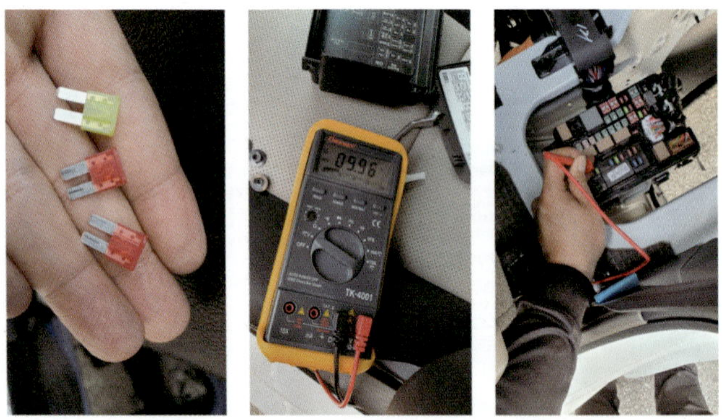

(a) 퓨즈 육안 확인　　(b) 전원 확인

그림 IG3 퓨즈 점검 및 전원 확인

④ 센서데이터 확인하고 하는 도중 CCM 통신이 안됨

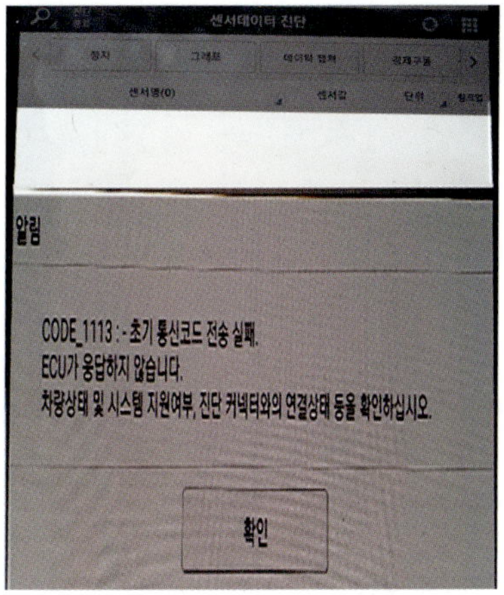

그림 센서데이터 확인 시 CCM 통신이 안됨

⑤ 고장코드 검색 시 아무런 고장코드 없이 CCM만 통신이 안됨

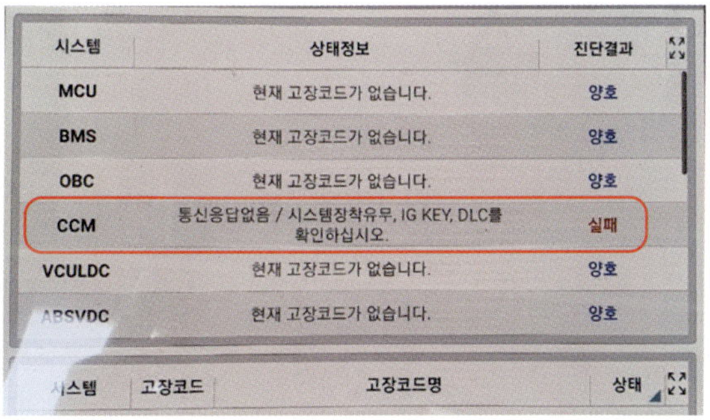

시스템	상태정보	진단결과
MCU	현재 고장코드가 없습니다.	양호
BMS	현재 고장코드가 없습니다.	양호
OBC	현재 고장코드가 없습니다.	양호
CCM	통신응답없음 / 시스템장착유무, IG KEY, DLC를 확인하십시오.	실패
VCULDC	현재 고장코드가 없습니다.	양호
ABSVDC	현재 고장코드가 없습니다.	양호

시스템	고장코드	고장코드명	상태

그림 고장코드 검색

⑥ CCM 전원 및 접지 점검 시 퓨즈 전원 및 커넥터 핀 전원, 접지 확인 시 정상

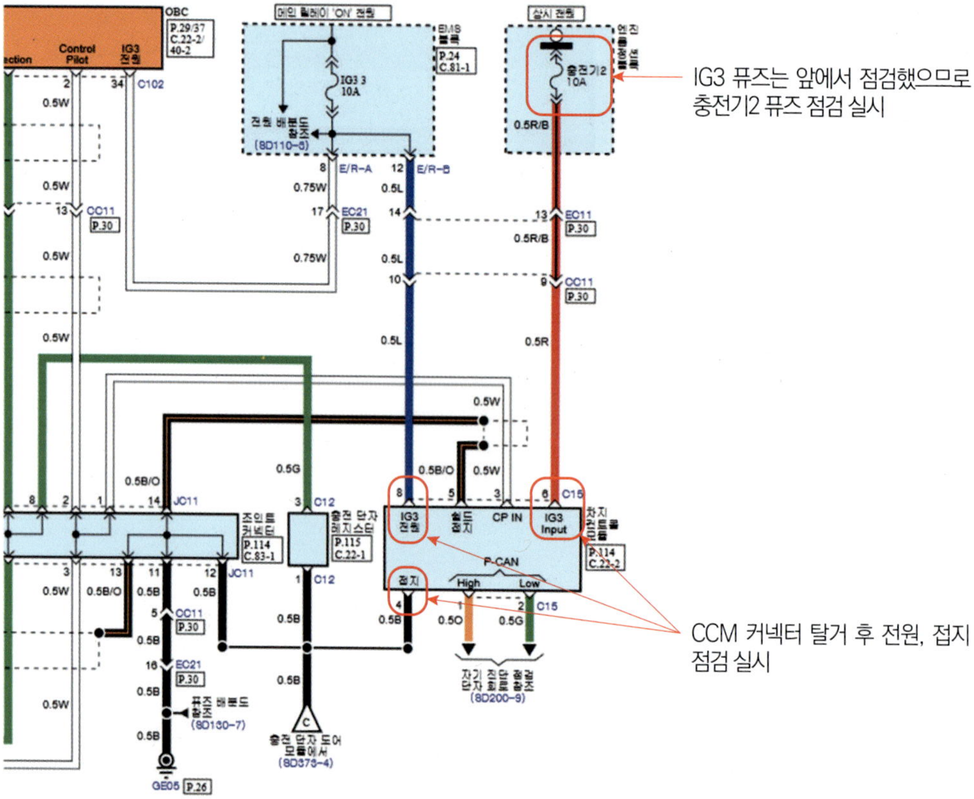

그림 CCM 전원, 접지 회로도

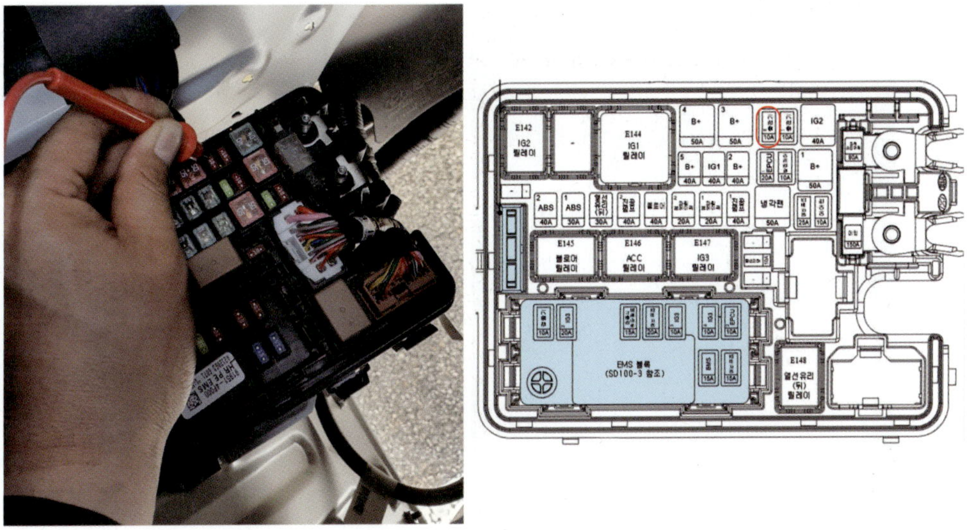

그림 전원 정상 인가 확인

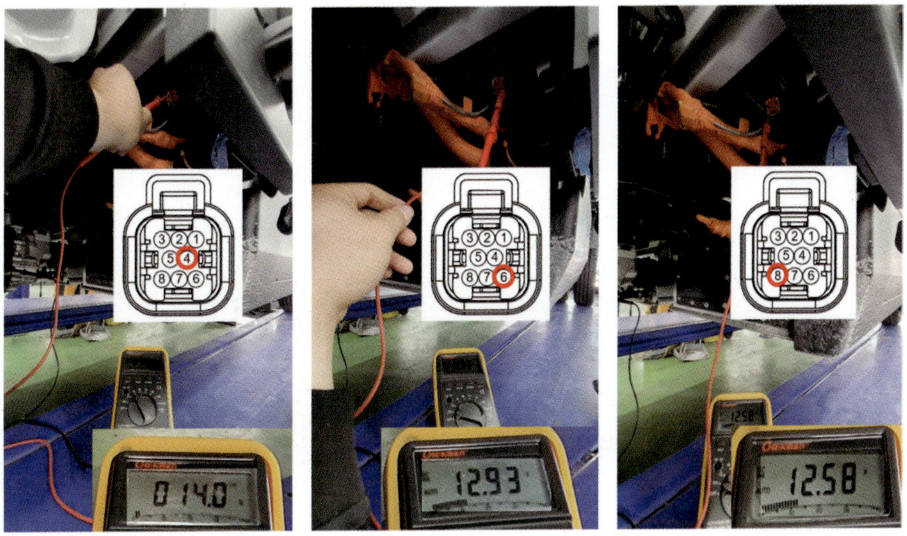

(a) 접지 통전 확인 (b) 상시 전원 확인 (c) IG3 전원 확인

그림 CCM 전원, 접지 점검

⑦ CCM 교환 후 정상 충전 가능하여 출고

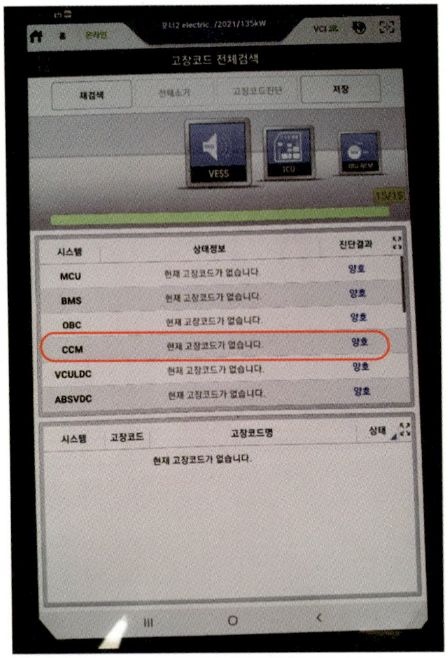

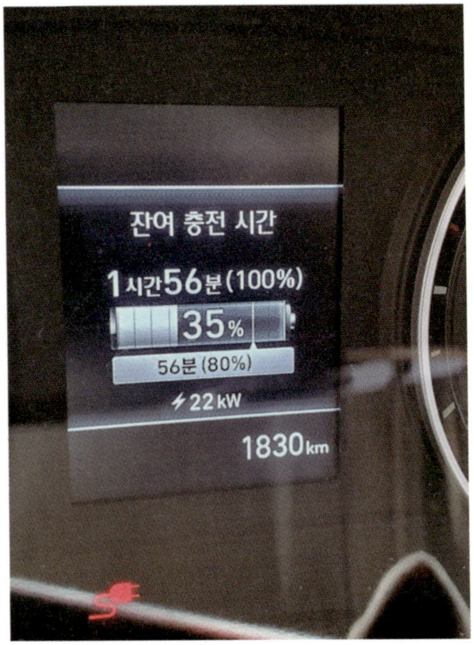

그림 정상 충전 시 고장코드

[3] 발생원인

CCM 불량

[4] 조치사항

CCM 교환

4.4.4. NE EV(아이오닉 EV, 차량년식 : 2021년식)

[1] 고장증상

경고등 점등으로 입고되었으나 점검 이후 시동불가 발생됨

[2] 점검내용

① 최초 입고 시 자기진단 점검 시 고장코드 P1A9096 DC/DC 컨버터 입력 전압 센서 고장 표출로 입고되어 FUSE 점검 및 교환하였으나 이후 READY 불가

참고 충전 흐름

완속 충전구(220V) → ICCU(승압) → ICCU FUSE(40A) → PRA → 고전압 배터리

고장 코드 설명

LDC는 입력전압센서의 출력이 비정상 범위에 있다면 P1A9096를 발생 시킨다.

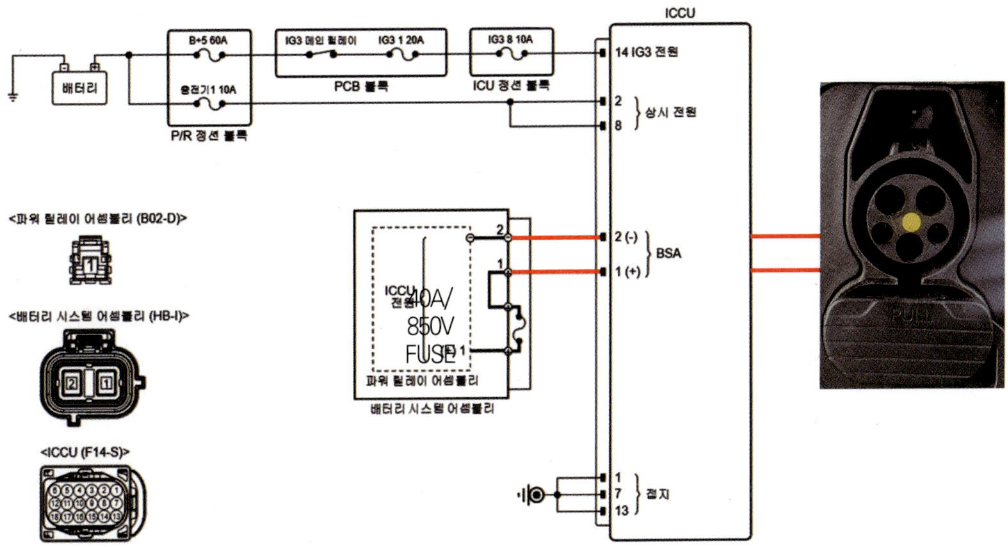

그림 충전 회로도

② 센서데이터 점검, LDC 입력 전압 약 0V 근사치 입력됨

㉮ 센서데이터에서 READY 상태에서 LDC 입력 전압 확인 시 고전압 배터리의 전압이 지시되어야 함

센서데이터 진단 (198) 시간 00:00:01

센서명	센서값	단위	링크업
LDC 출력 전압	14.354	V	
LDC 출력 전류	32.15	A	
LDC 입력 전압	678.8	V	
LDC 구동 전압	14.070	V	
보조배터리 센서 SOC	88	%	
보조배터리 센서 전압	14.154	V	
LDC 동작 가능 상태	ON	-	
LDC 작동 상태	ON	-	
LDC 서비스램프 요청	OFF	-	
LDC 고장 상태	NO	-	
LDC 출력 제한 상태	OFF	-	
LDC 파워모듈 온도	15	℃	
보조배터리 센서 전류	12.82	A	
보조배터리 센서 온도	12.0	℃	
보조배터리 센서 Recal. Fail	Normal	-	
보조 배터리 센서 고장 진단	NORMAL	-	
보조 배터리 센서 통신 오류	NORMAL	-	
보조 배터리 센서 상태	Normal	-	
LDC 입력전압센싱 보정 완료 유무	Finished	-	

그림 정상 센서데이터

㈏ LDC 입력전압이 0V 근사치로 표시될 경우 ICCU(40A/850V) FUSE를 확인해봐야 함

그림 퓨즈

㉰ FUSE 단선 확인 시 FUSE 선 교환 금지. ICCU 점검 필히 진행

㉱ ICCU 퓨즈 교환 후 시동 시 PRA 손상 가능성 농후함

③ FUSE 단선여부 확인, FUSE 단선, ICCU 고전압 배터리 입력단 저항 불량

참고 ICCU 내부 저항 점검방법

1. 고전압 배터리 운전석 리어측에 ICCU 커넥터에서 저항 측정 시 M~무한대 Ω 측정 시 양호
2. 충전구 완속 220V 입력단 저항측정 시 약 19kΩ 정도 측정 시 양호

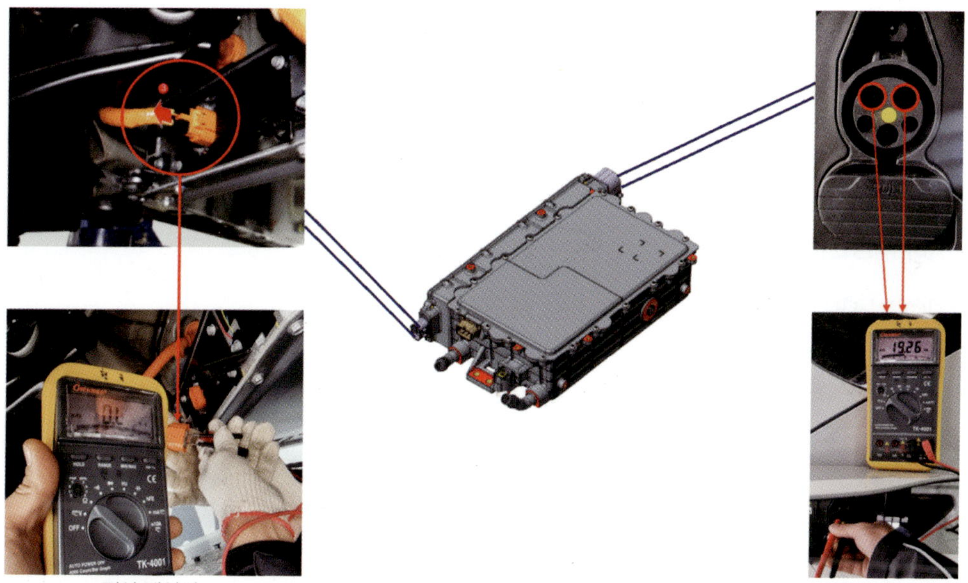

그림 ICCU 내부 저항 점검방법

④ PRA 점검, PRA 단품 점검 시 프리차지 저항 손상 발생 확인됨

그림 ICCU, 프리차지 저항 불량

⑤ ICCU, PRA, 40A FUSE 교환 후 정상 확인됨

[3] 발생원인

ICCU 내부 불량으로 인한 FUSE, 프리차지 저항 단선

[4] 조치사항

ICCU, FUSE, PRA 교환

참고 주의사항

1. ICCU FUSE : 탈거 및 장착 시에 볼트를 세게 누르게 되면 반대쪽 너트부가 떨어질 수 있음, 너트 이탈 시 배터리 팩 내려야 하므로 주의
2. ICCU : 작업 시 트림에 의한 플로어 와이어링 손상 주의

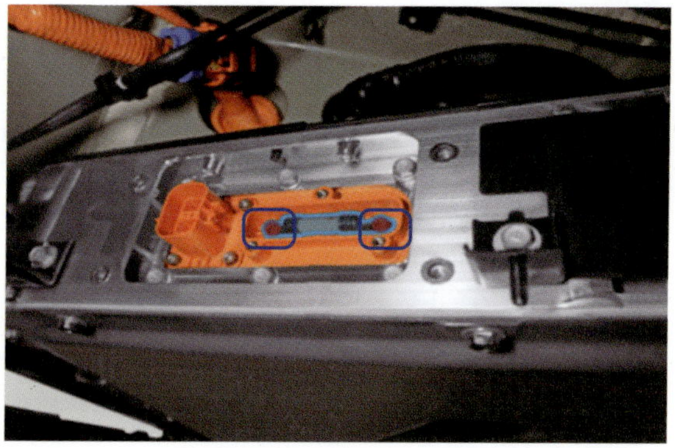

그림 퓨즈 탈거 시 주의

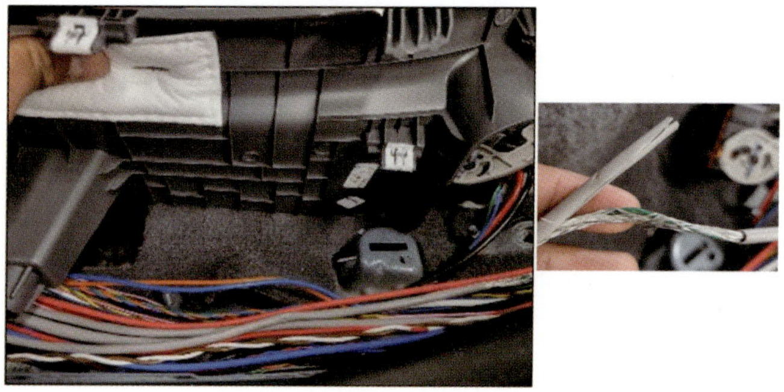

그림 플로어 와이어링 손상 주의

4.4.5. NE EV(아이오닉 EV, 차량년식 : 2021년식)

[1] 고장증상

완속 충전기에 충전 후 차량 확인하였으나 충전이 안되어 있었으며 레디 시 경고 등 점등으로 견인 입고됨. 입고 당시 레디 시 "전원 공급 장치 점검! 안전한 곳에 정차하십시오" 문구 표출됨

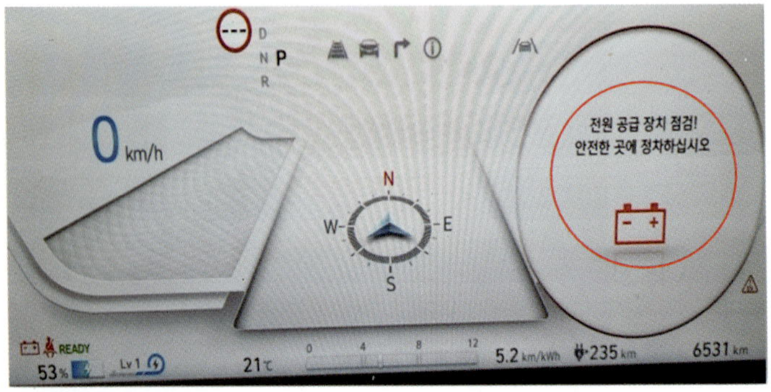

그림 완속 충전 중 충전불가 및 경고등 점등 발생

[2] 점검내용

① 자기진단 확인 시 고장코드 P1A9096 DC/DC 컨버터 입력 전압 센서 고장 – 현재 표출

ICCU | 통합충전제어장치
P1A9096 DC/DC 컨버터 입력 전압 센서 고장 현재

그림 고장코드

항목	판정 조건	고장 예상 원인
진단 방법	LDC 입력 전압 확인	1. LDC 내부 입력 전압 센서 회로 이상
진단 조건	점화스위치 "ON" 보조배터리 전압 7 ~ 18V	
고장 판정	입력 전압센서 고장으로 센서값이 유효범위 (0.3V ~ 4.8V) 초과	
진단시간	3초	
DTC	1 주행 싸이클	
서비스 램프	점등	

그림 P1A9096 DC/DC 컨버터 입력전압 센터 고장 관련 DTC 가이드

② LDC 관련 서비스 데이터 확인 실시, LDC 서비스 데이터 확인 시 입력 LDC 고장 상태 YES이며 입력 121.5V 출력 전류 0A로 이상 확인

LDC 고장 상태	YES	-
LDC 출력 제한 상태	OFF	-
LDC 파워모듈 온도	21	'C
LDC 출력 전압	10.911	V
LDC 출력 전류	0.00	A
LDC 입력 전압	121.5	V
LDC 구동 전압	10.839	V
보조배터리 센서 전류	-16.58	A
보조배터리 센서 SOC	11	%
보조배터리 센서 전압	10.952	V
보조배터리 센서 온도	20.5	'C

그림 서비스데이터

③ ICCU측 배선 점검 시 배터리 내부 퓨즈 단선 확인되었고, 퓨즈 교환하였으나 출력 전류 지속적으로 이상 확인됨

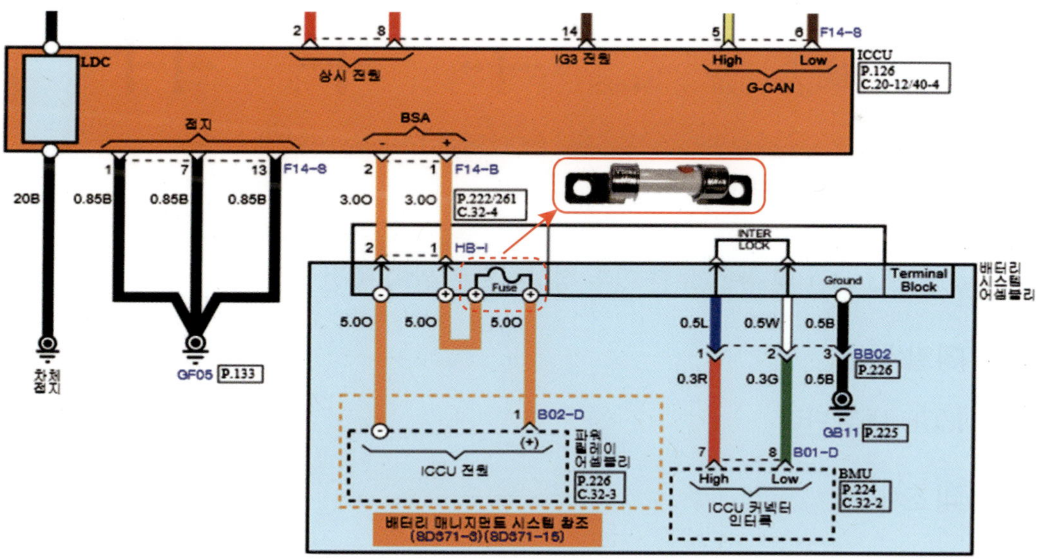

그림 퓨즈 위치

④ ICCU 단품 점검 실시, ICCU측 완속 충전 AC 전원(입력 전원)측 저항 측정 시 25.6Ω으로 단락 확인을 ICCU 내부 문제로 확인됨. ICCU 내부 불량 발생 시 배터리 입력측 퓨즈 단선 발생 가능성 높으므로 동시 점검 요망됨

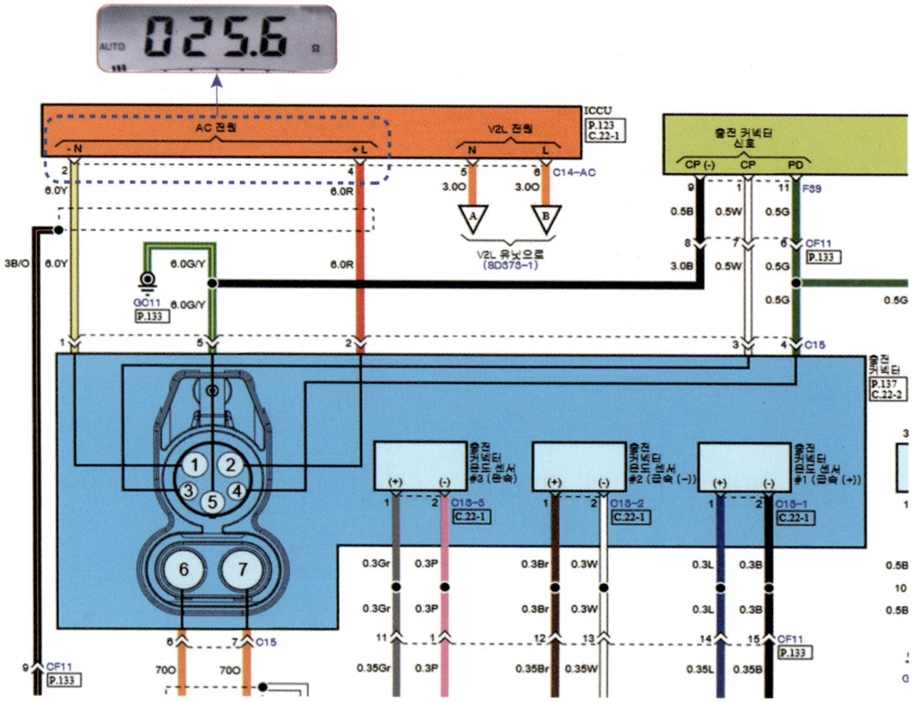

그림 ICCU 입력 전원 배선 점검

⑤ ICCU 교환 및 퓨즈 교환 이후 정상적으로 완속 충전 가능

[3] 발생원인

ICCU 내부 단락

[4] 조치사항

ICCU 및 배터리 퓨즈 교환

4.4.6. NE EV(아이오닉 EV, 차량년식 : 2021년식)

[1] 고장증상

완속 충전 시 약 1분 후 오류 발생. 충전 불가(전기차 시스템 점검 메시지 출력)

[2] 점검내용

① 입고 시 정상 시동 및 주행 가능 완속 충전 시 오류발생 및 고장코드 P0B6800 고전압 배터리 "10번 전압센싱부" 이상 – 과거에서 현재 코드로 바뀜

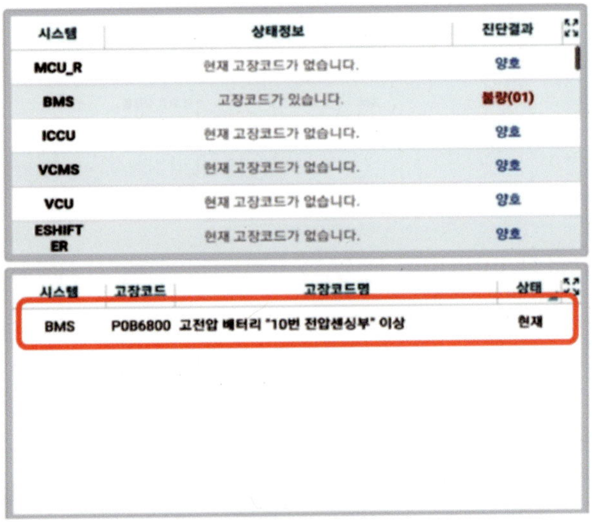

그림 고장코드

② 고장상황 데이터 및 센서데이터 점검, 고장 추가 정보3 : 44, 센서데이터 진단 시 배터리 셀 전압 109, 110번 0V, 두 개의 셀 전압이 0V 나오지만 배터리 팩 전압은 정상적으로 나옴(3.6×180 = 648)

센서명(499)	센서값	단위	링크업
배터리 셀 전압 97	3.60	V	
배터리 셀 전압 98	3.60	V	
배터리 셀 전압 99	3.60	V	
배터리 셀 전압 100	3.60	V	
배터리 셀 전압 101	3.60	V	
배터리 셀 전압 102	3.60	V	
배터리 셀 전압 103	3.60	V	
배터리 셀 전압 104	3.60	V	
배터리 셀 전압 105	3.60	V	
배터리 셀 전압 106	3.60	V	
배터리 셀 전압 107	3.60	V	
배터리 셀 전압 108	3.60	V	
배터리 셀 전압 109	0.00	V	
배터리 셀 전압 110	0.00	V	
배터리 셀 전압 111	3.60	V	
배터리 셀 전압 112	3.60	V	
배터리 셀 전압 113	3.60	V	
배터리 셀 전압 114	3.60	V	
배터리 셀 전압 115	3.60	V	

센서명(499)	센서값	단위	링크업
배터리 충전 상태(BMS)	31.5	%	
목표 충전 전압	0.0	V	
목표 충전 전류	0.0	A	
배터리 팩 전류	0.0	A	
배터리 팩 전압	649.7	V	
배터리 최대 온도	28	℃	
배터리 최소 온도	27	℃	
배터리 모듈 1 온도	28	℃	
배터리 모듈 2 온도	28	℃	
배터리 모듈 3 온도	27	℃	
배터리 모듈 4 온도	27	℃	
배터리 모듈 5 온도	27	℃	
배터리 외기 온도	28	℃	
최대 셀 전압	3.60	V	
최대 셀 전압 셀 번호	28	-	
최소 셀 전압	3.60	V	
최소 셀 전압 셀 번호	55	-	
보조 배터리 전압	12.2	V	
누적 충전 전류량	11.2	Ah	

그림 센서데이터

③ 회로도 참고하여 19번(19번 BMA가 109~114셀 해당) BMA 109번, 110번 셀 실측 전압 측정(B145-B CMU 커넥터에서 C6, C7 전압 측정 시 0V / C7, C8 전압 측정 시 0V / 19번 BMA 버스바에서 전압 측정 시 21.6V), 19번 BMA 이상 추정으로 BSA 탈착 점검

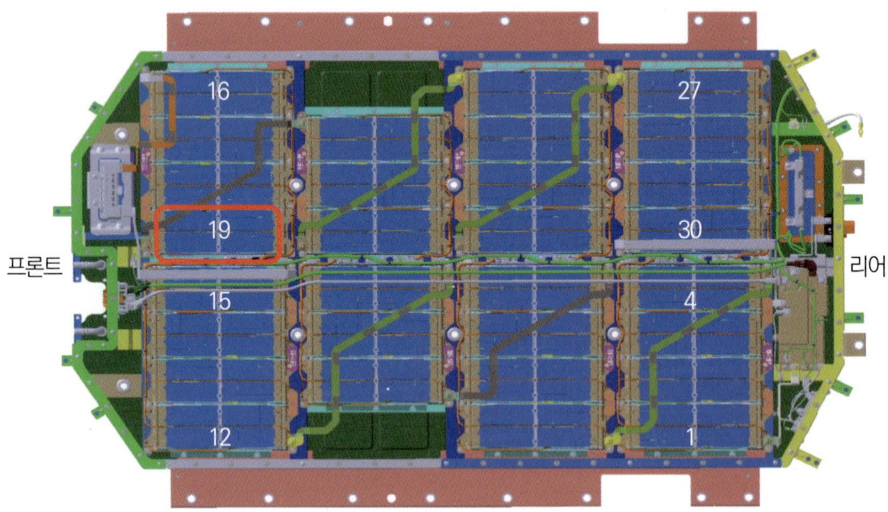

그림 BMA

④ 19번 BMA B119-B 커넥터 전압 측정 시 숫 커넥터 납땜 접합 불량 확인되어 전압 측정 불가이며, BMA 내부 셀 불량이 아니기에 BMA 총 전압(배터리 팩 전압)은 정상이며, CMU 측 전압 센싱 부 단선으로 센싱 부 이상 DTC 발생

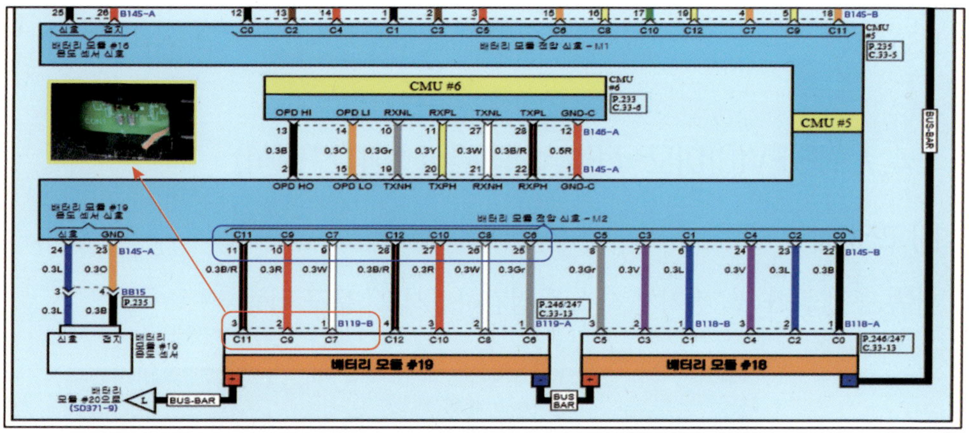

그림 납땜 접합 불량 부위

⑤ BMA와 숫 커넥터 간 접촉 불량 발생되어 BMS 해당 셀 전압 센싱 불가로 DTC 발생 및 충전 불가

프론트

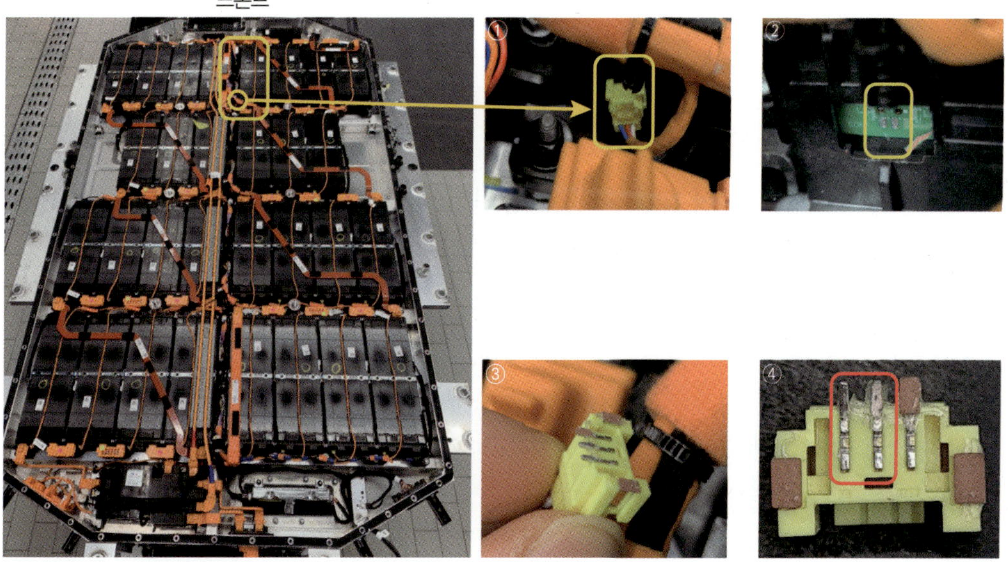

리어

그림 납땜 접합 불량 상태

[3] 발생원인

19번 BMA B119-B 숫 커넥터 납땜 불량으로 커넥터 접합 불량

[4] 조치사항

BSA 교환

4.4.7. NE EV(아이오닉 EV, 차량년식 : 2021년식)

[1] 고장증상

완속 충전 불가 및 "전기차 시스템 점검하십시오" 문구 점등

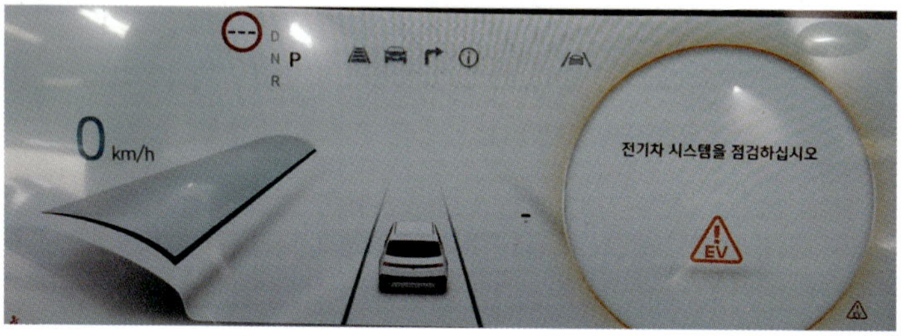

그림 완속 충전 불가 및 경고문구 점등

[2] 점검내용

① 차량 입고 후 자기진단 시 고장코드 U019B00 CAN 통신 회로 – OBC 응답 지연, U131087 CNA 통신 회로 – 완속 충전기(OBC) 응답지연(C–CAN), U029887 CAN 통신 회로 – DC 컨버터 모듈 응답지연 표출, 자기진단 시 LDC 통신 이상 및 OBC 통신 이상 확인

시스템	고장코드	고장코드명	상태
MCU_R	U019B00	CAN 통신 회로 – OBC 응답 지연	임시
VCMS	U131087	CAN 통신 회로 - 완속충전기(OBC) 응답 지연 (C-CAN)	과거
VCU	U029887	CAN 통신 회로 - DC컨버터모듈 응답 지연	임시

그림 고장코드

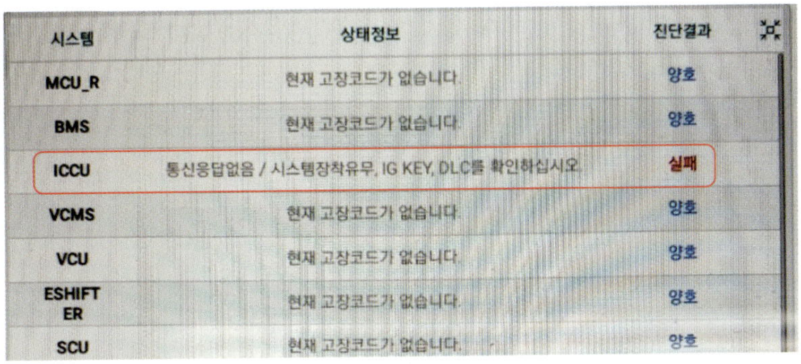

시스템	상태정보	진단결과
MCU_R	현재 고장코드가 없습니다	양호
BMS	현재 고장코드가 없습니다	양호
ICCU	통신응답없음 / 시스템장착유무, IG KEY, DLC를 확인하십시오	실패
VCMS	현재 고장코드가 없습니다	양호
VCU	현재 고장코드가 없습니다	양호
ESHIFTER	현재 고장코드가 없습니다	양호
SCU	현재 고장코드가 없습니다	양호

그림 통신 이상

② READY 불가 및 전기차 점검 문구 점등 그리고 클러스터 보조 배터리 경고등 점등

참고 ICCU(Integrated Charging Control Unit) 시스템 개요

1. OBC + LDC 통합형 시스템
2. V2L 대응을 위한 양방향 OBC 토폴로지 적용

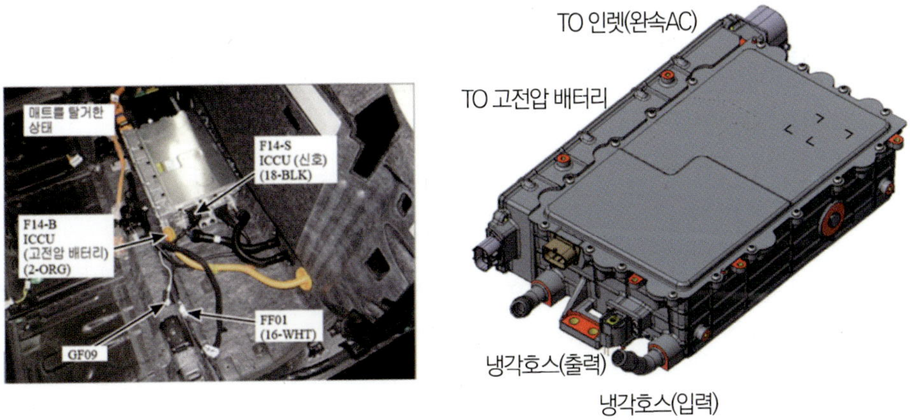

그림 ICCU

③ OBC 통신 응답 없음 진단으로 ICCU 전원 / 접지 / G-CAN 통신 라인 종단 저항 정상으로 모듈 이상 판단

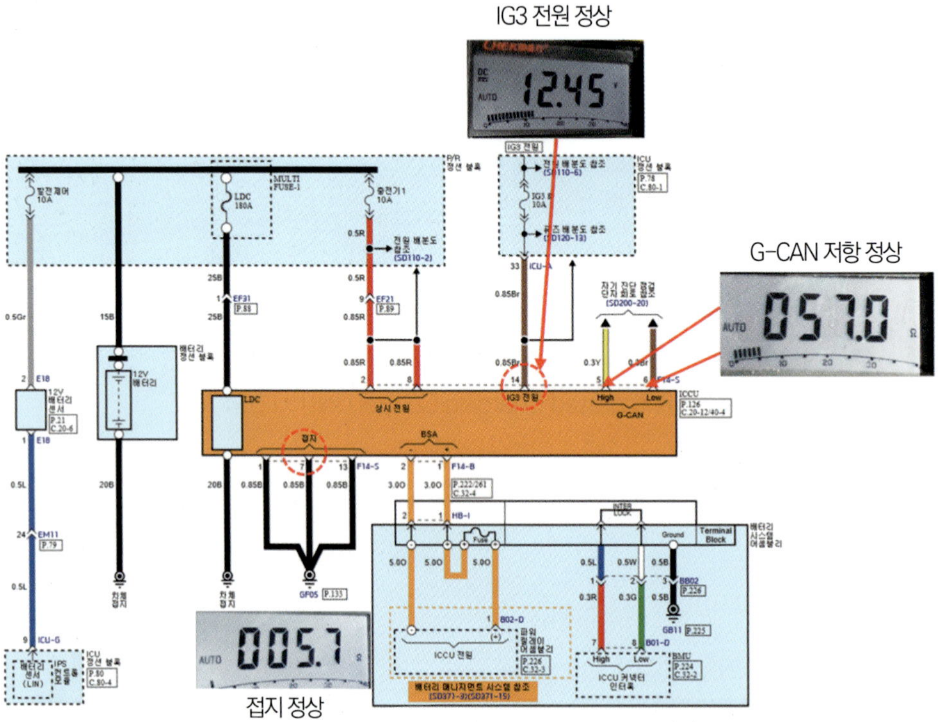

그림 IG3 전원, G-CAN 저항, 접지 점검

④ ICCU 단품 일반 테스터기로 절연저항 측정 시 67.4Ω 측정 절연저항 불량 확인

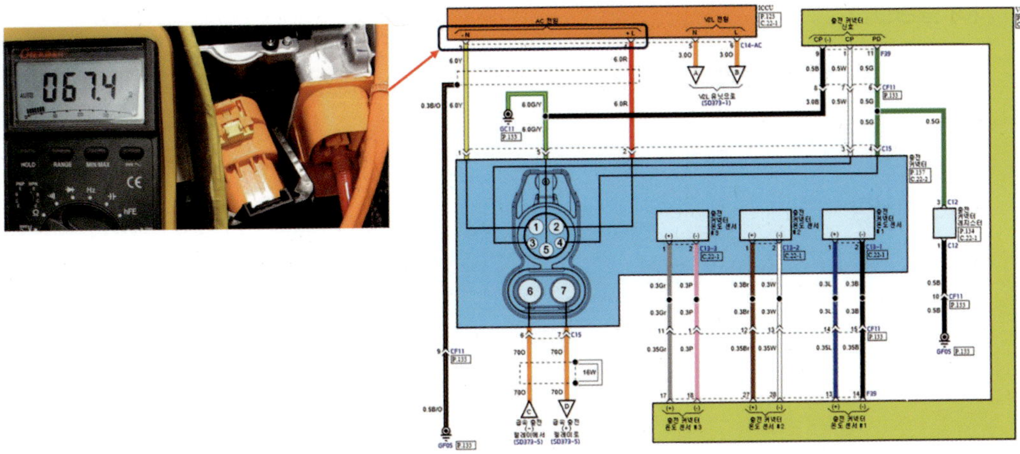

그림 절연저항 측정

⑤ 저전압 배터리 충전 불량으로 고전압 배터리 리어 측 LDC 40A 퓨즈 확인 시 퓨즈 단선 확인

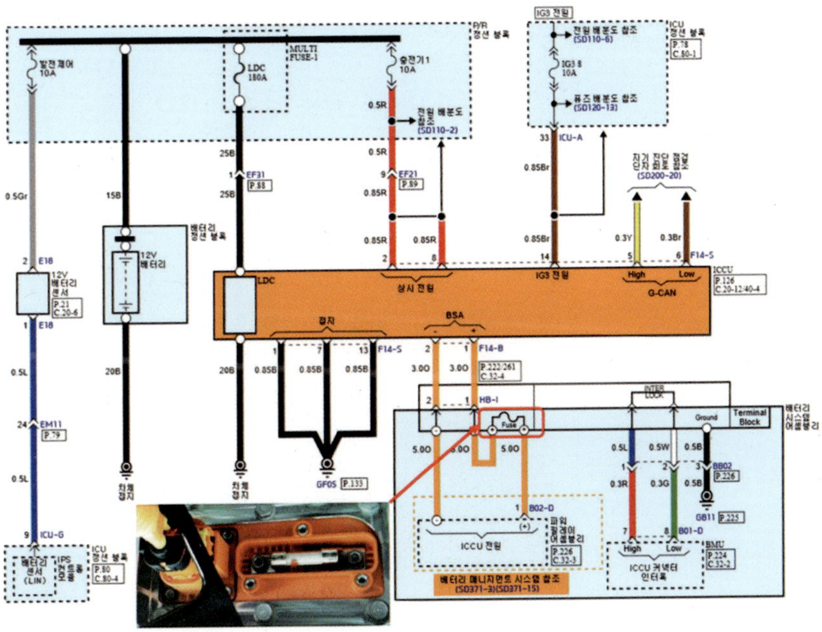

그림 퓨즈위치

⑥ ICCU 및 퓨즈 교환

[3] 발생원인

ICCU 내부 절연파괴로 인한 통신 불가 및 저전압 배터리 충전 불가와 ICCU 절연파괴로 인한 완속 퓨즈 소손

[4] 조치사항

ICCU 교환 및 완속 퓨즈 교환

4.4.8. NE EV(아이오닉 EV, 차량년식 : 2022년식)

[1] 고장증상

급속 및 완속 충전 불량

[2] 정비이력

업무용차량 V2G, V2B(Vehicle To Grid) 실증 사업을 위한 개조

[3] 점검내용

① 차량 입고 후 자기진단 시 고장코드 ICCU P1E1300외 다수의 고장코드 점등 확인되어 기억 소거 후 충전 테스트 실시

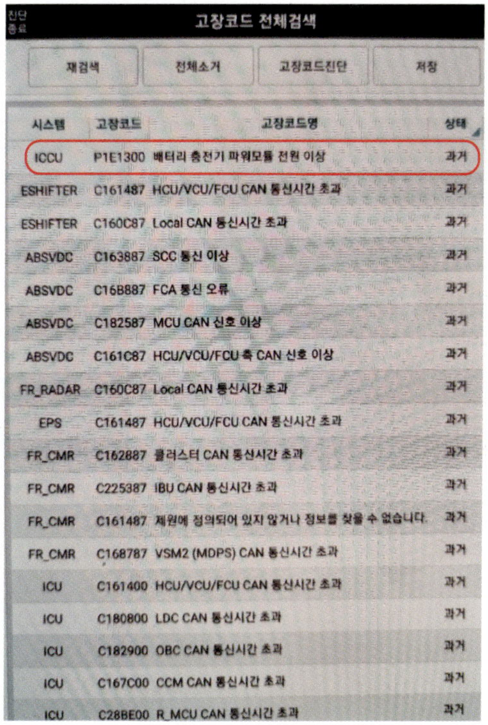

그림 고장코드

② 급속 충전 시 충전 중지문구 표출 및 P1E2C00 고장코드 출력되어 진단가이드 확인 시 미등재. 충전기 3대 급속 충전 시 동일 현상 발생으로 개조부위 확인 실시

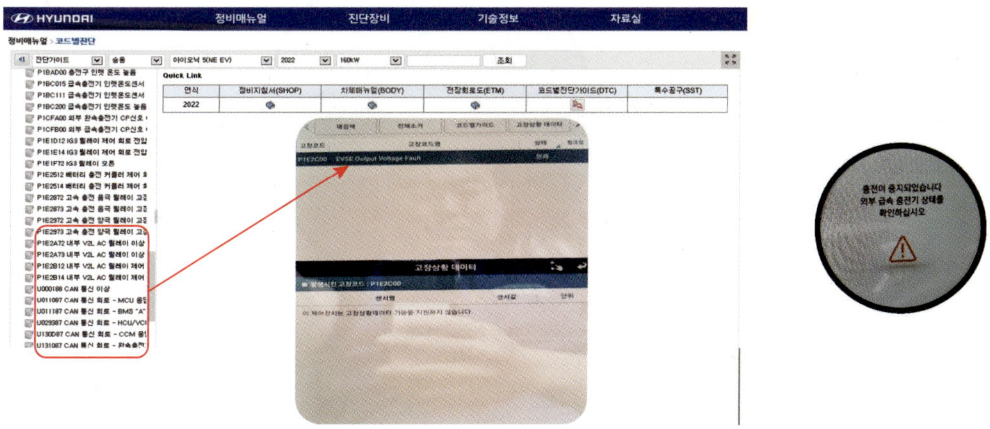

(a) 고장코드 (b) 급속 충전 시 충전 중지문구

그림 고장코드 및 급속 충전 시 충전 중지 문구

③ 업무용차량 V2G, V2B(Vehicle To Grid) 실증을 위한 개조

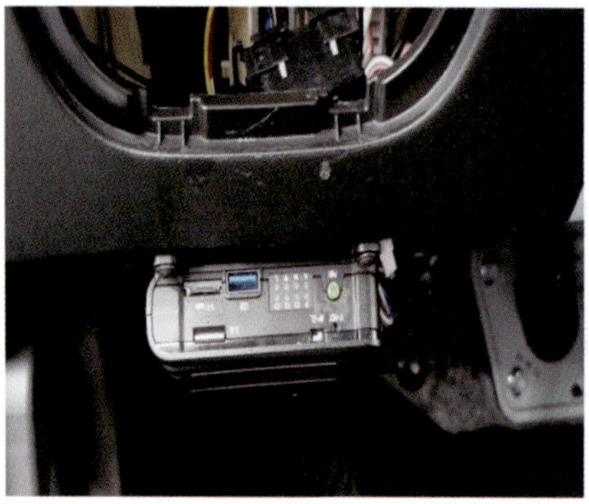

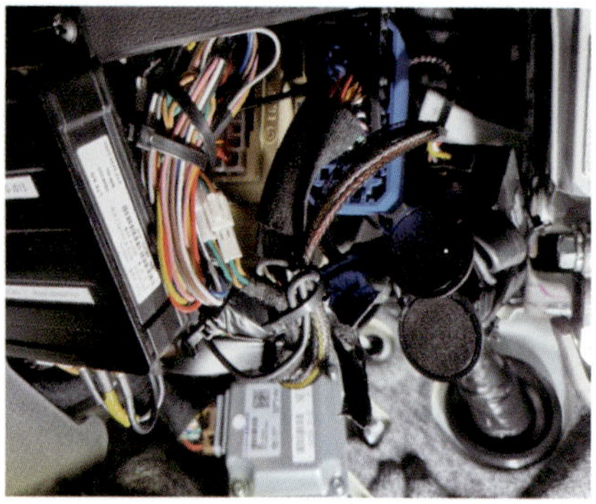

그림 개조 부위

④ 개조 부품 탈거 후 급속 충전 시 동일 현상 발생

⑤ 완속 충전 상태 확인 위해 완속 충전 실시함

⑥ 완속 충전 중 충전기 셧다운 발생

⑦ 경고 문구 표출 및 경고등 점등

그림 경고 문구 및 경고등 점등

⑧ 고장코드 확인 시 P1E100 출력 확인

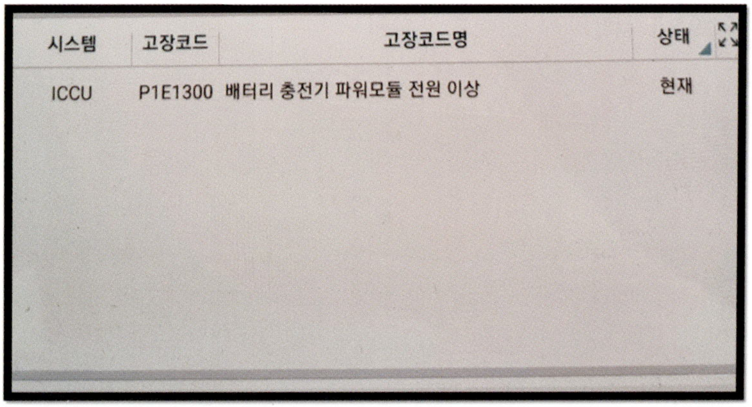

그림 고장코드

⑨ CP, PD 라인 데이터 확인 시 상태양호 확인

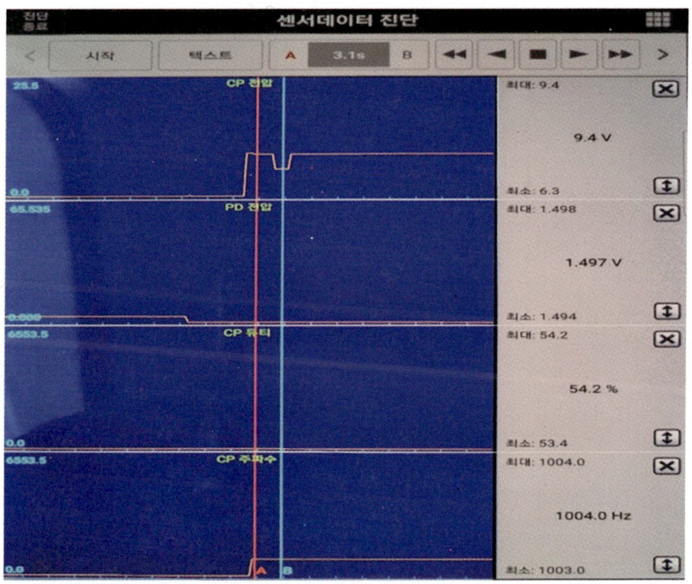

그림 CP, PD 라인 데이터

참고 차량의 AC 완속 충전 절차

1. VCMS는 PD 라인을 통해 충전기 연결을 감지하고, 충전기는 CP 라인을 통해 충전기가 차량과 연결됨을 감지
2. VCMS은 CP 라인을 통해 AC 완속 충전임을 확인 ICU를 WAKE UP, IG3 릴레이를 ON하여 충전 관련 제어기 WAKE UP시키면 BMS는 VCMS로부터 신호를 받아 메인 릴레이 (+), (-)를 ON시킨다.
3. VCMS는 CP 라인을 통해 충전기에 신호를 전송하여 충전을 시작하고 ICCU는 220V AC 전원을 입력받아 800V DC로 출력하여 고전압 배터리를 출력한다.

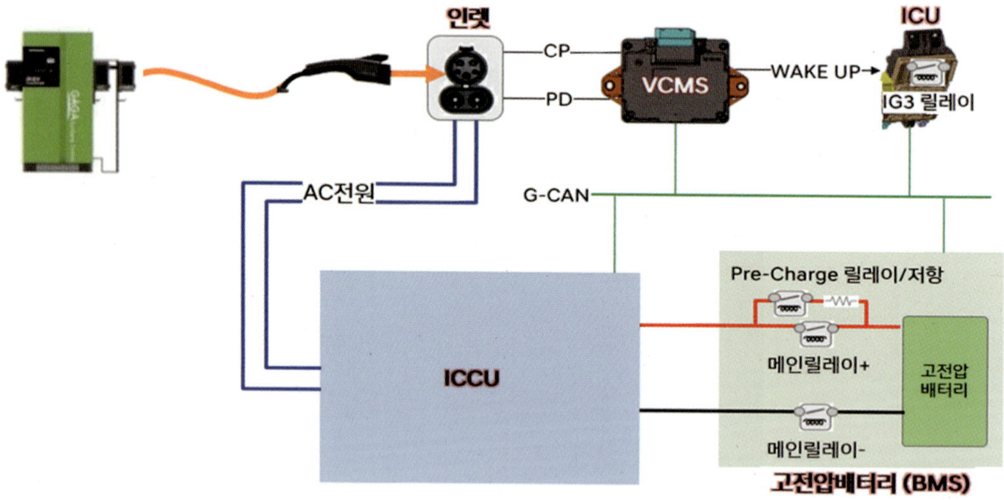

그림 EV 충전 계통

⑩ 서비스 데이터 확인 시 입력전압 175.6V 출력 확인

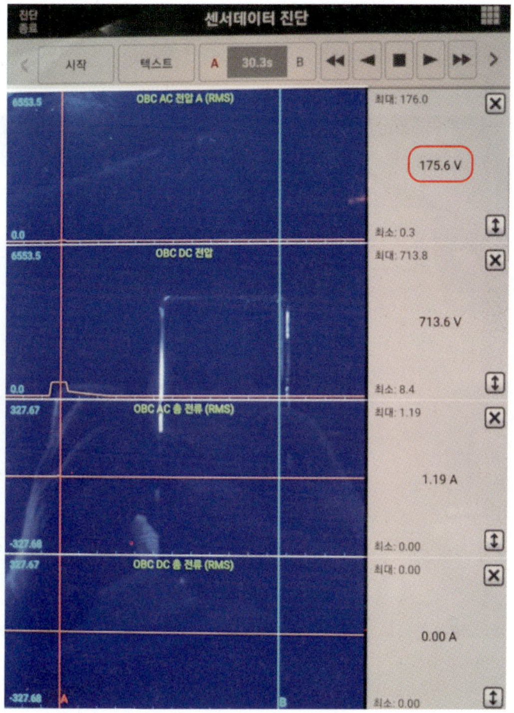

그림 서비스 데이터

⑪ ICCU 내부 OBC 입력단 단락으로 입력전압이 낮아져 고장코드 출력 및 충전 불가 발생

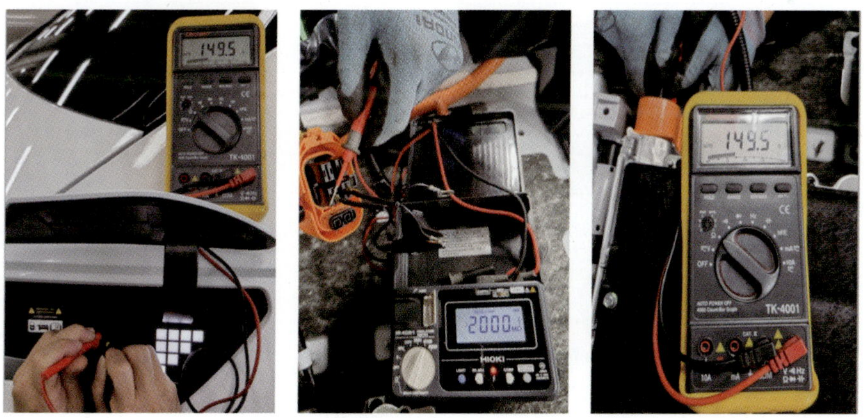

그림 ICCU 점검

⑫ ICCU 교환 후 저항 19.30kΩ, OBC AC 입력전압 224.7V 확인

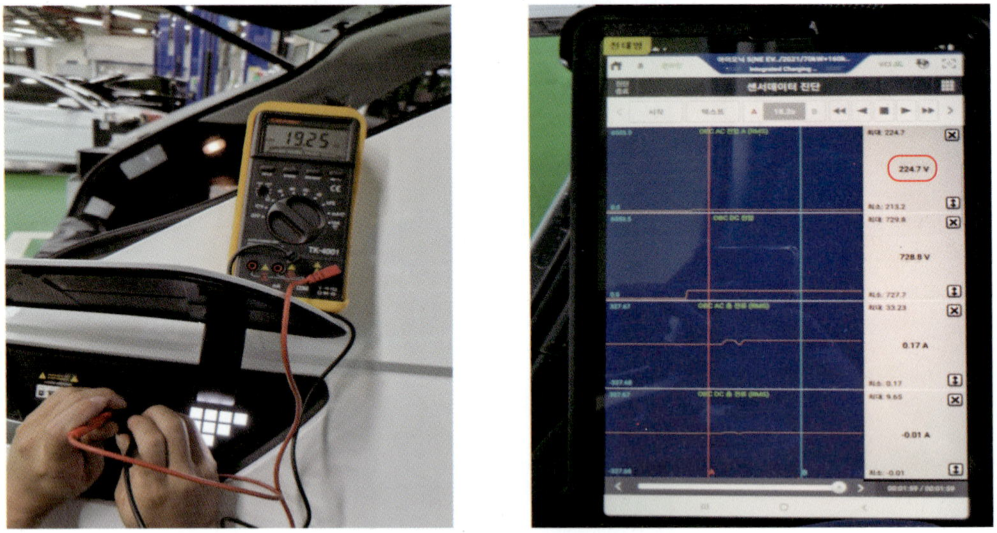

그림 ICCU 교환 후 저항 및 입력전압 확인

⑬ 급속 충전 불가 발생(P1E2C00) 관련하여 고전압 정션블록 릴레이 점검 시 QcN 릴레이 코일단은 정상이나 강제구동 시 스위치부 작동 불량 확인

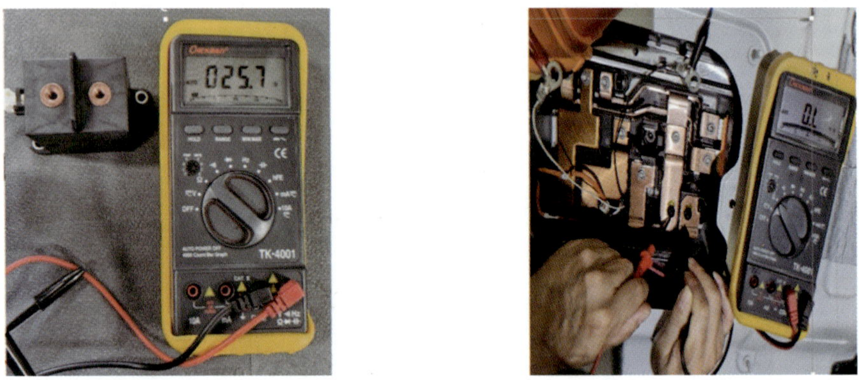

그림 릴레이 점검

⑭ QcP 릴레이 및 QcN 릴레이 교환

⑮ BMS 강제구동 항목에서 메인 릴레이(+, −), 프리차지 릴레이, 급속 충전 릴레이(+, −) 강제구동 시 릴레이 정상 작동 확인됨

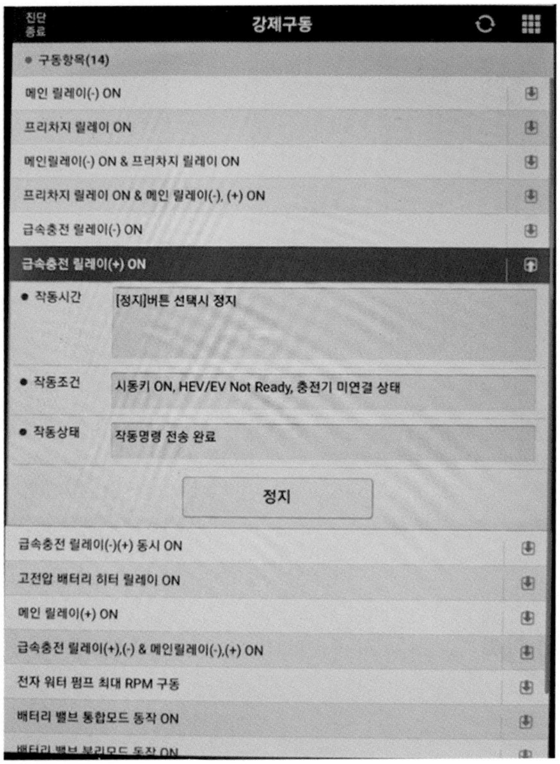

그림 강제 구동

⑯ VCMS에서 충전 중 CP 라인 및 CP 라인 정상 확인

⑰ VCMS 급속 충전 중 메인 릴레이 작동 확인되며 이후 400V 릴레이 정상 작동 확인

⑱ VCMS는 BCM에 급속 충전 QcP(+), QcN(−) 릴레이 요청 신호를 보내야 하나 QcP(+) 요청

⑲ VCMS 내부 불량으로 부품 교체 이후 급속 충전 정상적으로 진행하는 것을 확인할 수 있음

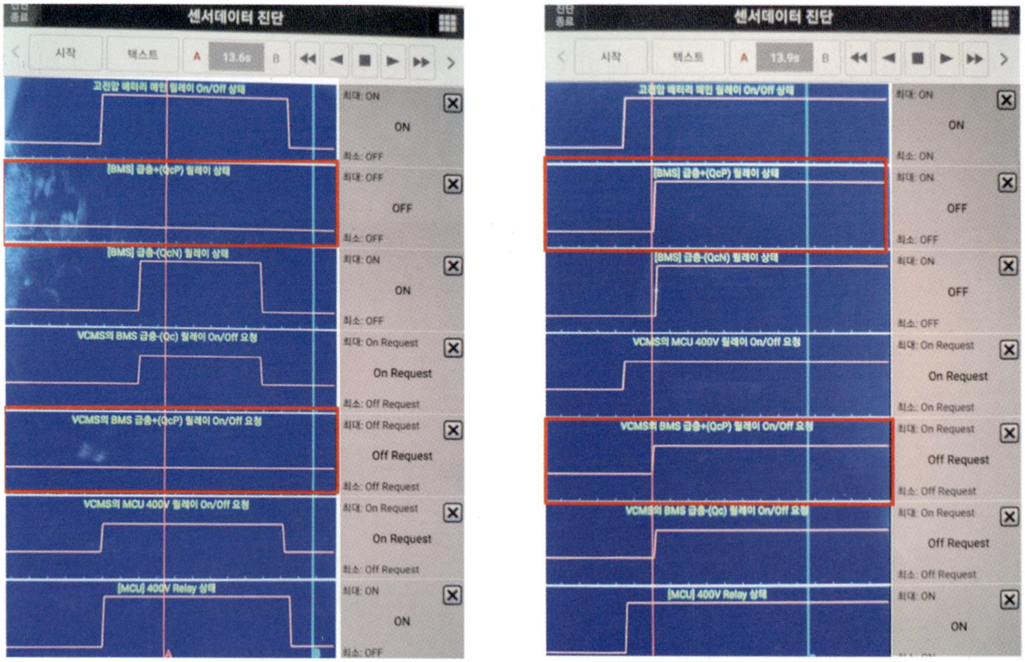

그림 센서데이터 진단

[3] 발생원인

ICCU 내부 OBC 단락 및 퀵차저 릴레이(−), VCMS 불량

[4] 조치사항

ICCU 교환, 퀵차저(QcP) 릴레이 및 QcN 릴레이 교환, VCMS 교환

4.4.9. OS EV(코나 EV, 차량년식 : 2018년식)

[1] 고장증상

급속 충전 불가

[2] 점검내용

① DTC 진단 시 고장코드 C182C00 충전기 고장 - 과거 표출

고장코드	고장코드명	상태	링크업
C182C00	충전기 고장	과거	

그림 고장코드

그림 충전건

② 급속 충전 후 센서데이터 분석 시 충전 케이블 연결 시 PD 전압 4.5V, 0V 반복 출력, CP 전압 9V, 0V 6V, 0V 반복 출력됨

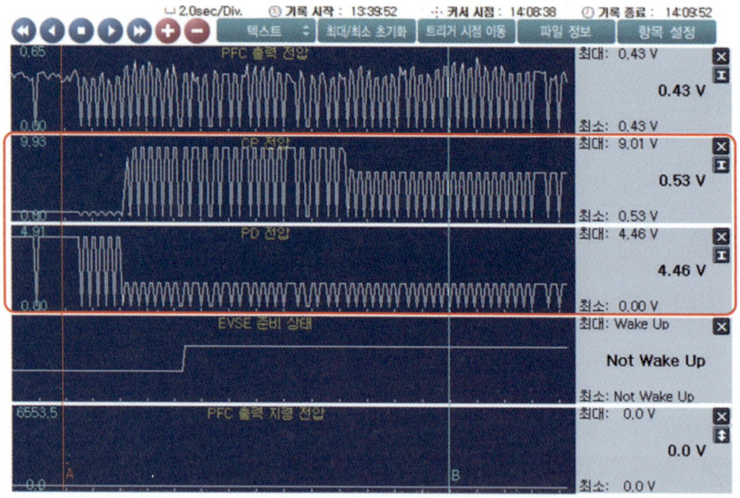

그림 센서데이터 분석

③ 콤보차저 와이어링 점검 시 91683-K4010과 91683-K4011이 외관 형상이 똑같음

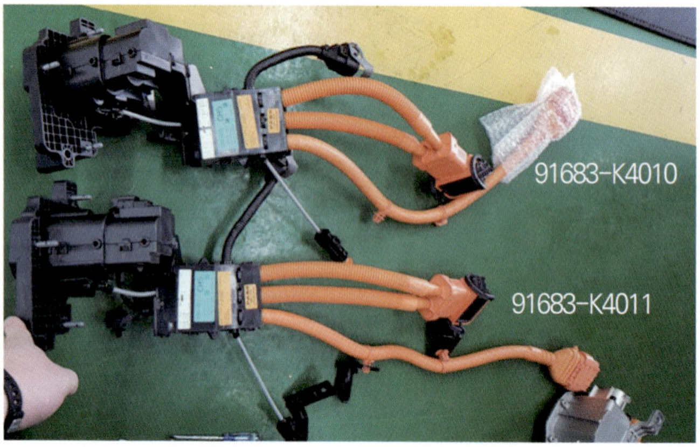

그림 콤보차저 와이어링 외관 비교

④ 커버 탈거 후 배선 연결 확인 시 +, − 위치 바뀜, 정상품은 K4010이지만 K4011으로 오사양 장착되어 현상 발생

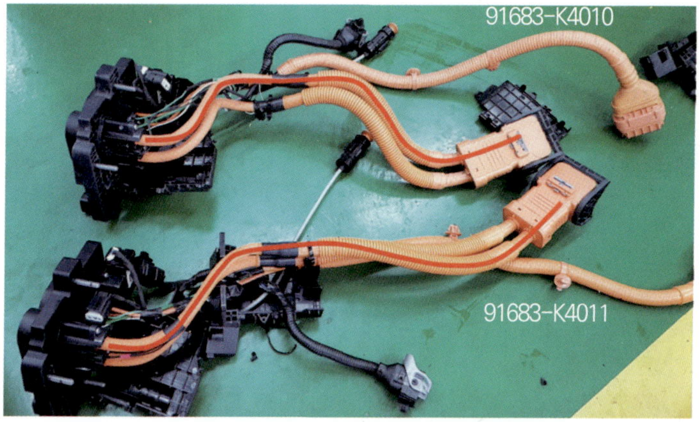

그림 커버 탈거 후 배선 연결 확인

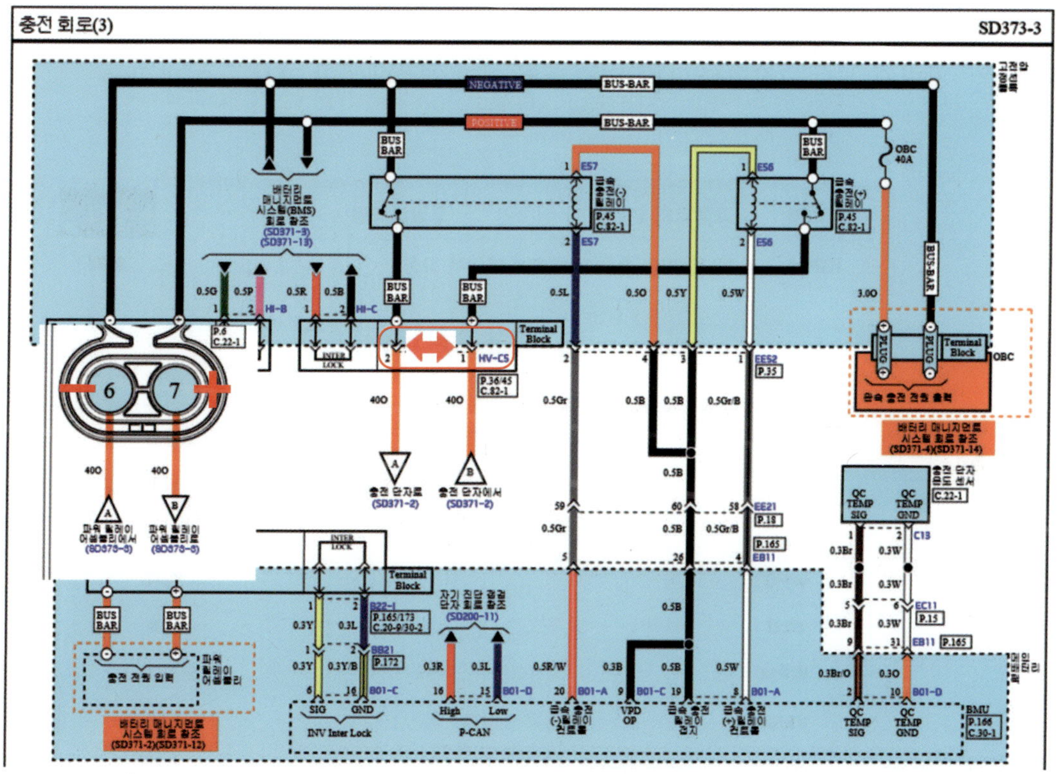

그림 충전 회로도(18년 9월 이후 차량은 회로도 수정 필요)

[3] 발생원인

콤보차저 와이어링 이종사양 장착

[4] 조치사항

콤보차저 와이어링 정상품 교환

4.4.10. OS EV(코나 EV, 차량년식 : 2018년식)

[1] 고장증상

완속 충전은 100% 충전 가능하나 급속 충전이 안됨

[2] 점검내용

① 자기진단 시 고장코드 C220B00 충전 인렛 액추에이터 고장 – 현재 표출

시스템	고장코드	고장코드명	상태
IGPM	C220B00	충전 인렛 액추에이터 고장	현재

그림 고장코드

시스템	상태정보	진단결과
IBU-BCM	현재 고장코드가 없습니다.	양호
IBU-TPMS	현재 고장코드가 없습니다.	양호
WPC	통신응답없음 / 시스템장착유무, IG KEY, DLC를 확인하십시오.	실패
CLU	현재 고장코드가 없습니다.	양호
IGPM	고장코드가 있습니다.	불량(01)
VESS	현재 고장코드가 없습니다.	양호

그림 상태정보

② 충전단자의 외주상태점검 시 특이사항 없음

③ 충전 인렛 제어 락 버튼과 충전 인렛 제어 언락 버튼 강제구동 실시, 강제구동 시 충전 인렛의 작동은 약하게 하나 정상치 대비 움직임 양이 적음

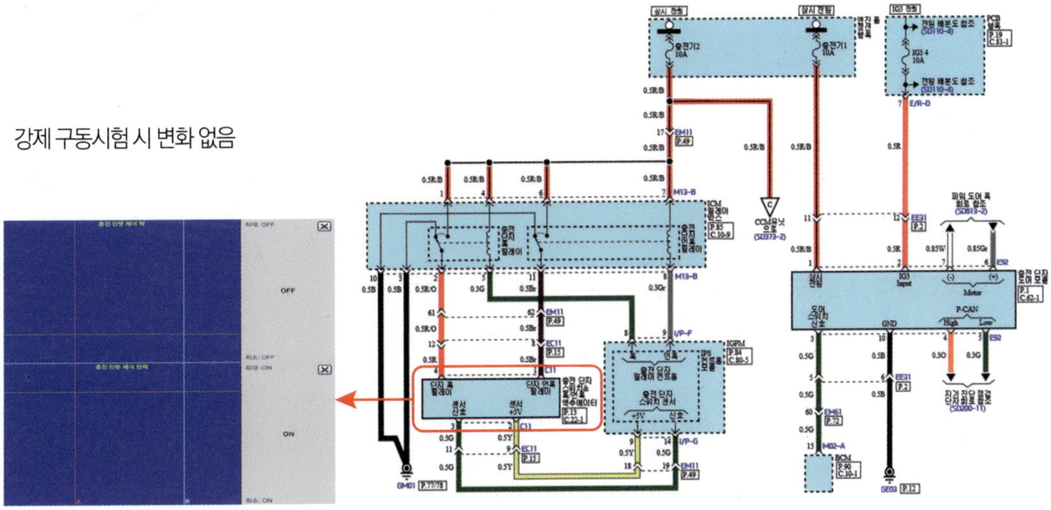

그림 록 버튼의 작동상태 점검

④ 콤보 차저의 록 버튼의 작동 불량으로 급속 충전 불량 발생

그림 록 버튼

⑤ 콤보차저 어셈블리 교환 후 정상작동 확인

[3] 발생원인

콤보 차저 내부 고장

[4] 조치사항

콤보 차저 교환

4.4.11. OS EV(코나 EV, 차량년식 : 2019년식)

[1] 고장증상

OBC 불량으로 인한 급속, 완속 충전 불가

[2] 정비이력

OBC, 고전압 정션박스, 파워 릴레이 Ass'y, 퀵차저 와이어링 교환

[3] 점검내용

① 고장코드 점검 시 고장코드 없음

② 충전테스트 진행, 서비스데이터 점검 시 PD 전압(커넥터 체결상태) 약 1.5V 출력됨

㉮ CP 전압(충전기와 차량의 통신신호) 약 7V로 출력됨

㉯ 충전 커넥터 체결상태는 정상이나 충전신호는 불량한 것으로 확인됨

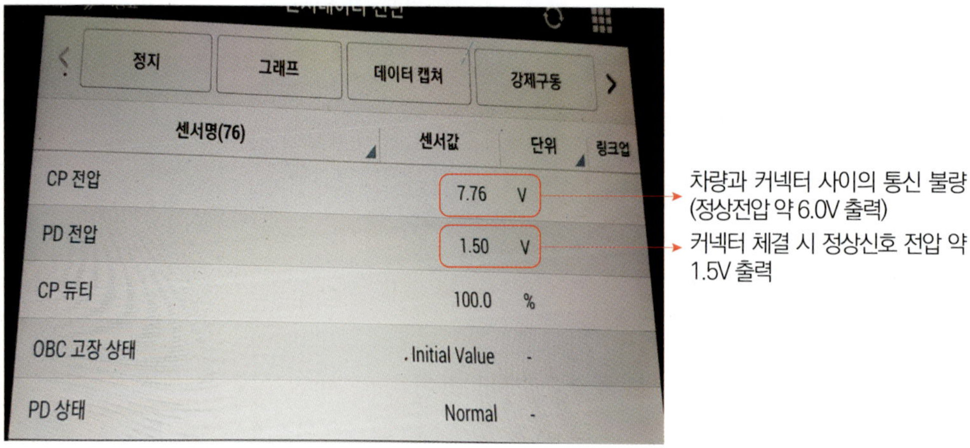

그림 센서데이터 진단

③ CP 라인 점검 시 정상(OBC에서 CCM 모듈)

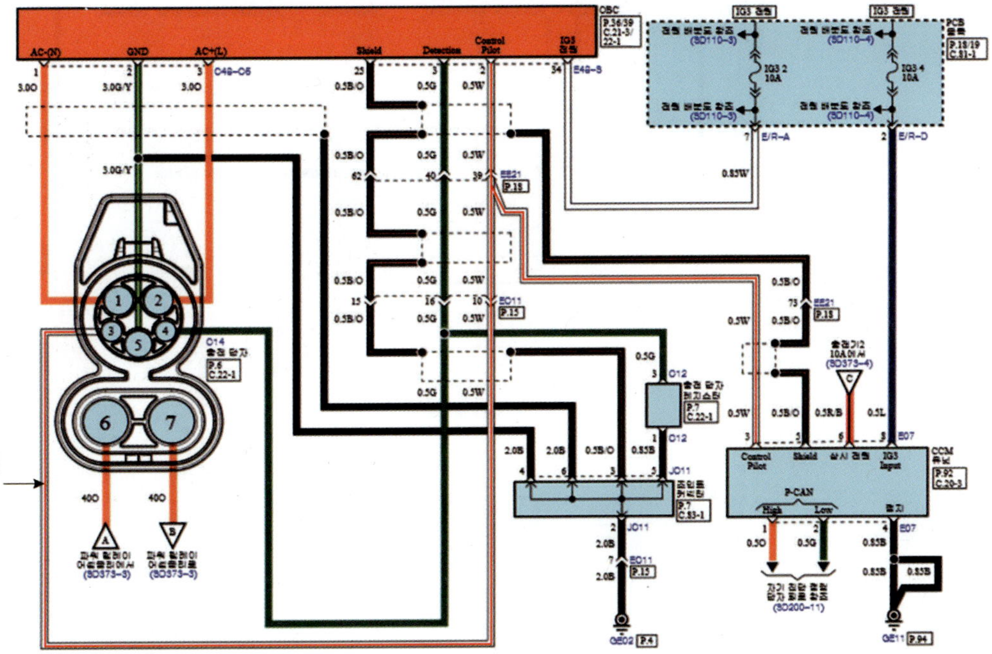

CP 라인 배선 점검 시 특이 사항 없음

그림 CP 라인 점검

④ 급속 충전라인 점검(정션블록측)

㉮ 급속 충전 릴레이 점검 시 (+)측 릴레이 융착 상태 확인됨(급속 충전 릴레이 교환 후 테스트 시 현상 사라지지 않음)

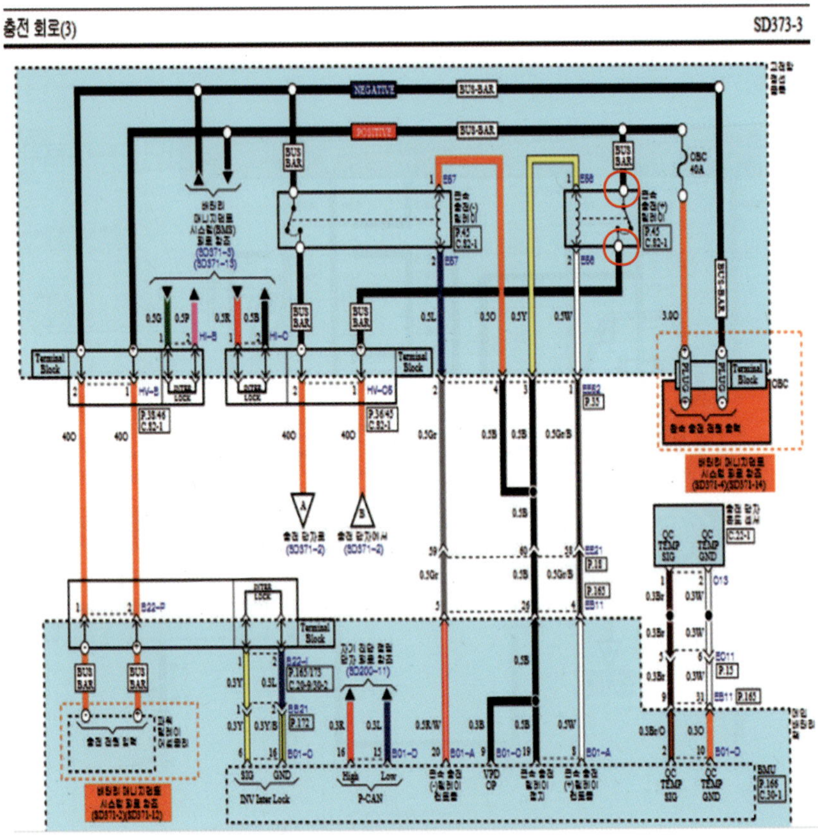

그림 충전회로 및 측정부위

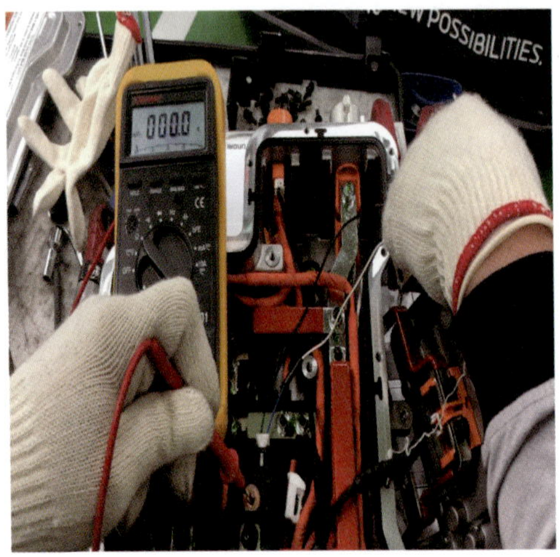

그림 급속 충전 릴레이 점검

㉯ 고전압 정션박스 교환 후 충전 테스트 재실행 시 현상제거 안됨

㉰ BPA 내부 파워 릴레이 어셈블리측 라인 점검 시 정상

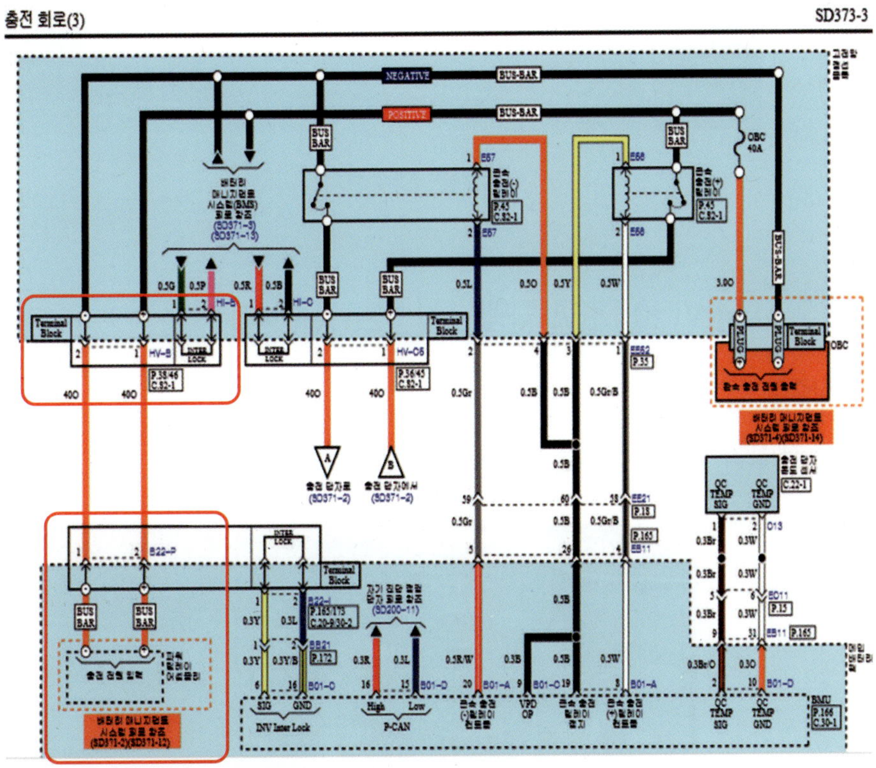

그림 BPA 내부 파워 릴레이 어셈블리측 라인 점검

[4] 발생원인

OBC 내부 충전 관련 회로에 이상이 생겼을 것으로 예상됨

[5] 조치사항

OBC 교환 후 급속 충전 및 완속 충전상태 정상 확인

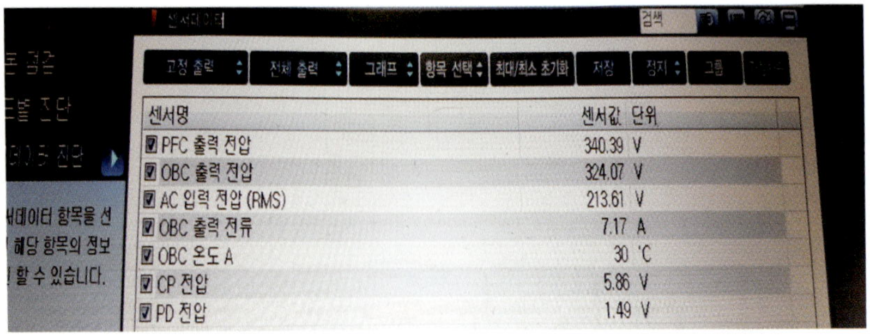

그림 정상 센서데이터

4.4.12. OS EV(코나 EV, 차량년식 : 2018년식)

[1] 고장증상

급속 충전 불가 및 EV 경고등 점등

그림 경고등 점등

[2] 점검내용

① DTC 진단 시 고장코드 P1BA400 급속 충전 릴레이 융착 – 과거 표출

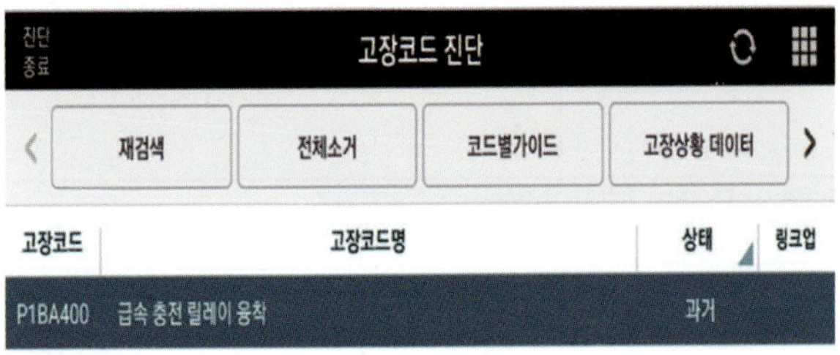

그림 고장코드

고장 판정 조건

항목			판정 조건	고장예상 원인
검출목적			급속충전 릴레이 모니터링	1. 급속충전기와 BMS간 파일럿 와이어 하네스 및 커넥터 단자 접속 불량 및 단선 2. BMS 3. 급속충전기 이상
검출조건			점화스위치 "ON" 보조배터리 정상전압(9-16V)	
고장코드발생기준값			급속충전 릴레이 충전기로부터 "급속충전 릴레이 융착 고장코드" 수신시 급속충전 완료후 BMS 급충릴레이 융착 판단시	
고장코드해제기준값			점화스위치 "OFF"	
안전 모드	가용파워	충전제한	0%	
		방전제한	0%	
	Fan 컨트롤		-	
	Relay 컨트롤		-	
	서비스 램프	ON 조건	1회 주행사이클	
		OFF 조건	점화스위치 "OFF"	
	DTC 확정		1회 주행사이클	
	경고등		ON	

그림 고장판정 조건

② 정비소 내 시그넷 충전기 급속 충전 시 에러코드(42, 33) 발생되며 급속 충전 불가 완속은 가능함

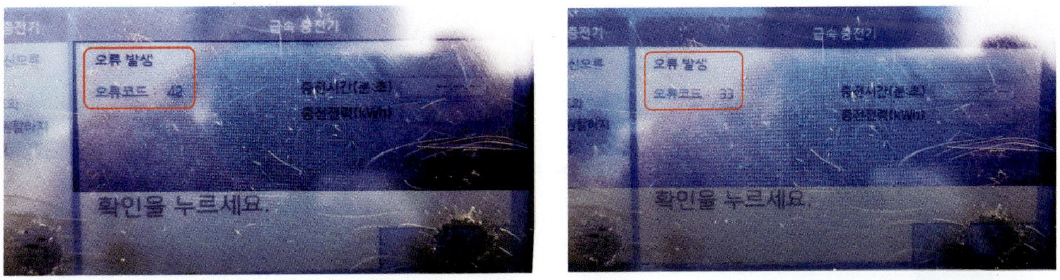

42	Request time-out(SessionSetup)	콤보 차량과 통신 이상 : 충전방식 선택 또는 커플러 연결 이상(콤보)	WARNING	차량에서 커플러를 제거 후 다시 연결하여 충전재시작
33	Vehicle Voltage error (before charging)	차량 릴레이 융착 검출(충전 시작전 전압 검출)	WARNING	차량 점검 필요

그림 에러코드

③ 관련 회로 점검

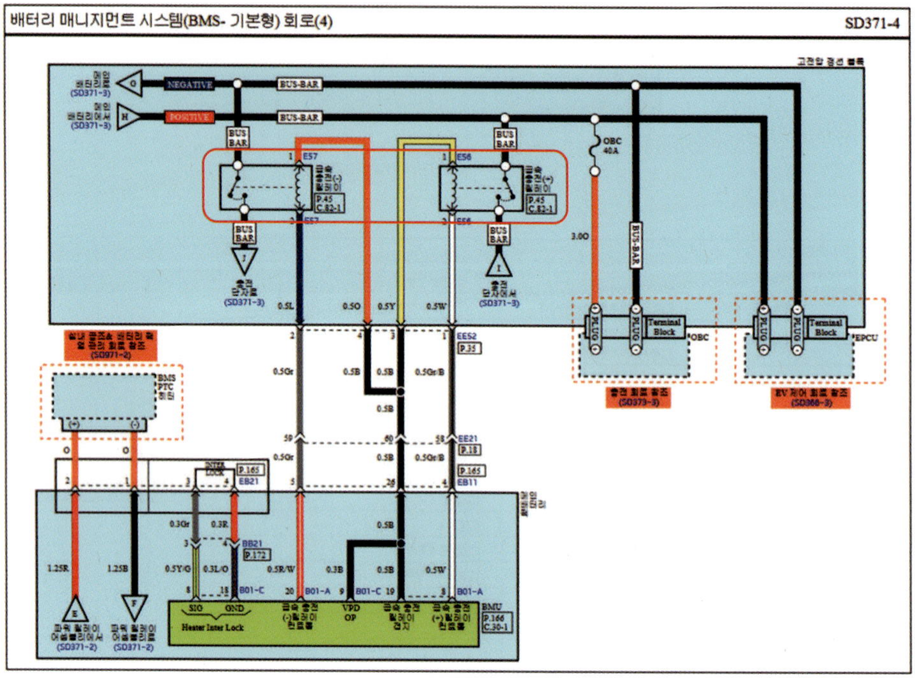

그림 회로 점검

④ 급속 충전 릴레이 점검 시 급속 충전 릴레이 코일 저항 점검 시 정상이나 급속 충전 릴레이 스위치 저항 점검 시 통전으로 릴레이 융착

탈거

유 의

- 급속 충전 릴레이는 고전압 조인트 박스 통합형으로 되어 있으므로 각 부품들은 별도 분리가 불가능하다. 각 부품 수리 시는 "고전압 조인트 박스" 의 탈장착 절차를 참조한다.

장착

유 의

- 급속 충전 릴레이는 고전압 조인트 박스 통합형으로 되어 있으므로 각 부품들은 별도 분리가 불가능하다. 각 부품 수리 시는 "고전압 조인트 박스" 의 탈장착 절차를 참조한다.

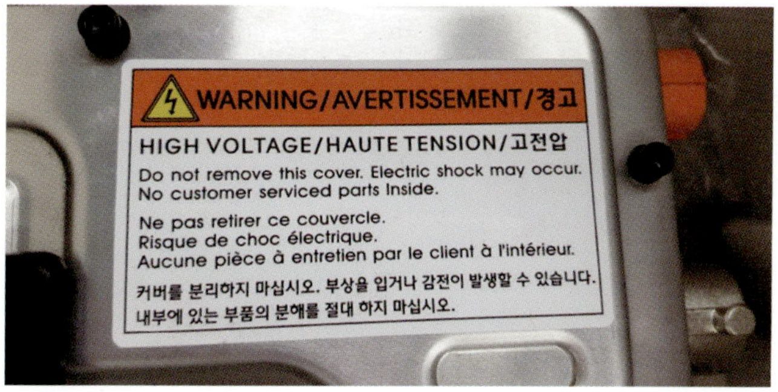

그림 급속 충전 릴레이 탈거 및 장착 유의사항

(a) 급속 충전 릴레이 코일 저항 정상

(b) 급속 충전 릴레이 스위치 통전

그림 릴레이 점검

[3] 발생원인

급속 충전 릴레이 융착

[4] 조치사항

고전압 정션박스 교환

4.4.13. OS EV(코나 EV, 차량년식 : 2018년식)

[1] 고장증상

간헐적 충전도어 인렛 잠금장치 작동 안됨

[2] 점검내용

① 차량 입고 당시 자기진단 실시결과 고장코드 IGPM-IGPM C220B00 충전 인렛 액추에이터 고장 – 현재 표출

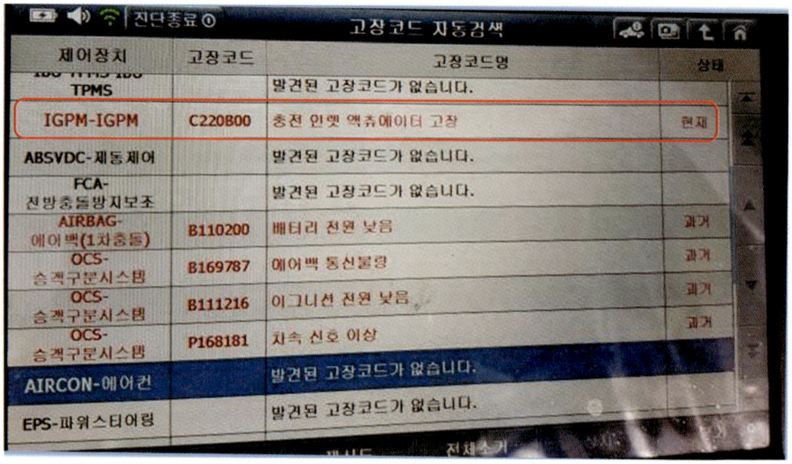

그림 고장코드

② 차량 점검 중 모터룸 충전인렛 잠금장치 오작동(스스로 작동됨 확인)

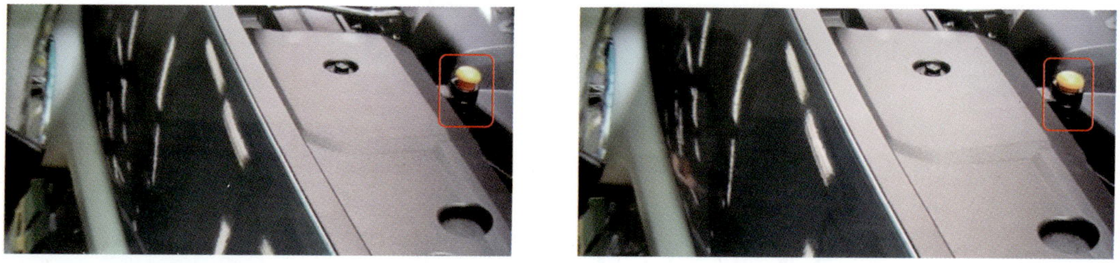

그림 충전인렛 잠금장치 오작동

고장 코드 설명

C2208 00은 충전 인렛 잠금 장치* 회로 고장이나 충전 인렛 잠금 장치 릴레이* 회로 고장으로 OBC 충전 인렛 잠금 장치* 작동 제어 요구를 IGPM*에서 2회 연속 실패한 경우 표출된다.
충전 인렛 잠금 장치* 잠금이 해제되지 않으면, 배터리 하단부에 설치된 비상해제케이블을 당겨 충전 커넥터를 분리한다.

고장 판정 조건

항 목		판정 조건	고장 예상 원인
진단 방법		전압 모니터링	1. 충전 인렛 잠금 장치* 회로 단선 2. 충전 인렛 잠금 장치* 회로 단락 3. 충전 인렛 잠금 장치 릴레이* 회로 단선 4. 충전 인렛 잠금 장치 릴레이* 회로 단락
잠금장치 고장	진단 조건	충전 커넥터 연결 IG3 릴레이 "ON" 보조 배터리 전압 : 9V~16V 충전 인렛 잠금 장치* 회로 단선/단락	
	고장 판정	충전 인렛 잠금 장치* 작동 에러	
릴레이 고장	진단 조건	충전 커넥터 연결 IG3 릴레이 "ON" 보조 배터리 전압 : 9V~16V 충전 인렛 잠금 장치 릴레이* 회로 단선/단락	
	고장 판정	충전 인렛 잠금 장치* 작동 에러	
진단 시간		2회 연속	
해제 조건		고장 해결 후 자동 소거	

그림 고장판정 조건

③ 회로도 및 DTC 점검 시 충전도어 전원선 단락 의심됨.

④ 충전도어 회로 EC11 커넥터 탈거 시 동일현상 발생됨.

⑤ 충전도어 회로 EM11 커넥터 탈거 시 현상 사라짐 확인.

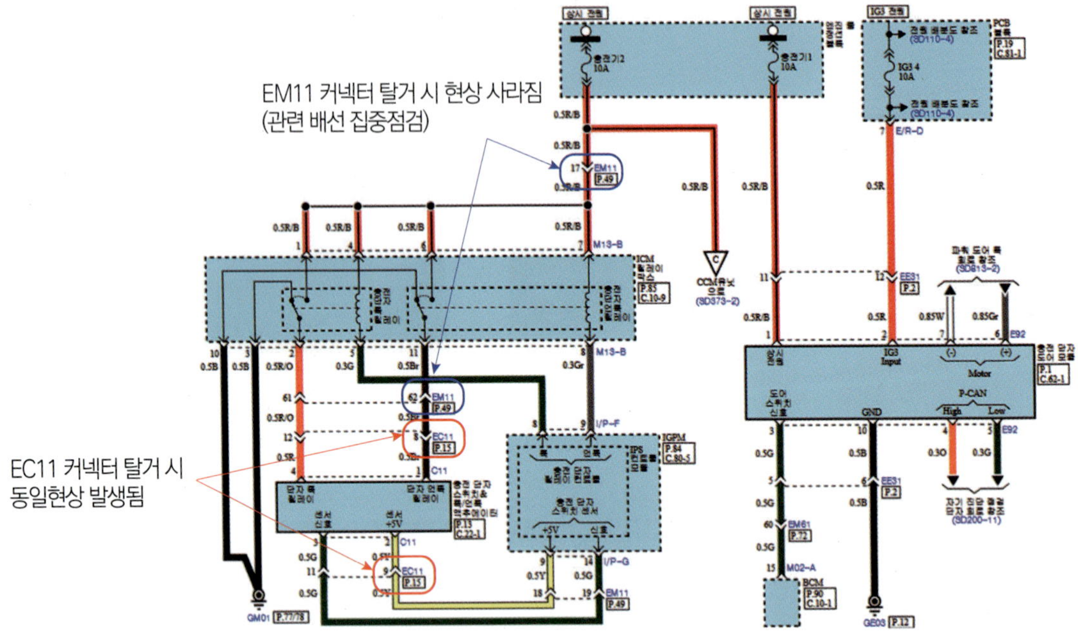

그림 충전도어 회로 점검

⑥ 관련 배선 확인결과 플로워 와이어링 운전석 스커프 도어트림 내부 배선 단락됨(충전도어 전원선(R), 언록 릴레이(Gr) 록 릴레이 접지(B) 단락됨)

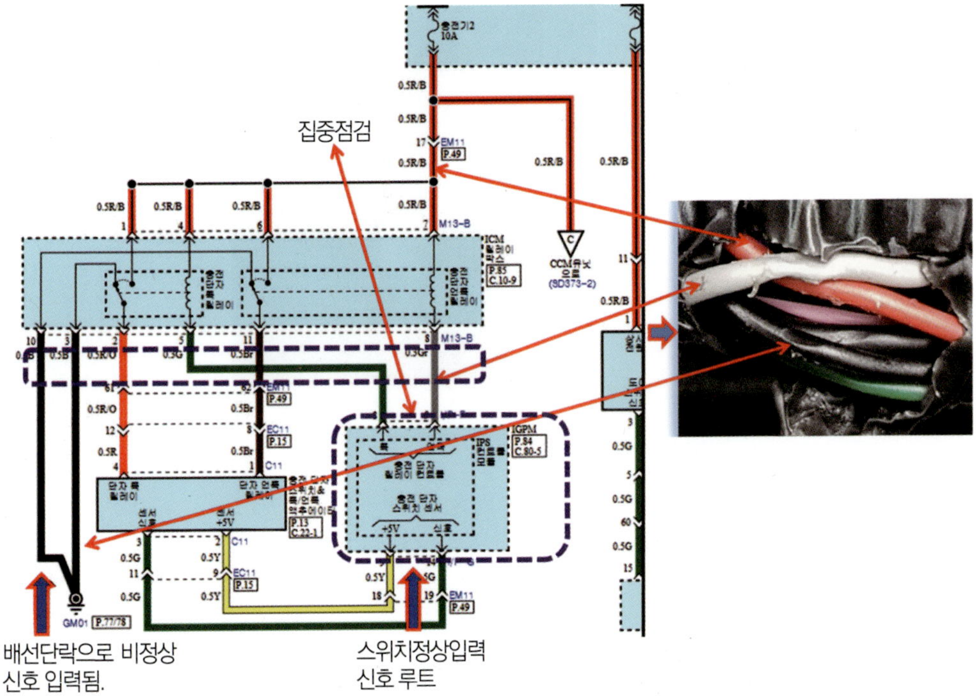

그림 충전도어 전원선 단락

[3] 발생원인

충전도어 전원선 단락 발생됨

[4] 조치사항

운전석 플로워 와이어링 스커프 도어트림 내부 배선 수리 및 테이핑 작업

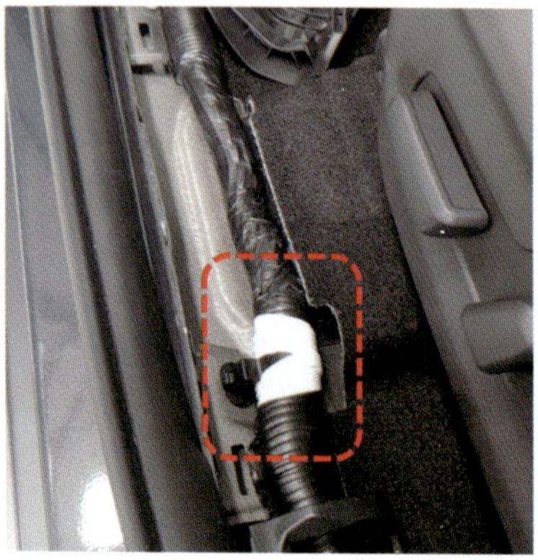

그림 배선 수정 및 테이핑 작업

4.4.14. OS EV(코나 EV, 차량년식 : 2018년식)

[1] 고장증상

ICCB 완속 충전 시 간헐적 충전 중단. 충전 시 연결 와이어링 아닌 정상적인 AC 콘센트 사용

[2] 점검내용

① 자기진단 시 특이사항 없음

② ICCB 디스플레이 화면 적색 플러그 과열경고 등 점등 후 ICCB 플러그 탈거 후 재 연결 시 충전되며 시간 경과 시 다시 과열경고 등 점등 후 충전 중단됨

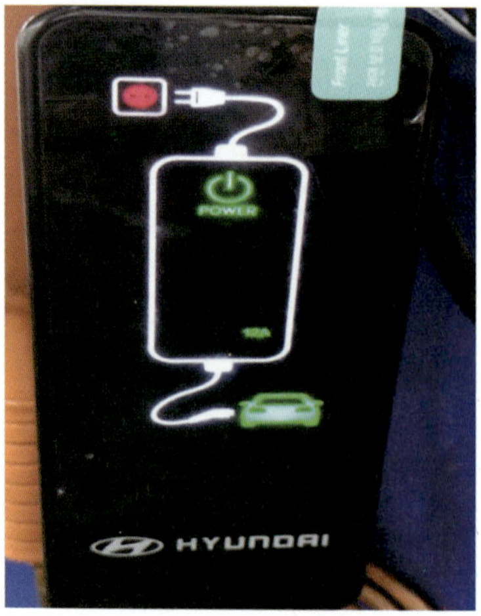

그림 과열경고 등 점멸 후 점등

③ ICCB 충전 중 플로그 온도 측정 시 정상품 대비 과열 발생 확인, OBC측 서비스데이터 OBC 온도 외 특이사항 없음

④ 고객차량 외 동일 차량 동일 조건에서 ICCB 충전 비교 점검, 신 · 교품 ICCB 플러그 열화상 온도 측정 시 신품 대비 교품 ICCB 플러그 온도가 높으며 시간 경과 시 충전 중단됨(차량은 정상으로 판단). 교품은 경고등 점멸 후 점등 발생

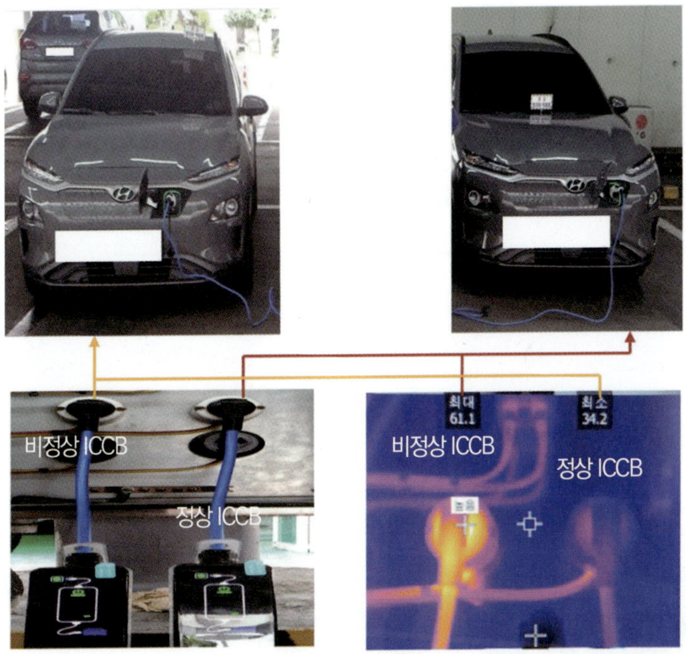

그림 ICCB 충전케이블 완속 충전 비교

⑤ ICCB 비교 차량에 충전 시에도 동일하게 발생하여 차량은 정상으로 판단, 85℃ 이상일 때 점멸, 95℃ 이상일 때 점등이나 열화상 카메라 온도 측정 시 69.4℃에서 점멸 시작됨

㉮ 완속 충전 중 비정상 ICCB 플러그 온도 69.4℃ 서비스데이터 OBC 온도 A 70℃, OBC 온도 B 72℃(고열)

㉯ 정상 ICCB 플러그 온도 45.7℃ 서비스데이터 OBC 온도 A 65℃, OBC 온도 B 68℃, 정상품 대비 비정상품 온도 높음

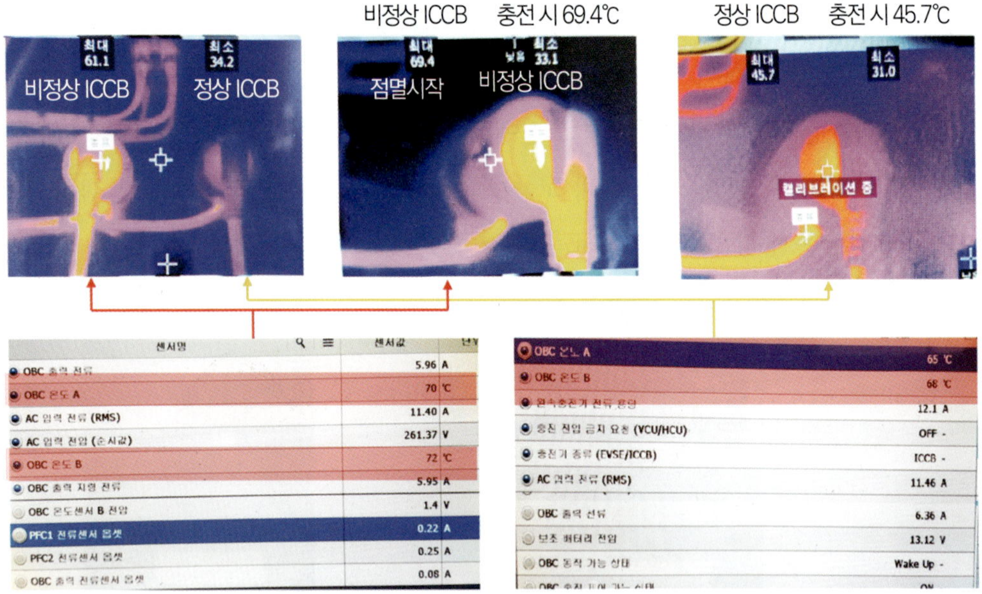

그림 정상 ICCB와 비정상 ICCB 충전 비교

⑥ ICCB 플러그 디스플레이 표시 상태 점검표 참조하여 점검

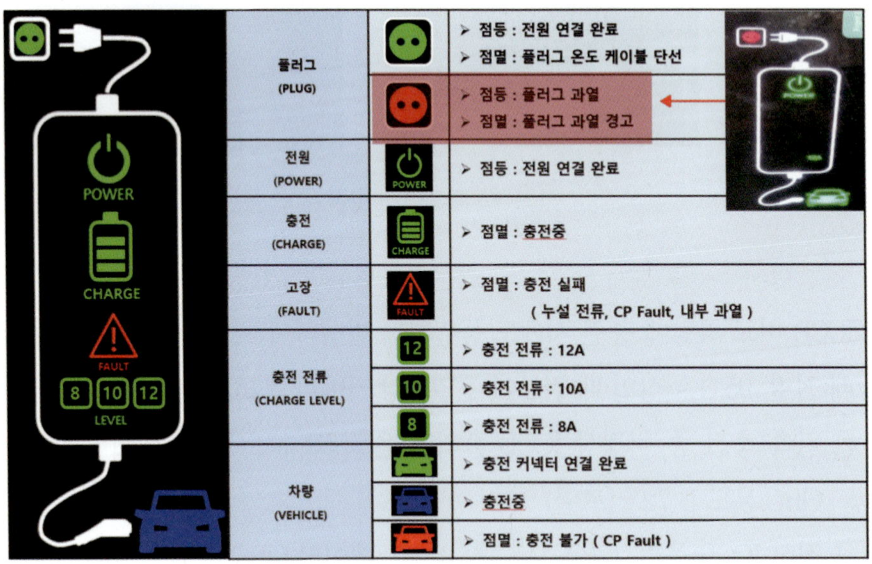

그림 디스플레이 진단가이드

LED 표시	표시 조건	LED 표시	표시 조건	LED 표시	표시 조건
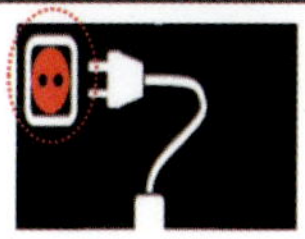 ※ 점멸 (주기 0.5초)	플러그 과열 경고 (85℃이상 95℃미만)	 ※ 지속 점등	플러그 과열 (95℃ 이상)	 ※ 점멸 (주기 0.5초)	플러그 온도 케이블 단선

그림 디스플레이 표시 플러그 경고등 상태(콘센트 체결 후, 차량 연결 상태 상관없음)

⑦ OBC측 서비스데이터 점검 시 OBC 온도 A 70℃, OBC 온도 B 74℃에서 충전 중단되며 차량 통신 불가. 충전 중 ICCB 플러그 온도 상승으로 충전경고등 점등 및 충전 중단됨

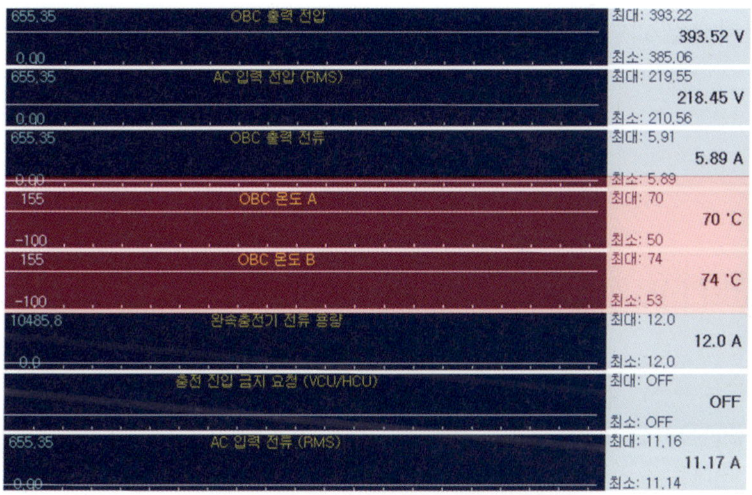

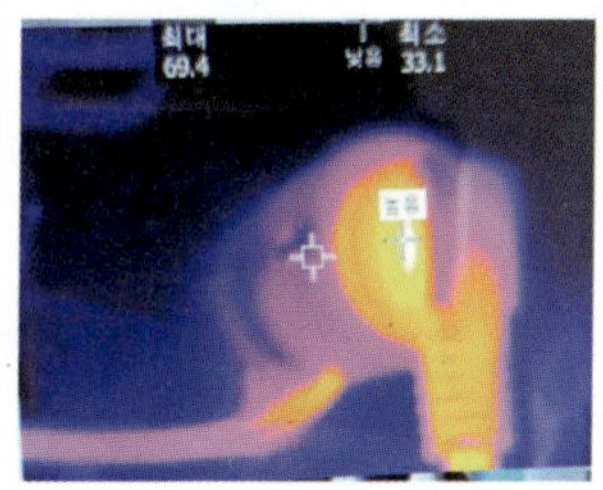

그림 OBC측 서비스데이터 점검

⑧ ICCB 케이블 교환

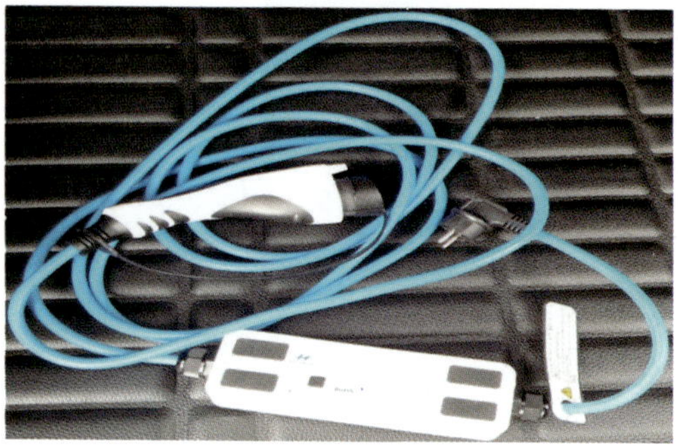

그림 ICCB 케이블

[3] 발생원인

ICCB 플러그 내부 불량으로 과열로 충전 중단됨

[4] 조치사항

ICCB 교환 후 정상

4.4.15. OS EV(코나 EV, 차량년식 : 2018년식)

[1] 고장증상

EV 경고등 점등 및 READY 불가

[2] 점검내용

① 진단코드 점검 시 고장코드 P1B7700 인버터 커패시터 프리차징 실패 – 현재 표출

② 서비스 데이터 및 고장 상황 데이터 점검

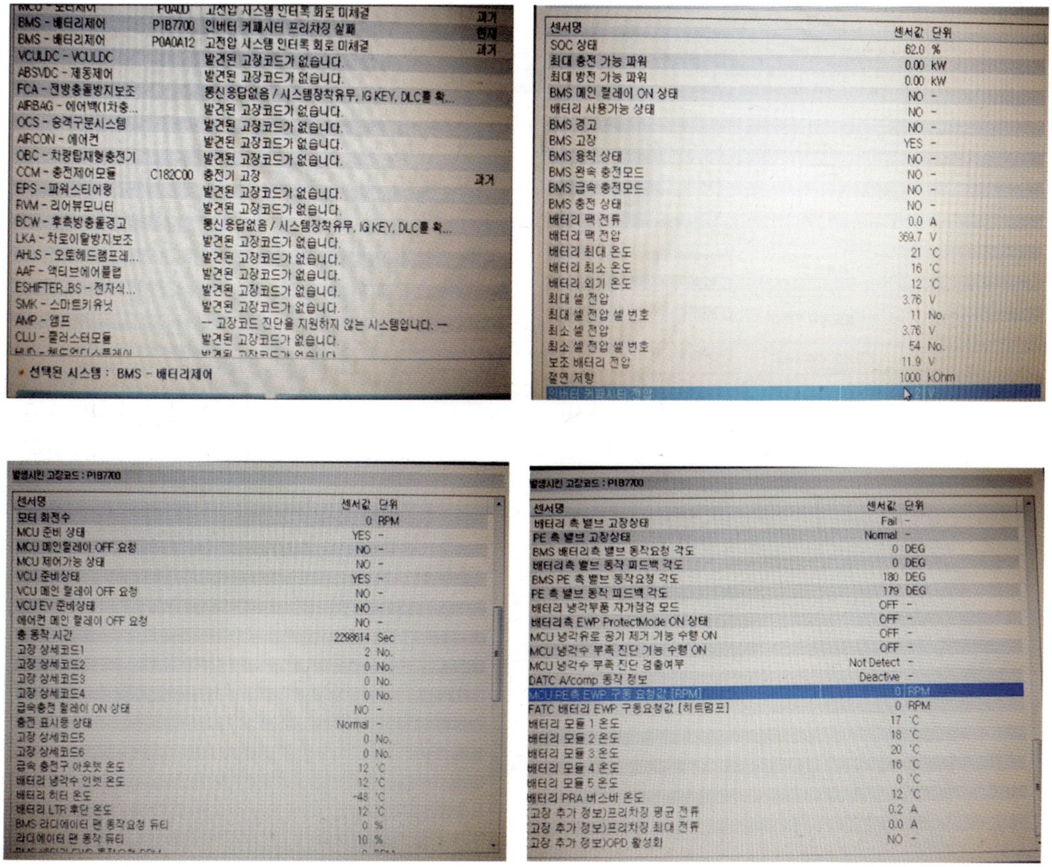

그림 고장 상황 데이터

③ DCT 진단가이드 참조 및 QC/메인 릴레이 강제구동 점검, 정상적으로 구동됨(작동음 확인)

고장 코드 설명

IG ON 후 인버터 커패시터 초기충전 실패로 인한 고전압 공급 실패 상황이 검출되면 상기 DTC를 표출한다. 고전압 배터리 팩 전압(Vpack)과 MCU에서 측정되는 인버터 커패시터 전압(Vcap)을 모니터링하여 고장을 검출한다. 현재 고장이 발생하면 서비스 램프를 점등시킨다. 만약 정상 상태로 회복되면 현재의 고장코드는 삭제되고 과거고장 코드(DTC 코드 끝부분에 H표시)가 검출 된다. 이때 서비스 램프는 소등되며 과거 고장코드는 GDS를 사용하여 소거시킬수 있다.

고장 판정 조건

항목	판정 조건			고장예상 원인
검출목적	➪프리차징 실패로 인한 릴레이 제어 오류 방지 ➪고전압 인가 불가로 인한 전기차기능 상실 검출			1. 메인 릴레이 결함 2. 프리차지 릴레이 결함 3. 전기차 배터리 모듈과 BMS간 배선 및 커넥터 접속 불량 또는 단선 4. BMS 5. MCU
검출조건	➪점화스위치 "ON" ➪보조배터리 정상전압(9-16V)			
고장코드발생기준값	➪메인 릴레이 ON후 MCU에서 측정되는 인버터 커패시터 전압이 특정 수준(배터리 팩 전압의 50%)으로 상승하지 않고 100ms 이상 유지시			
고장코드해제기준값	➪점화스위치 "OFF"			
안전 모드	가용파워	충전제한	➪0%	
		방전제한	➪0%	
	Fan 컨트롤		➪-	
	Relay 컨트롤		➪OFF	
	서비스 램프	ON 조건	➪1회 주행사이클	
		OFF 조건	➪점화스위치 "OFF"	
	DTC 확정		➪1회 주행사이클	
	경고등		➪ON	

그림 고장판정 조건

④ 세이프티 400A 퓨즈 점검, 400A 퓨즈 단선

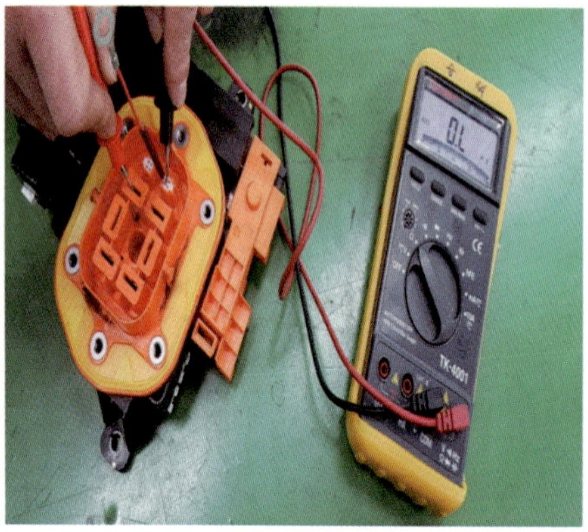

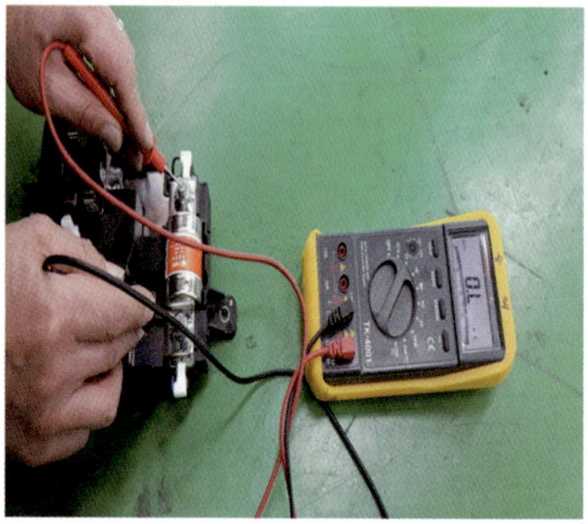

그림 퓨즈 점검

⑤ 세이프티 400A 퓨즈 교환 후에도 동일하게 READY 진입 불가

⑥ 급속 충전 릴레이 + 메인 릴레이 + 단품 점검, QC 릴레이 및 메인 릴레이 코일 부 저항

점검 시 규정치 측정되나 스위칭 부 통전 테스트 시 도통됨

(a) 릴레이 스위칭 부 통전 (b) 릴레이 코일 부 저항

그림 릴레이 점검

⑦ QC 릴레이 및 메인 릴레이 교환 후 정상적으로 READY 진입됨

⑧ 퓨즈 및 릴레이 소손시킬 수 있는 원인이 궁금하여 차량 상태 고객에게 문의함. 급속 충전 중 충전 완료 메시지 수신받은 후 차량에 가보니 SOC는 59%임, READY 불가(타는 냄새가 났다고 함)

[3] 발생원인

급속 충전 중 돌입 전류에 의한 고전압 릴레이 융착 및 세이프티 400A 퓨즈 단선

[4] 조치사항

QC 릴레이, 고전압 메인 릴레이, 세이프티 400A 퓨즈 교환

EV 전기장치 시스템 정비사례

05

EV 전기장치 시스템 정비사례

05
CHAPTER

5.1 EV 전기장치 역할

전기자동차의 전기장치는 크게 고전압 배터리, 구동 모터, 인버터, 온보드 충전기(OBC), DC/DC 컨버터, 저전압 배터리, 그리고 통합전력제어장치(EPCU) 등으로 구성된다. 이들은 차량의 구동, 충전, 전력 관리 등 다양한 역할을 수행한다.

배터리에 저장된 전기에너지는 인버터를 통해 교류 전압으로 변환되어 구동 모터로 전달되고, 모터는 이 전기에너지를 회전력으로 변환하여 차량을 구동한다. 동시에 컨버터는 고전압 배터리의 전압을 다른 부품에 필요한 저전압으로 변환하여 전력 공급을 지원한다. 충전 시스템은 외부 전원을 이용하여 배터리를 충전하고, 회생 제동 시스템은 차량 감속 시 발생하는 에너지를 전기에너지로 변환하여 배터리에 저장한다.

5.2 EV 전기장치 구성

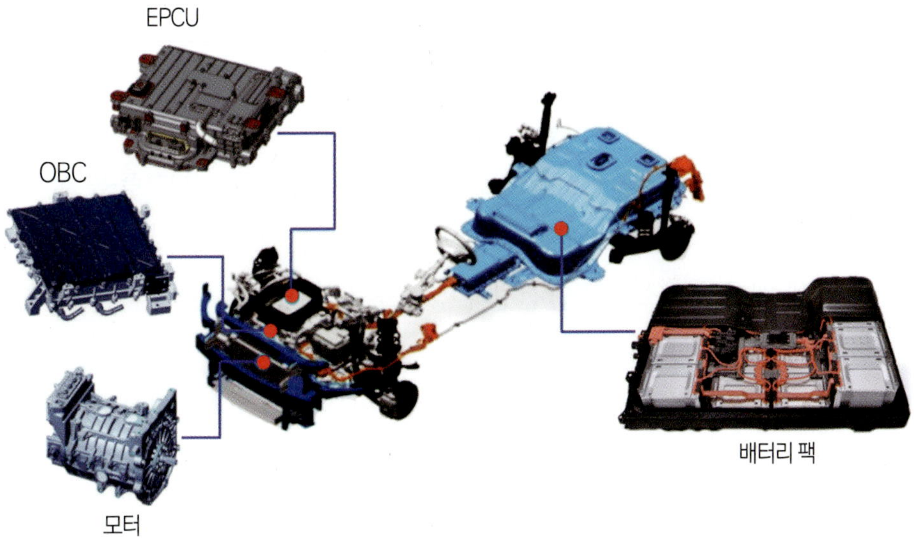

그림 EV 전기장치

① 고전압 배터리(Battery) : 모터를 구동하여 주행하는 데 필요한 에너지를 제공하며 주행하는 데 필요한 에너지를 저장하고 고출력, 고에너지, 고내구성을 갖춘 특징을 지닌다.

② 구동 모터(Motor) : 배터리의 전기에너지를 기계적인 운동에너지로 변환하여 차량을 움직인다.

③ 인버터(Inverter) : 고전압 배터리의 직류 전기를 모터 구동에 필요한 교류 전기로 변환하거나, 회생 제동 시 발생하는 교류 전기를 배터리 충전을 위한 직류 전기로 변환한다.

④ 온보드 충전기(OBC, On-Board Charger) : 외부 전원(교류)을 받아 고전압 배터리 충전에 필요한 직류 전기로 변환한다.

⑤ DC/DC 컨버터(Converter) : 고전압 배터리의 전압을 차량 내 다른 전기 부품(저전압 시스템)에 필요한 낮은 전압으로 변환한다.

⑥ 저전압 배터리 : 차량의 시동을 걸고, 각종 전장 부품(조명, 오디오, 전동 시트 등)에 전

원을 공급하는 역할을 한다. 12V 배터리가 주로 사용되며, 고전압 배터리와는 별도로 존재하며 고전압 배터리가 모터 구동에 사용되는 것과 달리, 저전압 배터리는 차량의 전반적인 전력 시스템을 지원한다.

⑦ 통합전력제어장치(EPCU, Electric Power Control Unit) : 차량 내 전력 흐름을 통합적으로 관리하고 제어하여 효율을 높인다.

⑧ CMU(Cell Monitoring Unit) : 배터리 셀의 전압, 전류, 온도 등을 실시간으로 모니터링하고, 셀의 상태를 BMS(Battery Management System)에 전달하는 역할을 한다. 이를 통해 배터리 시스템의 안전성과 성능을 최적화하고, 배터리 수명을 연장하는 데 기여한다.

⑨ 온보드 차저(OBC, On-Board Charger) : 외부 전원(AC)을 받아 배터리를 충전하는 장치이다. 완속 충전에 사용되며, 전력 변환 기능을 수행한다.

⑩ 충전 포트 : 외부 충전 케이블을 연결하여 배터리를 충전하는 부분이다.

⑪ 모터 컨트롤러 : 배터리와 모터 사이의 전기 흐름을 제어하고, 운전자의 가속 페달 조작에 따라 모터의 출력을 조절한다.

⑫ 고전압 분배 시스템 : 고전압 배터리에서 각 부품으로 전기를 안전하게 분배하는 역할을 한다.

⑬ 냉각 시스템 : 배터리 및 기타 부품의 온도를 적정 수준으로 유지하여 차량의 안전성과 성능을 확보한다.

⑭ 고전압 배선 및 커넥터 : 고전압 부품들을 연결하는 역할을 한다.

5.3 EV 전기장치 기능

① 배터리 시스템 : 고전압 배터리는 전기차의 에너지 저장장치로, 전기 모터 구동에 필요한 전기를 공급한다. 배터리 관리 시스템(BMS)은 배터리의 온도, 전압, 전류 등을 모니터링하고 제어하여 배터리 성능과 수명을 최적화한다.

② 전기 모터 및 제어 시스템 : 전기 모터는 배터리의 전기에너지를 기계적 에너지로 변환

하여 차량을 구동한다. 인버터는 직류(DC) 전기를 교류(AC) 전기로 변환하여 모터에 공급하고, 컨버터는 고전압을 저전압으로 변환하여 차량 내 다른 시스템에 전력을 공급한다. 제어 시스템은 모터의 속도, 토크 등을 정밀하게 제어하여 운전자가 가속 페달을 밟을 때 부드럽고 효율적인 주행 성능을 제공한다.

③ 충전 시스템 : 온보드 충전기(OBC)는 외부 충전소에서 공급되는 교류 전력을 차량 배터리에 맞게 직류 전력으로 변환하여 충전한다. 급속 충전은 짧은 시간 안에 많은 양의 전기를 충전할 수 있지만, 배터리에 부담을 줄 수 있으며, 완속 충전은 상대적으로 시간이 오래 걸리지만 배터리 수명에 더 좋다.

④ 회생 제동 시스템 : 회생 제동은 차량 감속 시 발생하는 운동에너지를 전기에너지로 변환하여 배터리를 충전하는 기능이다. 운전자가 가속 페달에서 발을 떼거나 브레이크 페달을 밟을 때 작동하며, 에너지 효율을 높이고 브레이크 패드의 마모를 줄이는 효과가 있다.

⑤ V2L(Vehicle to Load) : 전기차 배터리를 외부 전력으로 활용하여 다양한 전자기기에 전력을 공급할 수 있게 해준다. 주행 가능 거리, 충전 상태, 차량 설정 등을 표시하는 인포테인먼트 시스템도 전기차의 주요 기능 중 하나이다.

⑥ 겨울 모드 : 일부 전기차는 겨울철 배터리 성능 저하 및 충전 속도 감소를 방지하기 위해 겨울 모드를 제공한다. 겨울 모드는 배터리 예열, 히터 성능 향상, 충전 효율 최적화 등을 통해 겨울철 주행 성능을 개선한다.

5.4 고장 시 증상 및 점검방법

5.4.1. NE EV(아이오닉 EV, 차량년식 : 2022년식)

[1] 고장증상

경고 등 점등

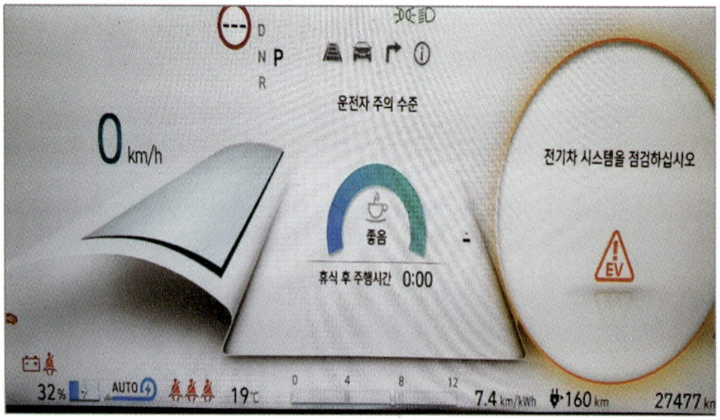

그림 경고 등 점등

[2] 점검내용

① 자기진단 실시, 고장코드 P1AA6 배터리 비정상 거동 감지 – 현재 표출.

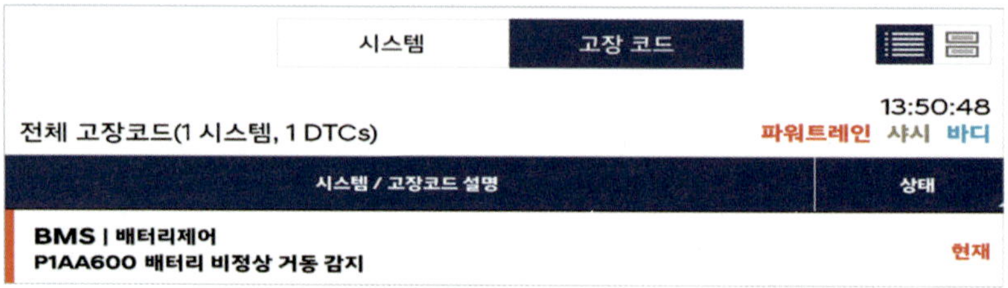

그림 고장코드

② 고장상세코드 확인 시 고장상세코드 (1) 0, (2) 16, (3) 200, (4) 14, (5) 127, (6) 1로 확인

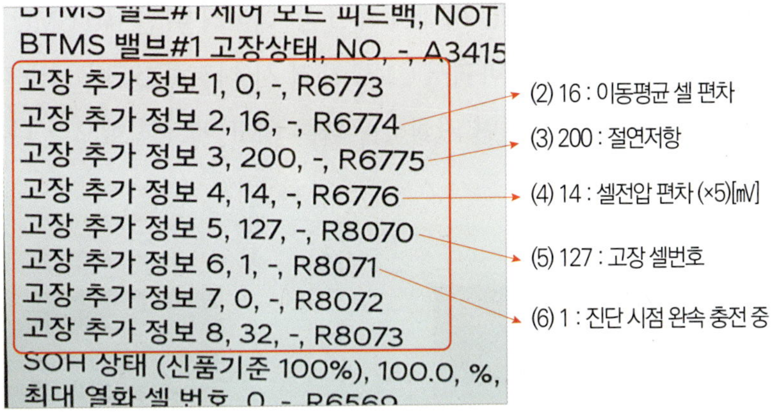

그림 고장상세코드

③ 센서데이터 상 127번 셀만 3.94V 표출로 이상 확인, 다른 셀 3.84V로 정상, 127번 셀 포함된 22번 모듈 교환 후 완속 충전 시 P1AA6 재점등

배터리 셀 전압 124	3.84	V
배터리 셀 전압 125	3.84	V
배터리 셀 전압 126	3.84	V
배터리 셀 전압 127	3.96	V
배터리 셀 전압 128	3.84	V
배터리 셀 전압 129	3.84	V
최대 셀 전압	3.96	V
최대 셀 전압 셀 번호	127	-
최소 셀 전압	3.84	V

그림 센서데이터

④ 센서데이터 재확인 및 실제 배터리 모듈 전압 측정, 센서데이터 상은 현재 127번 셀 여전히 3.94V로 불량, 실제 배터리 22번 모듈 측정 시 정상

⑤ #6 CMU 커넥터와 #3 CMU 바꿔서 체결 후 데이터 확인, #6 CMU B146-B 커넥터를 #3 CMU B143-B와 서로 바꿔서 CMU 체결 시 여전히 127번 셀 불량 전압 표출. 실제 배터리 127번 셀이 문제라면 커넥터를 다른 CMU에 장착했으니 다른 셀 전압이 높게 나와야 함.

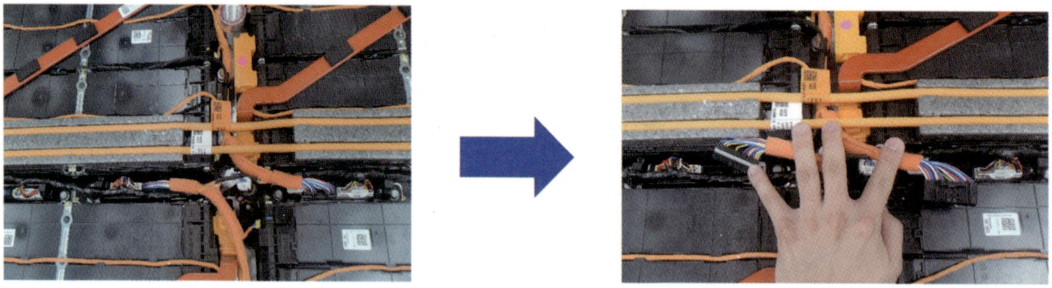

그림 #6 CMU 커넥터와 #3 CMU 커넥터 바꿔서 장착

⑥ 재차 검증을 위해 #6번, #3번 CMU 위치교환 후 커넥터 배터리 모듈 커넥터, BMS 통신 커넥터 정상 체결 시 61번 셀로 고장 셀 옮겨감(3.94V)

⑦ CMU 불량으로 판정

[3] 발생원인

CMU(셀 모니터링 유닛) 셀 전압 센싱 불량

[4] 조치사항

CMU 교환

5.4.2. NE EV(아이오닉 EV, 차량년식 : 2021년식)

[1] 고장증상

전기차 시스템 점검 문구 출력

[2] 점검내용

① 자기진단 점검 시 고장코드 P0AA600 고전압 부품 절연파괴 –현재 표출

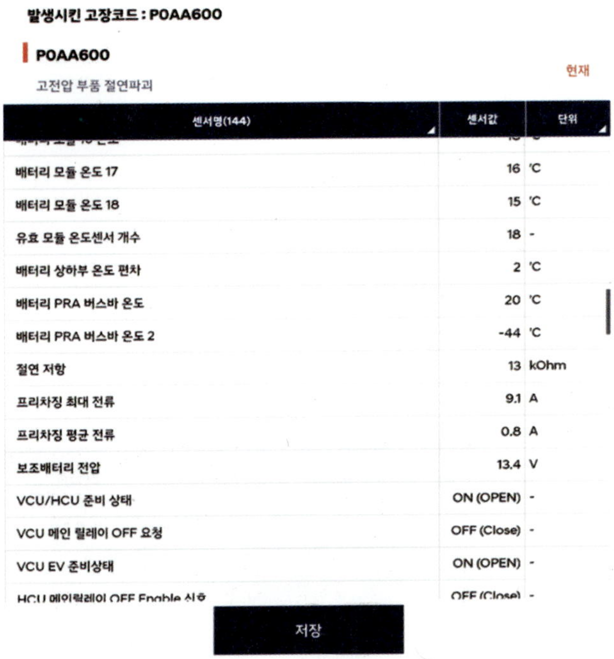

발생시킨 고장코드 : P0AA600

P0AA600

고전압 부품 절연파괴

현재

센서명(144)	센서값	단위
배터리 모듈 온도 17	16	℃
배터리 모듈 온도 18	15	℃
유효 모듈 온도센서 개수	18	-
배터리 상하부 온도 편차	2	℃
배터리 PRA 버스바 온도	20	℃
배터리 PRA 버스바 온도 2	-44	℃
절연 저항	13	kOhm
프리차징 최대 전류	9.1	A
프리차징 평균 전류	0.8	A
보조배터리 전압	13.4	V
VCU/HCU 준비 상태	ON (OPEN)	-
VCU 메인 릴레이 OFF 요청	OFF (Close)	-
VCU EV 준비상태	ON (OPEN)	-

저장

그림 고장코드 및 센서출력

② 고객문진 시 비오는 날 20~30km 주행 후(물웅덩이 지남) 점등되었다고 함

③ 부가기능(절연파괴 부품 검사) 진행 시 절연파괴 예상 부위가 고전압 입력부(고전압 배터리 출력 ~ 고전압 부품 입력단)로 검출

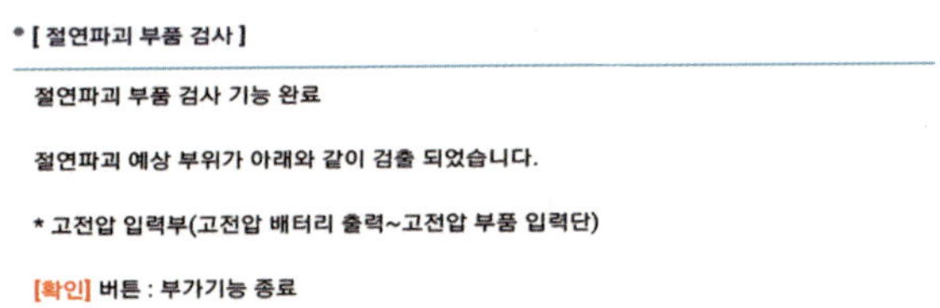

그림 부가기능(절연파괴 부품 검사)

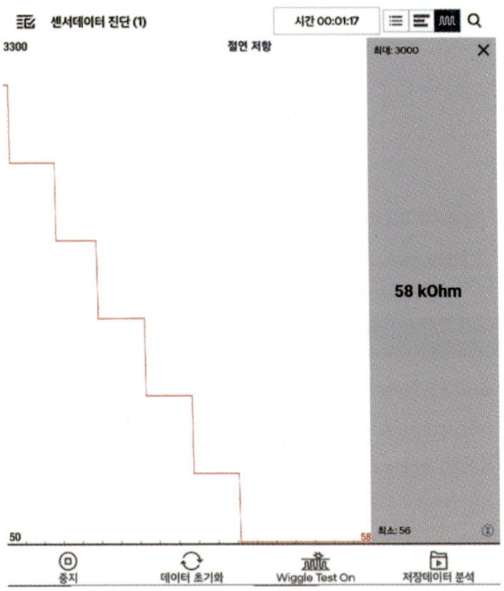

그림 센서데이터

그림 입고 당시 PE 룸

④ 고전압 부품 – PE 부품 간 절연저항 측정 시 프론트 고전압 정션 박스 절연 불량 확인됨

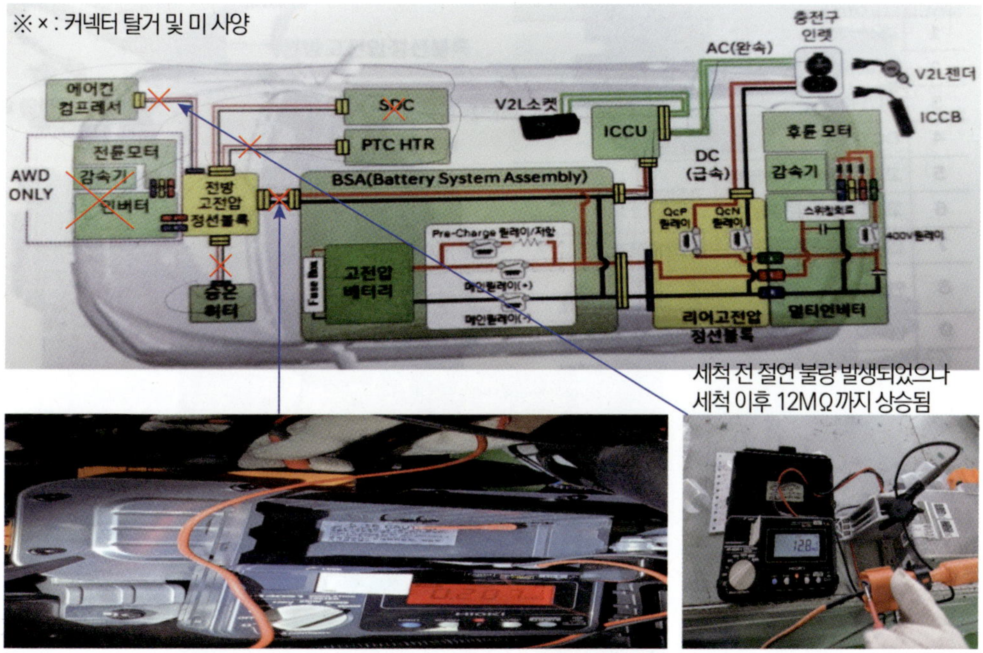

그림 고전압 부품 - PE 부품 간 절연저항 측정

⑤ A/C 고전압 와이어링 내 수분 유입됨, 개스킷은 있지만 와이어링 부에는 고무마개가 없음.

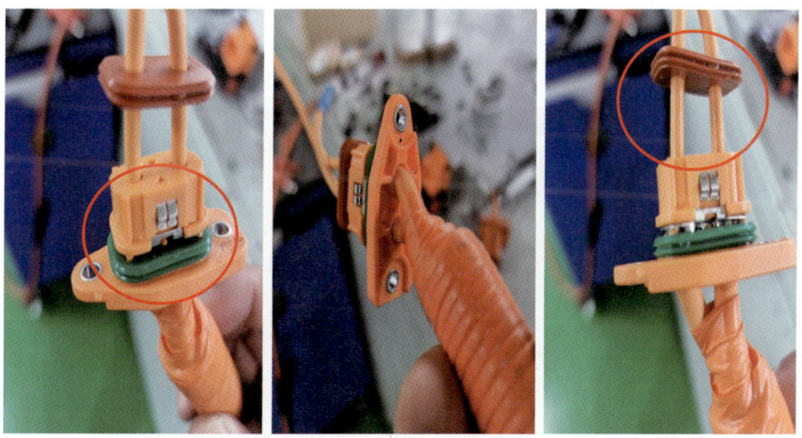

그림 와이어링 부에 고무마개가 없음

[3] 발생원인

고전압 정션박스 A/C 와이어링 내 수분 유입

[4] 조치사항

① 신품 절연저항 측정 시 4000MΩ 확인됨

그림 절연저항 측정

② 프론트 고전압 정션 박스 교환 후 특이사항 없음

③ A/C 고전압 와이어링 후단부 실런트 도포 후 조립 진행

그림 실런트 도포

5.4.3. NE EV(아이오닉 EV, 차량년식 : 2021년식)

[1] 고장증상

READY 시 "전기차 시스템을 점검하십시오" 문구 출력, 운행은 가능

[2] 점검내용

① DTC 점검 시 고장코드 BMS P1BBDD00 BMS 과충전 차단 회로 전원회로 이상 – 현재 표출

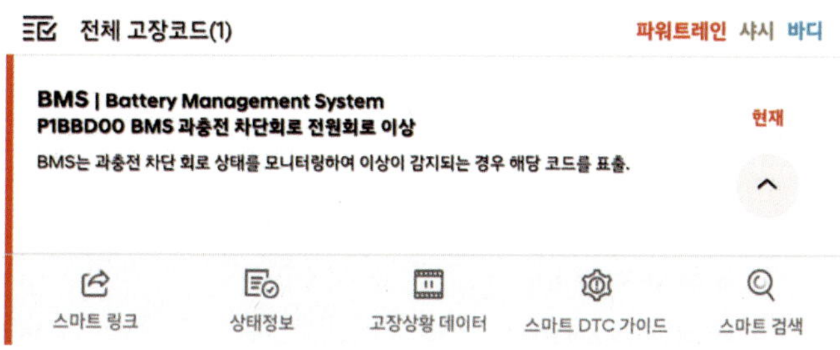

그림 고장코드

② 고장상황 데이터 점검 시 배터리 모듈 온도 8번까지는 28℃로 정상 확인되나 9~18번은 0℃ 표출됨, 배터리 PRA 버스바 온도 2 –44℃, 외기 온도 70℃로 이상 값 출력됨, 배터리 셀 전압은 4.05V이며 편차는 없음

배터리 모듈 7 온도	28	'C
배터리 모듈 8 온도	28	'C
배터리 모듈 9 온도	0	'C
배터리 모듈 10 온도	0	'C
배터리 모듈 11 온도	0	'C
배터리 모듈 12 온도	0	'C
배터리 모듈 13 온도	0	'C
배터리 모듈 14 온도	0	'C
배터리 모듈 15 온도	0	'C
배터리 모듈 16 온도	0	'C
배터리 모듈 온도 17	0	'C
배터리 모듈 온도 18	0	'C
유효 모듈 온도센서 개수	18	-

배터리 상하부 온도 편차	0	'C
배터리 PRA 버스바 온도	26	'C
배터리 PRA 버스바 온도 2	-44	'C
절연 저항	11	kOhm
프리차징 최대 전류	10.0	A
프리차징 평균 전류	1.7	A
보조배터리 전압	12.0	V

모터2 회전수	-5	RPM
총 동작 시간	337312	Sec
주행거리	145	km
외기온도	70	'C

그림 고장상황 데이터

③ 지침서 확인 시 해당 고장 상황 데이터에서 추가 정보로 OPD Active, OPD 전원 전압 등 저장되야 하나 고장 추가 정보 확인 시 저장 값 없음. BMU 교환했으나 동일 증상 발생

고장 예상 원인
1. OPD 회로 이상 2. 배터리 팩 과충전 3. 전기차 배터리 모듈과 BMS간 배선 및 커넥터 접속 불량 4. BMS

분류	고장 추가 정보
고장 발생 시 데이터 저장	고장 추가 정보1 = OPD Active
	고장 추가 정보2 = OPD 전원 전압

고장 추가 정보 1	0
고장 추가 정보 2	0
고장 추가 정보 3	0
고장 추가 정보 4	0
고장 추가 정보 5	0
고장 추가 정보 6	0
고장 추가 정보 7	0
고장 추가 정보 8	0

그림 고장 상황 데이터에서 추가 정보

④ OPD 회로 HI 라인 및 LO 라인 점검

㉮ 회로도 점검, OPD 회로 확인 시 BMU에서 1번 CMU로 OPD HI, LOW 전압 출력

㉯ BMU → #1, CMU → #2, CMU → #3, CMU → #4, CMU → #8, CMU → BMU로 구성되어 있음

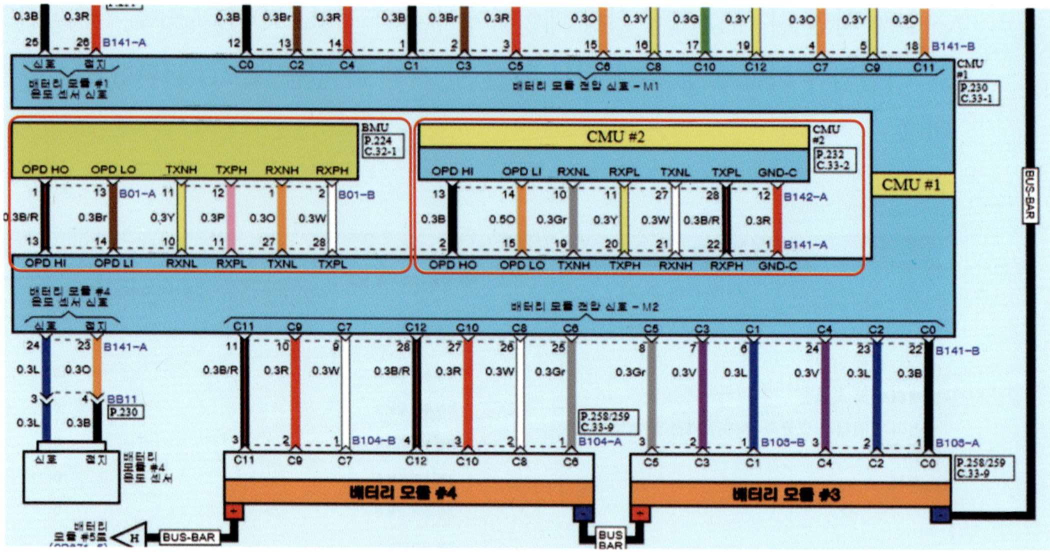

그림 회로도

⑤ BMU와 CMU 간 OPD 회로 점검

㉮ 정상적인 상태에서는 BMU에서 출력된 OPD_H가 #1~#8 CMU를 지나 BMU OPD_H_Return으로 들어감

㉯ R2 저항을 거친 뒤 OPD_L_Return, OPD_L을 거쳐 BMU로 다시 들어옴

㉰ 만약 셀 전압이 4.65V 이상이면 해당 CMU 과충전 검출 IC가 스위치 붙여줘서 OPD_H가 OPD_L로 바로 들어옴

㉱ 해당 차량 진단을 위해 BMU OPD_H↔OPD_H_Return, OPD_L↔OPD_L_Return 선간 도통 테스트

⑥ OPD HI 통전 테스트 시 단선 확인됨

⑦ OPD LO 통전 테스트 시 정상

⑧ #1 CMU~ #8CMU 사이 HI 라인 단선 사료됨

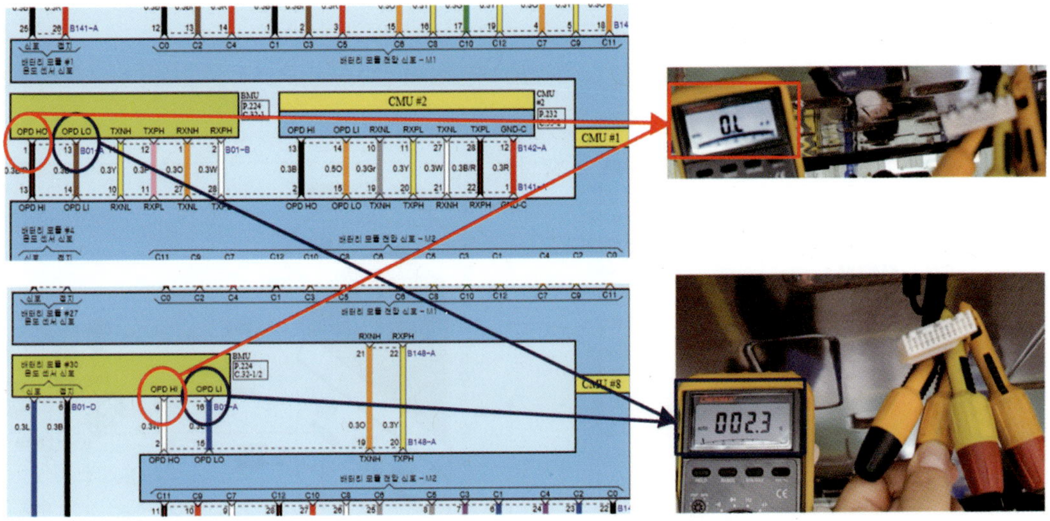

그림 OPD 통전 테스트

⑨ 고전압 배터리 탈거 후 관련 커넥터 핀 텐션 및 배선 점검 시 특이사항 없음

⑩ 고전압 배터리 탈거 후 동일 배선에서 도통 시험 결과 단선이 아닌 접촉 불량으로 사료됨

⑪ 배선 흔들면 저항 값 변화되나 원인 부위 정확히 확인되지 않음

그림 저항 값 변화

⑫ 통신 와이어링 교환

37-375 ×

품명코드	부품명칭	부품번호	비고	수량
375C1	와이어링 하네스-유아트 통신	375C1GI000		1
375C6C	버스 바-포지티브	375C6GI000		1
375C6D	버스 바-네거티브	375C6GI010		1
375F2	퓨즈-하이 볼트	375F2GI040		1
375F2B	퓨즈-하이 볼트	375F2GI500		1
375F8	패드-하이 볼트 배터리 팩 타입 A	375F8GI000		3
375F9	패드-하이 볼트 배터리 팩 타입 B	375F9GI000		1
375G4	너트-하이 볼티지 배터리	375G4GI000		2
375J1	배터리 모듈 어셈블리-타입 A	375J1GI000		6
375J2	배터리 모듈 어셈블리-타입 B	375J2GI000		2
375J3A	배터리 서브 모듈 어셈블리-타입 C	375J3GI000		24
375J4	배터리 모듈 어셈블리-타입 D	375J4GI000		2
375J5	배터리 모듈 어셈블리-타입 E	375J5GI000		1
375L5	컨넥터-온보드 차저	375L5GI000		1
375P1	패널 어셈블리-배터리 팩 로어 케이스	375P1GI000		1
375P2	패널 어셈블리-배터리 팩 어퍼 케이스	375P2GI000		1
375S2	박스 앗세이-퓨즈	375S2GI000		1
375S7	커버 어셈블리-퓨즈	375S7GI500		1
375V2	히터 어셈블리-일렉트로닉	375V2GI000		1
375V5	워터 펌트 어셈블리-일렉트로닉	375V5GI200		1
375W4A	3웨이 밸브 어셈블리	375W3GI200		1
375W5	워터 펌트 어셈블리-일렉트로닉	375W5GI000		1
375Y1	호스-배터리 히터 NO.1	375Y1GI050		1
375Y2A	호스-3웨이 밸브 넘버1	375Y2GI210		1

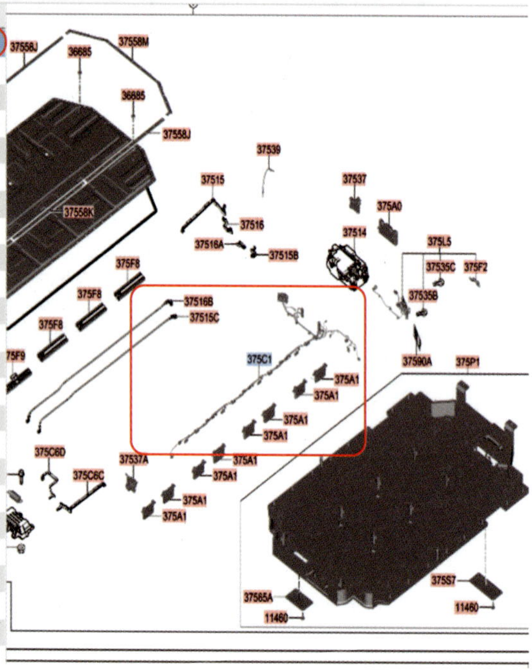

그림 유아트 통신 와이어링

[3] 발생원인

BMS OPD HI 라인 접촉 불량

[4] 조치사항

통신 와이어링 교환 후 출고

5.4.4. NE EV(아이오닉 EV, 차량년식 : 2021년식)

[1] 고장증상

고속 충전 이후 경고 등 점등으로 견인 입고

[2] 점검내용

① 고장진단 점검 시 고장코드 P1B7700 인버터 커패시터 프리차징 실패 – 현재, P0AA700 고전압 절연저항 측정라인 이상 – 현재 표출

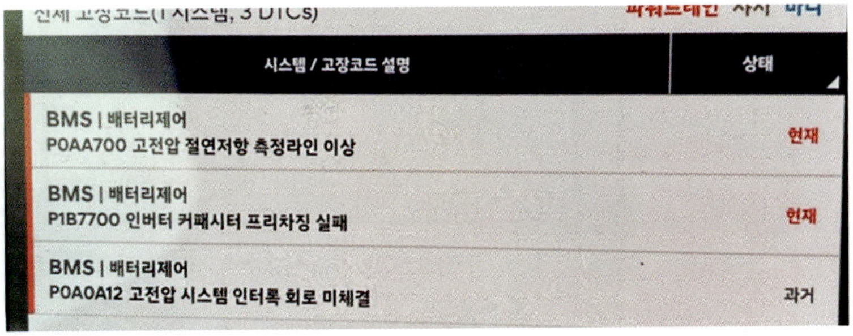

그림 고장코드

② 프런트 고전압 정션박스에서 고전압 커넥터 탈거 후 메가옴 테스터기로 절연저항 점검 시 0Ω 확인

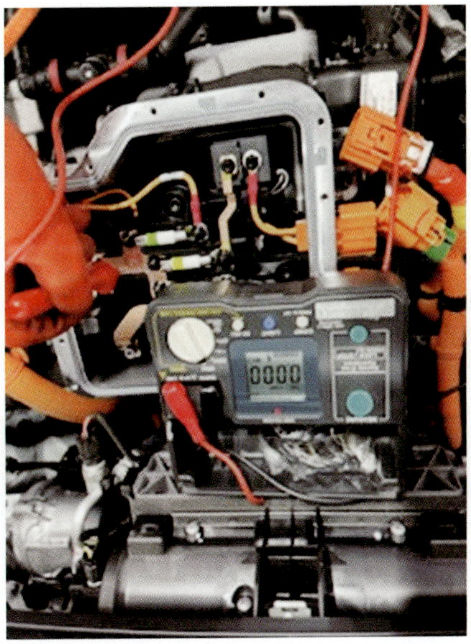

그림 절연저항 점검

③ 회로도 확인 시 인버터 외 연결부 없어 고전압 정션박스 탈거 후 인버터 내부 확인 시 열화

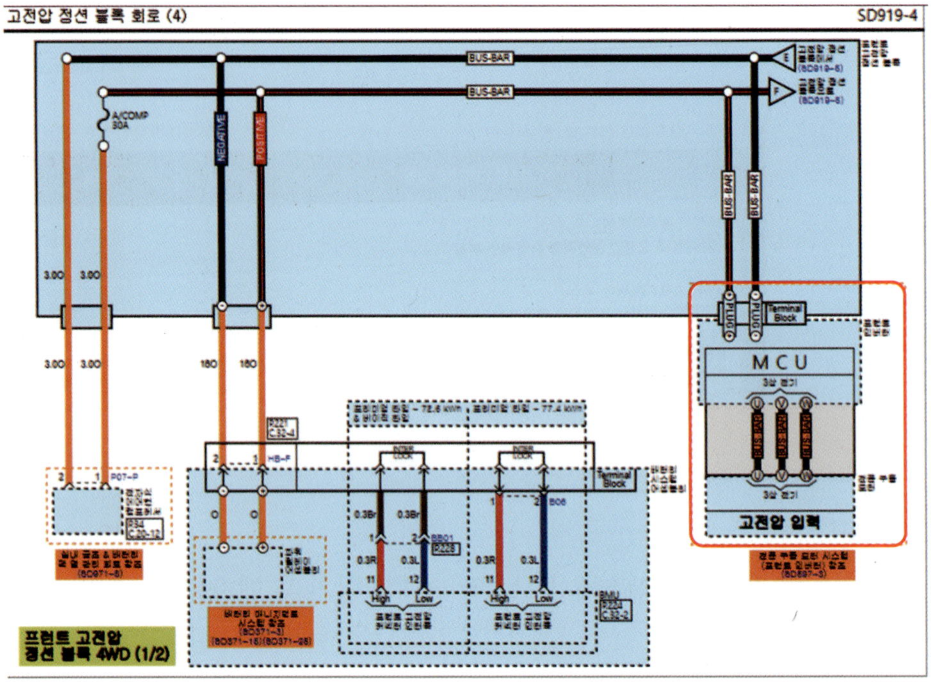

그림 회로도

그림 인버터 내부 열화

④ 인버터 내부 손상으로 인해 프리차징 및 절연저항 이상

[3] 발생원인

인버터 내부 열화

[4] 조치사항

인버터 교환

5.4.5. NE EV(아이오닉 EV, 차량년식 : 2022년식)

[1] 고장증상

전기차 시스템 점검 문구, 주행 불가

[2] 점검내용

① 자기진단 시 고장코드 P0A3C00 구동모터 인버터 과열 – 현재 표출

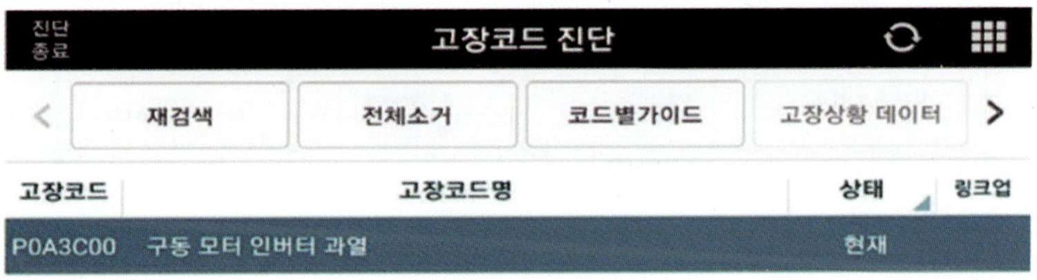

그림 고장코드

센서명(242)	센서값	단위	링크업
구동 모터 온도	14.20	'C	
MCU 인버터 온도	70.03	'C	
EPCU 히트싱크 온도	13.91	'C	
MCU 고장 상태	YES	-	
MCU 토크제한 운전 상태	NO	-	
구동 모터 강제구동 상태	NO	-	
MCU에 의한 엔진경고등 점등 상태	NO	-	
MCU에 의한 서비스램프 점등 상태	YES	-	
MCU 정상	YES	-	
구동 모터 제어 가능 상태	NO	-	

상온측정

그림 센서 출력

② 구동모터 인버터 온도센서 저항 점검, 상온 22kΩ 측정됨

아이오닉 5(NE EV) | 2022 | 160kW

2022 > 160kW > 160kW > 모터 및 감속기 시스템 > 모터 및 감속기 컨트롤 시스템 > 모터 위치 및 온도 센서 >…

항목	점검 부위		규정값	비고
모터 온도 센서	선간 저항	5 - 10	18.1 ~ 20.8 kΩ	Reference temperature: 20 ℃ (68℉)
	절연 저항	5 - Housing	More than 100 MΩ	DC 500V, 5 seconds
		5 - U/V/W		
	절연 내역	5 - Housing	Below 0.5 mA	AC 1600V, 1seconds

그림 모터온도 센서 규정 값

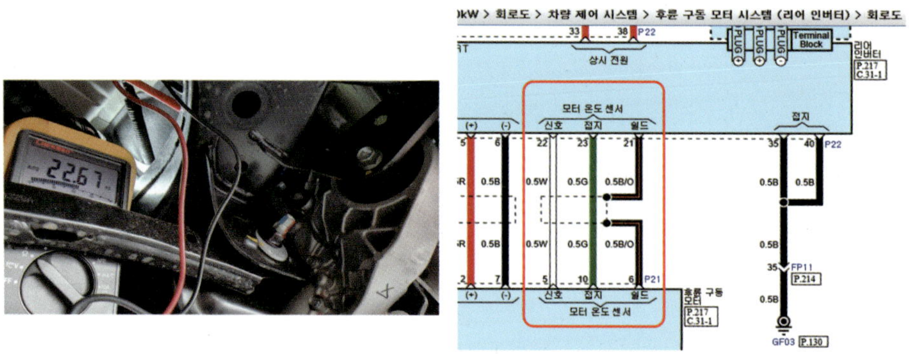

그림 온도센서 저항 점검

③ 멀티 인버터 교환

그림 멀티 인버터 교환

[3] 발생원인

인버터 제어모듈 불량

[4] 조치사항

멀티 인버터 교환

5.4.6. NE EV(아이오닉 EV, 차량년식 : 2021년식)

[1] 고장증상

"주행 중 전기차 시스템을 점검하십시오" 문구 점등 및 재시동 불가

[2] 점검내용

① 자기진단 시 고장코드 P0AA6 고전압 부품 절연파괴 – 현재 표출. 고장상세코드 확인 시 고전압 입력부 불량으로 추정

그림 고장코드

고장 추가 정보 1	0	-
고장 추가 정보 2	1	-
고장 추가 정보 3	2	-
고장 추가 정보 4	0	-
고장 추가 정보 5	0	-
고장 추가 정보 6	0	-
고장 추가 정보 7	0	-
고장 추가 정보 8	0	-

P0AA600 고장 상황 데이터 상세코드						고장 위치
상세 코드 1	상세 코드 2	상세 코드 3	상세 코드 4	상세 코드 5	상세 코드 6	
1	−	−	−	−	−	메인 릴레이 전단 절연 파괴
−	1	−	−	−	−	메인 릴레이 후단 절연 파괴
1	−	1	−	−	−	고전압 배터리
−	1	2	−	−	−	고전압 입력부
−	1	4	−	−	−	모터 3상부
−	1	32	−	−	−	에어컨 컴프레셔 / PTC 히터
−	−	−	−	−	−	절연 파괴 위치 판단 불가

그림 고장상세코드

② 부가기능 활용하여 고전압 부품 절연저항 검사 시 고전압 입력부측부터 절연저항 이상 확인

㉮ 고전압 입력부(각 부품 인버터 측) 절연저항 테스트 실시

㉯ 고전압 배터리 측 절연저항 측정 시 정상

㉰ 에어컨 PTC 히터 측 절연저항 측정 시 정상

㉱ BMS PTC 히터 측 절연저항 정상

㉲ 에어컨 컴프레서 측 절연저항 비정상 확인

검사 항목	최대값	최소값	검사 결과
고전압 배터리 부	3000	3000	검사 완료
고전압 입력 부	3000	270	검사 완료
에어컨 컴프레서 부	403	351	검사 완료
PTC 부	394	341	검사 완료

그림 절연저항 검사

③ 에어컨 컴프레서 절연저항 측정 시 불량 확인되어 에어컨 컴프레서 점검 실시. 점검 중 배선 점검 시 프론트 고전압 정션박스 및 A/C 인버터 고전압 커넥터 수분 확인. 수분 유입으로 고전압 절연파괴된 것으로 보임

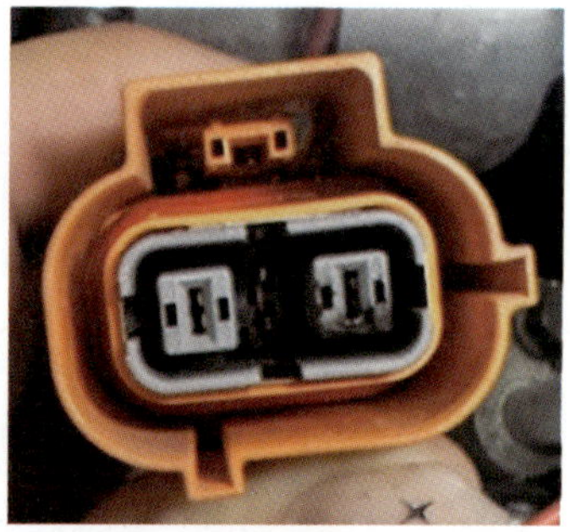

그림 커넥터 수분 확인

④ 프론트 고전압 정션 블록 확인 시 하우징 패킹(고무) 및 에어컨 컴프레서 측 커넥터 수분 확인

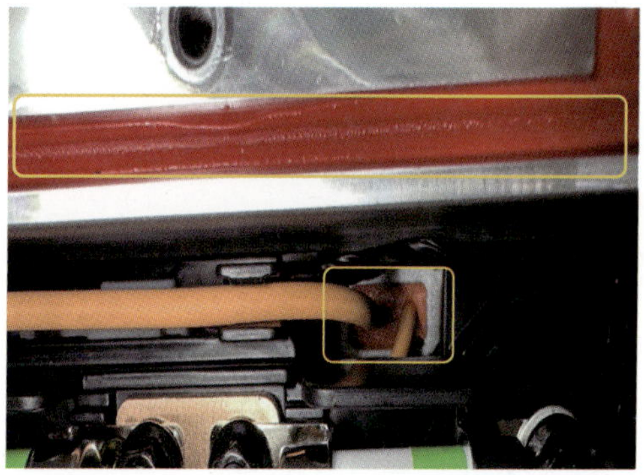

그림 하우징 패킹(고무) 및 에어컨 컴프레서 측 커넥터 수분 확인

⑤ 프론트 정션박스 커넥터 분해하여 커넥터 후단 수분 확인. 정션 박스 측으로 수분 유입 추정

⑥ A/C 컴프레서 인버터 커넥터 분해하여 커넥터 후단 수분 유입 없음 확인. 커넥터 연결부에서만 검은 이물질 및 수분 확인. 인버터 내부 수분 유입 아닌 것으로 추정

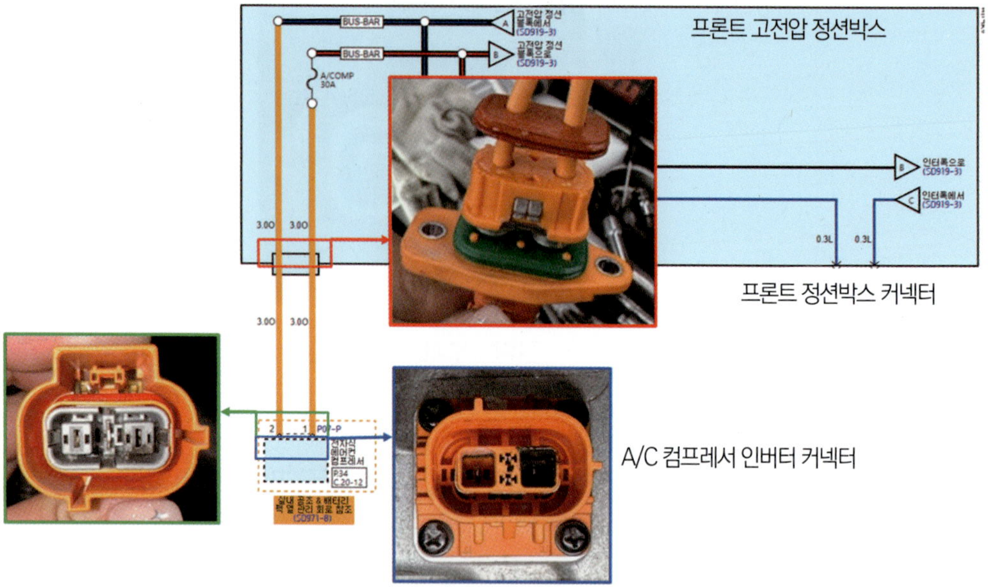

그림 프론트 정션박스 커넥터

[3] 발생원인

프론트 고전압 정션박스 및 A/C 인버터 커넥터 측 수분 유입

[4] 조치사항

프론트 고전압 정션박스 및 A/C 인버터 교환

5.4.7. NE1 EV(아이오닉 EV, 차량년식 : 2021년식)

[1] 고장증상

완속 충전은 가능하나 급속 충전 불량 및 계기판 "전기차 시스템을 점검하십시오" 경고 문구 출력

[2] 점검내용

① 입고 당시 현상 재현 가능하며 전체 자기진단 실시. 고장코드 VCMS P1E2872 고속 충전 음극 릴레이 고장 – 과거 표출

VCMS | Vehicle Charging Management System

P1E2872 고속 충전 음극 릴레이 고장 과거

VCMS 모듈은 급속 충전 릴레이 성능이상을 판단할 경우 해당 코드를 표출.

그림 고장코드

항목	판정 조건	고장 예상 원인
진단 방법	인버터 중성단 캐패시터 전압과 EVSE 출력전압 차이	1. 커넥터 접촉불량 2. 급속충전기와 BMS간 파일럿 와이어 하네스 및 커넥터 단자 접속 불량 및 단선 ☞ 『현장사례 01』 제공 3. 퓨즈 이상 4. 급충릴레이 양단 경로 이상 (단선) 5. BMS 6. VCMS 7. MCU 8. 인버터
진단 조건	충전커넥터 연결 보조 배터리 전압 : 9V~16V 급속충전 중 급속충릴레이 : ON	
고장 판정	급속 충전 중 VCMS 급속 충전 릴레이 성능 이상 판단시 (인버터 중성단 캐패시터 전압과 EVSE 출력 전압 차이가 일정 전압 이상 일 경우)	
ML 램프	-	
서비스 램프	점등	

그림 고장판정 조건

② 고장 상황데이터 확인 시 지원 안 됨.

③ 기억 소거 후 급속 충전실시 현상 재현됨. 계기판에 "전기차 시스템 점검하세요" 문구 출력되고 급속 충전기에는 충전 완료 문구 표출됨

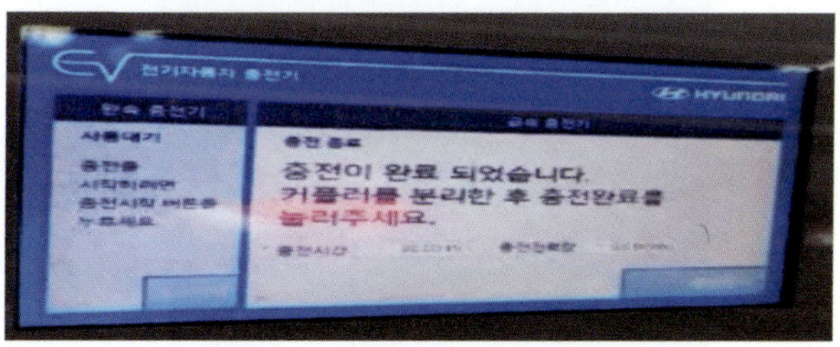

그림 급속 충전기에 충전 완료 문구 표출

그림 계기판 "전기차 시스템 점검하세요" 문구 출력

④ 현상 재현 시 센서데이터 확인. EVSE 출력전압 448V, 인버터 중성단 전압 405.3V 출력됨. 불량 확인됨(출력 차이 20V 이상)

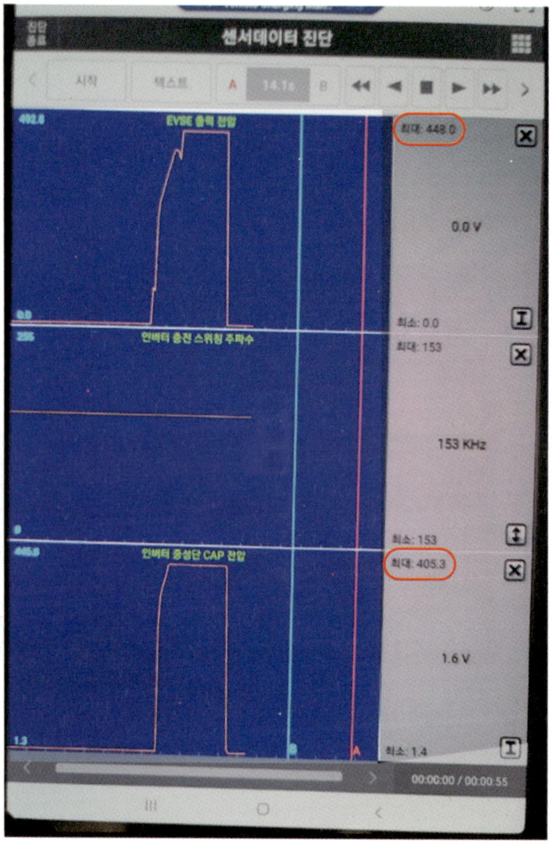

그림 센서데이터

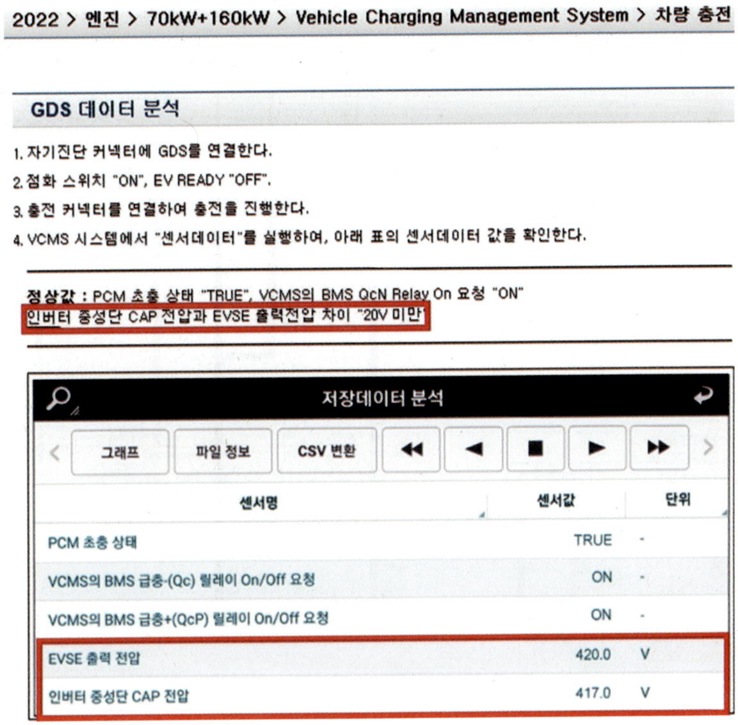

2022 > 엔진 > 70kW+160kW > Vehicle Charging Management System > 차량 충전

GDS 데이터 분석

1. 자기진단 커넥터에 GDS를 연결한다.
2. 점화 스위치 "ON", EV READY "OFF".
3. 충전 커넥터를 연결하여 충전을 진행한다.
4. VCMS 시스템에서 "센서데이터"를 실행하여, 아래 표의 센서데이터 값을 확인한다.

정상값 : PCM 초충 상태 "TRUE", VCMS의 BMS QcN Relay On 요청 "ON"
인버터 중성단 CAP 전압과 EVSE 출력전압 차이 "20V 미만"

저장데이터 분석

그래프 | 파일 정보 | CSV 변환

센서명	센서값	단위
PCM 초충 상태	TRUE	-
VCMS의 BMS 급충-(Qc) 릴레이 On/Off 요청	ON	-
VCMS의 BMS 급충+(QcP) 릴레이 On/Off 요청	ON	-
EVSE 출력 전압	420.0	V
인버터 중성단 CAP 전압	417.0	V

그림 데이터 분석

⑤ 리어 고전압 정션블록 관련 회로 점검 실시. HV11(3, 6번 핀)과 FP11(9, 34번 핀), BF11(5, 28번 핀) 점검 시 정상. HV12 리어 고전압 정션블록 하니스 고정 10mm 볼트 유동 확인

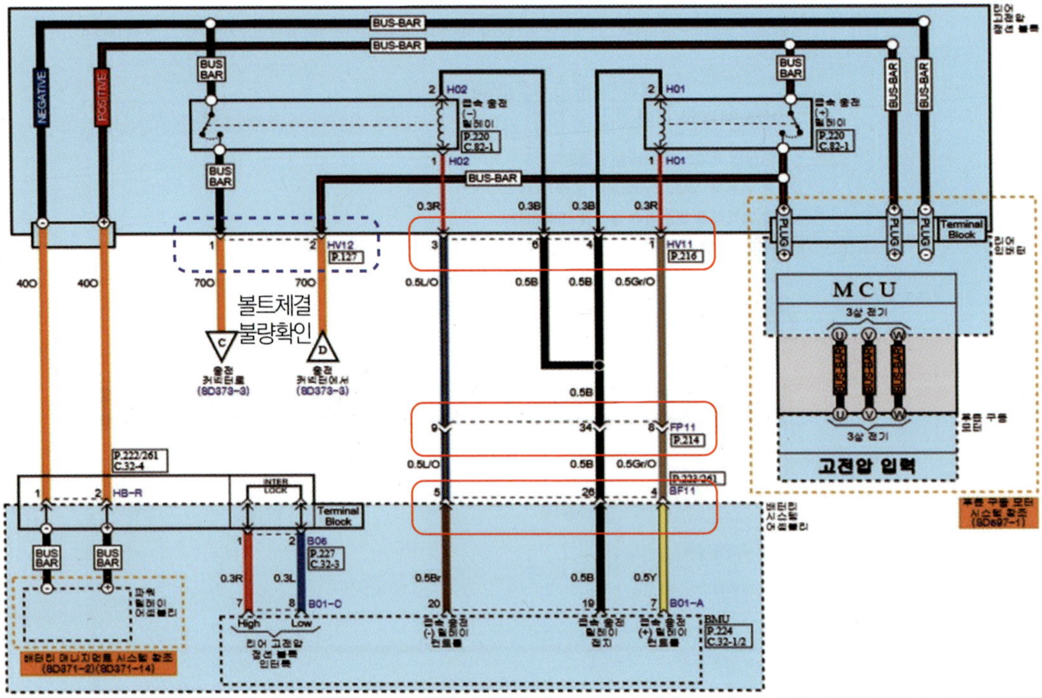

그림 회로 점검

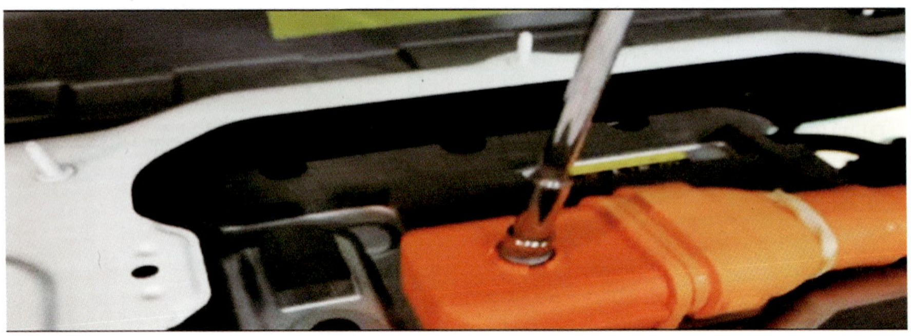

그림 볼트체결 불량

⑥ 수리 후 정상작동. EVSE 출력전압(407.6V)과 인버터 중성단 CAP 전압(405V) 차이 20V 이내 정상

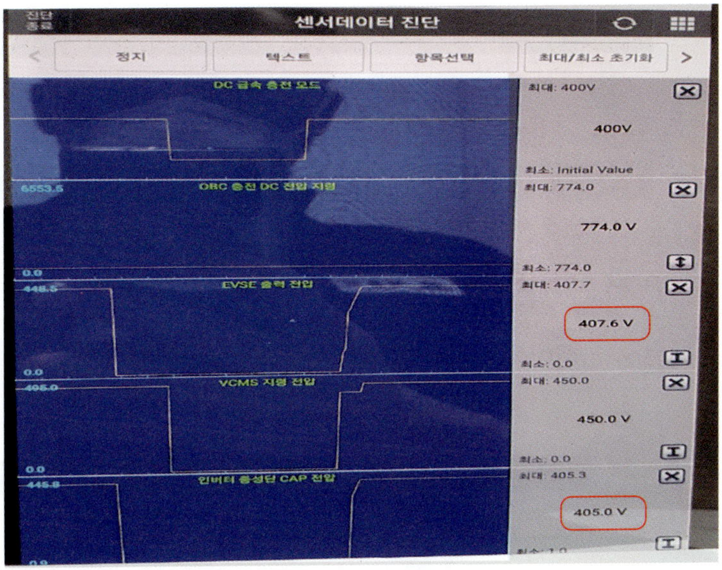

그림 정상 센서데이터

[3] 발생원인

HV12 고전압 케이블 10mm 고정 볼트 조임 불량

[4] 조치사항

고정 볼트 재조임

5.4.8. OS EV(코나 EV, 차량년식 : 2019년식)

[1] 고장증상

주행 중 경고 등 점등 및 충전 불량으로 입고

[2] 점검내용

① 자기진단 시 고장코드 P0D58 배터리 충전기 근접감지 회로전압 낮음 – 현재. 표출

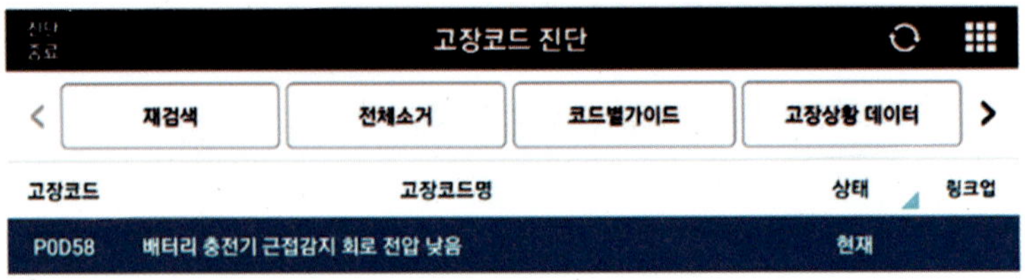

그림 고장코드

② 충전 케이블이 꽂혀있지 않음에도 CP 전압이 출력됨(정상 0V).

그림 센서데이터

③ 충전기 연결 시 완충 및 급속 충전 모두 작동 안 됨.

④ 현상 재현 시 그래프로 점검결과 CP 전압 6V~0V로 계속 움직이며 LOCK SOL 계속 작동됨.

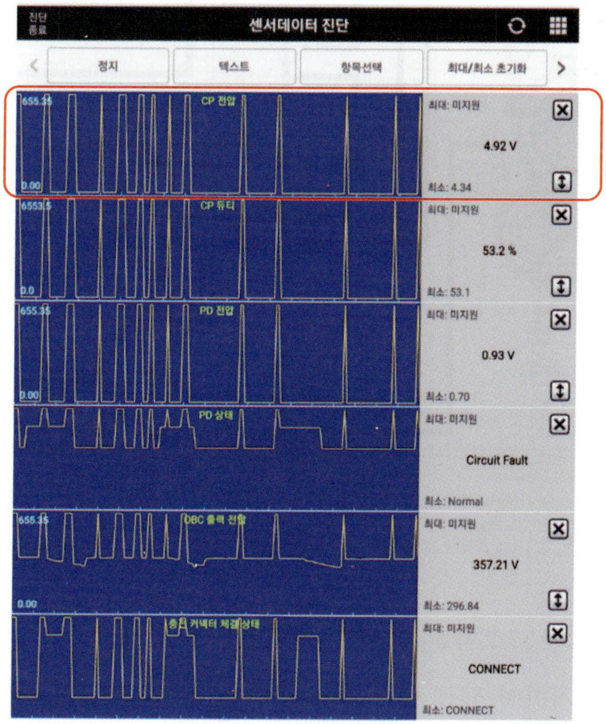

그림 센서데이터(그래프)

⑤ 충전 케이블 EE21 및 EC11 탈거 시에도 CP 전압이 계속 약 3V 가량 계속 출력되고 있음(정상 0V). 케이블 – 저전압 직류변환기 내부 단락으로 판단함.

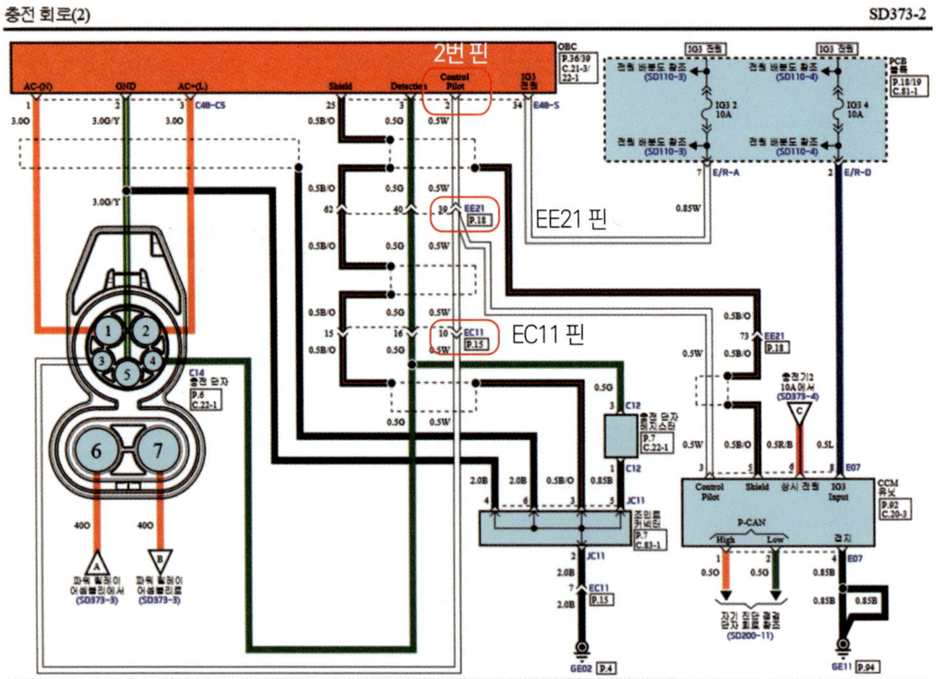

그림 충전 케이블 EE21, EC11 및 OBC 커넥터 2번 핀 위치

⑥ OBC 커넥터 중 2번 핀 CP선 탈거 시 0V로 전압 떨어지는 것 확인됨.

⑦ 와이어링 탈거하며 점검 시 "케이블–저전압 직류변환기" 내부 단락 확인됨.

⑧ 와이어링 교체 후 재 점검 시 0V로 정상 출력됨을 확인.

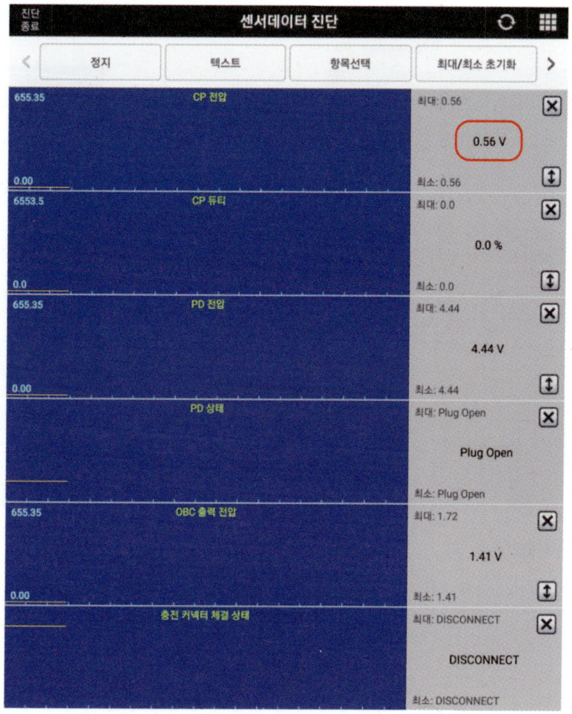

그림 와이어링 교체 후 센서데이터

⑨ 정상일 때 충전케이블 연결 전 0V, PD 신호는 연결 전 4.5V이고, 충전케이블 연결 후에는 6V, PD 신호는 연결 후에는 1.5V 출력

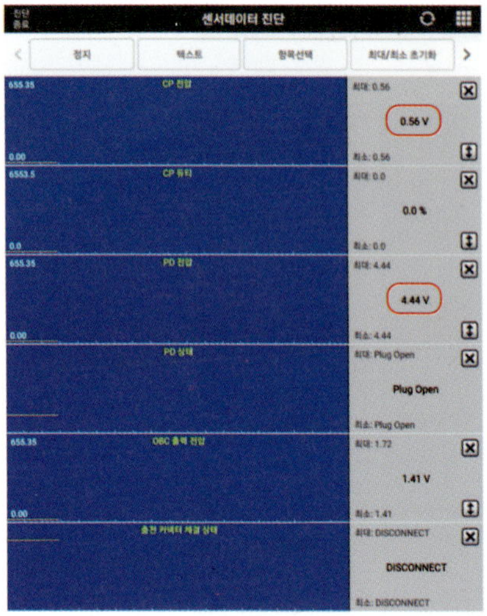

(a) 충전케이블 연결 전

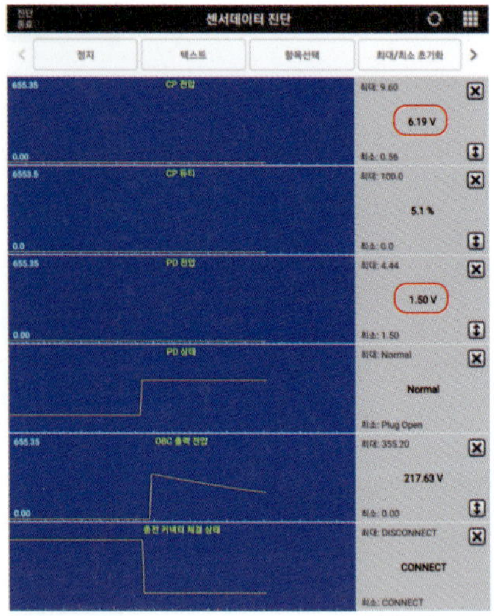

(b) 충전케이블 연결 후

그림 정상 시 CP 및 PD 전압

[3] 발생원인

케이블 – 저전압 직류 변환기 내부 단락

[4] 조치사항

케이블 – 저전압 직류 변환기 교체

5.4.9. OS EV(코나 EV, 차량년식 : 2019년식)

[1] 고장증상

주행 중 간헐적으로 “계기판에 인버터 냉각수를 보충하십시오” 문구 점등

그림 계기판 고장문구 점등

[2] 정비이력

사고 시 배선 단선된 것으로 추측됨, 커넥터 이식하여 수리함

[3] 점검내용

① 전자식 워터펌프 강제 구동 점검 시 앞, 뒤 펌프 모두 작동 확인

② 언더 커버 탈거 후 냉각수 누수 점검

③ 점검 중 사고 수리 흔적 확인되어 정비 이력 확인하였으나 사고 수리 내역 없음

④ 냉각수 밸브 배선 점검 중 사고 시 배선 단선되어 이종 커넥터 이식하여 수리함(원래 배선 빨강, 검정) 확인

그림 사고수리 확인

⑤ E42 커넥터 1, 2번 핀 → EE21 커넥터 24, 68번 핀 통전 점검

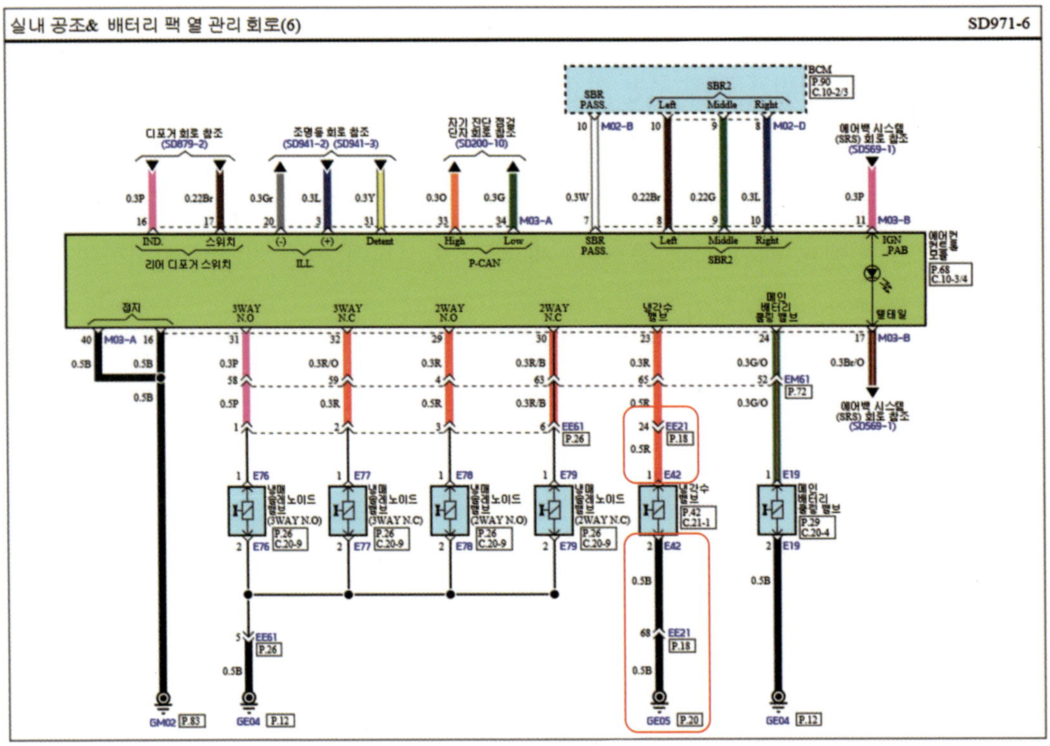

그림 커넥터 통전 점검

⑥ 점검을 위해 EE21 커넥터 탈거 시 이물질 확인(낙엽)되어 이물질 제거하고 점검 실시

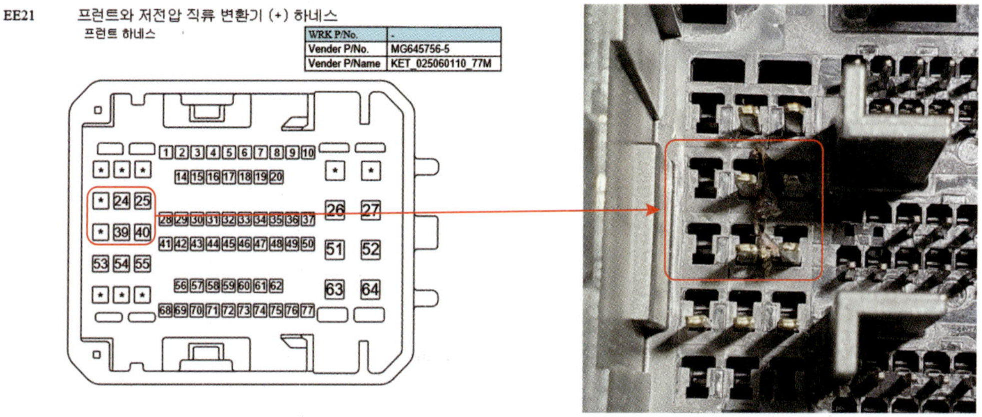

그림 이물질 확인

⑦ 배선 점검 시 E42 2번 핀은 접지 통전 확인, 1번 핀은 EE21 24번 핀과 통전되지 않음 확인

(a) EE21 커넥터 (b) E42 커넥터

그림 배선 점검

⑧ 고객 문진 실시

[4] 발생원인

사고 시 배선 이종 커넥터 이식하여 수리하여 냉각수 밸브 작동 불량으로 냉각수 순환 불량

[5] 조치사항

관련 와이어링 교환

5.4.10. OS EV(코나 EV, 차량년식 : 2019년식)

[1] 고장증상

충전기 연결 시 충전 불가

[2] 점검내용

① 현상 재현 확인 위해 정비소내 충전기 연결해도 충전 불가

(a) 충전 포트 연결해도 주변부 미점등

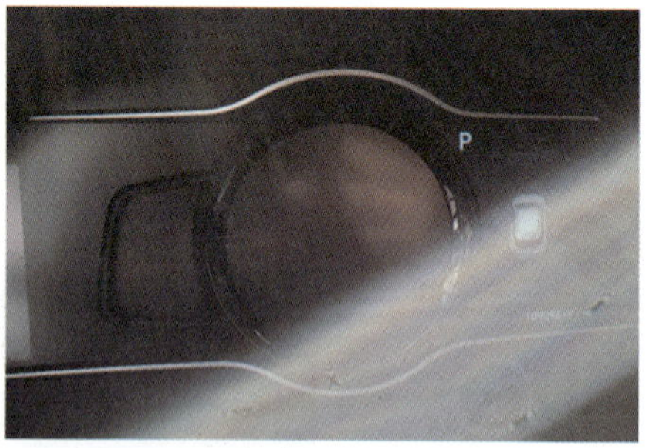

(b) 계기판 충전 등 미점등

그림 연결 등 전체 미점등

② 센서 데이터 확인 시 KEY ON 시 충전기 연결 인식, CP 값 0.5V 확인, 경고 등 과거 (P1E1F IG3 릴레이 오픈) 사례 없음

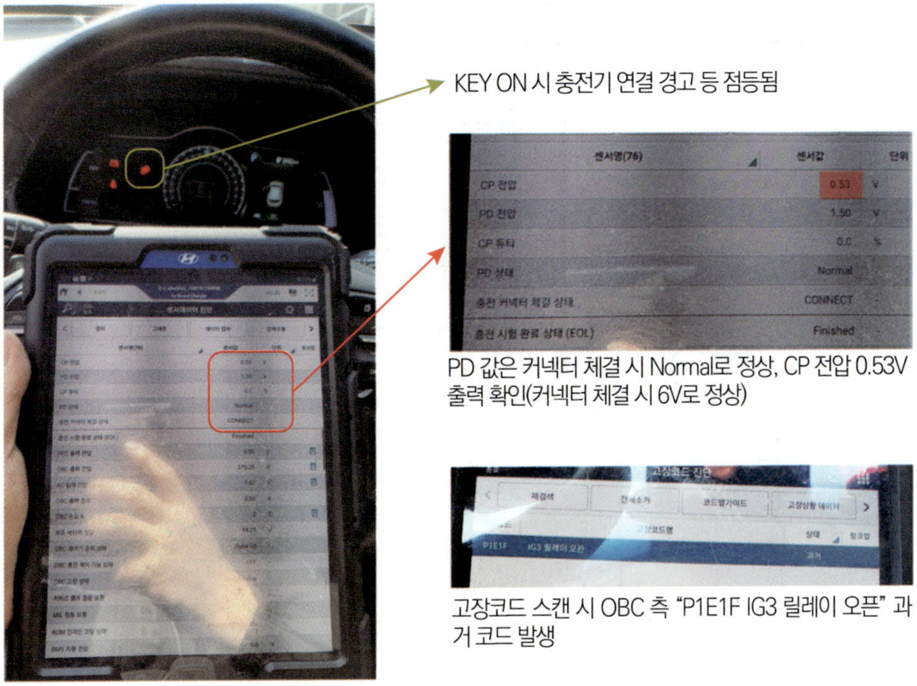

그림 센서 데이터

③ 배선 점검, CP 라인 전체 점검 시 배선 정상

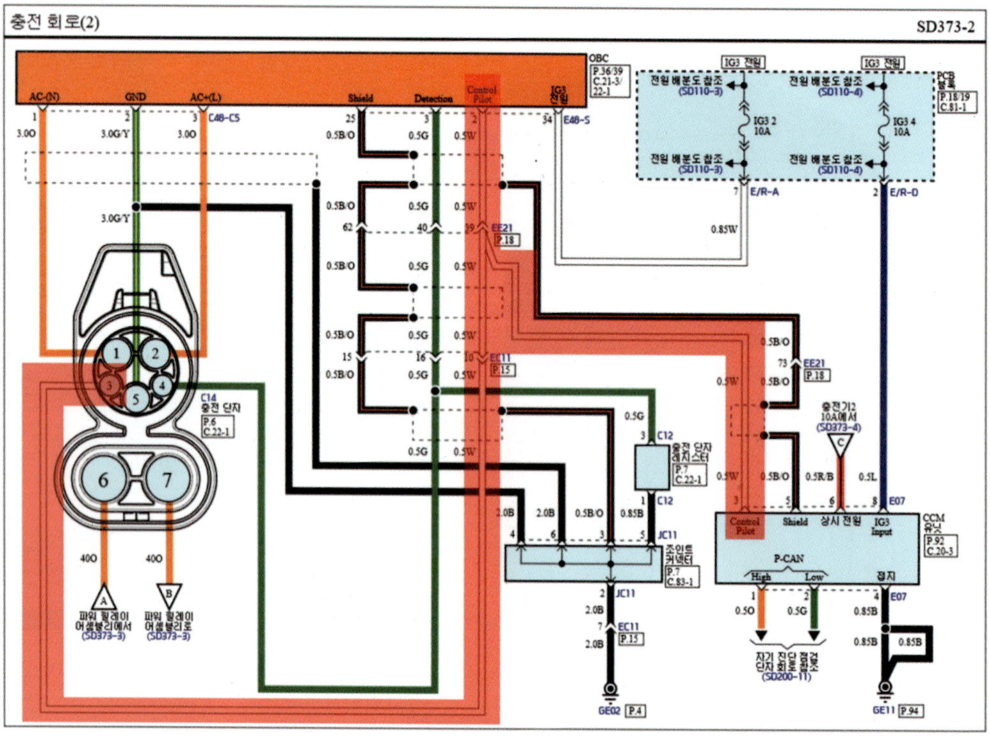

그림 CP 라인 배선 전체 점검

④ 전체 통전 점검 시 통전 이상 없음

그림 통전 점검

⑤ P1E1F 과거 고장코드로 인해 OBC 내부 불량으로 추정되어 OBC, 충전 포트 교환하였으나 증상 동일

⑥ 현상 동일하여 CCM 교환했으나 증상 동일

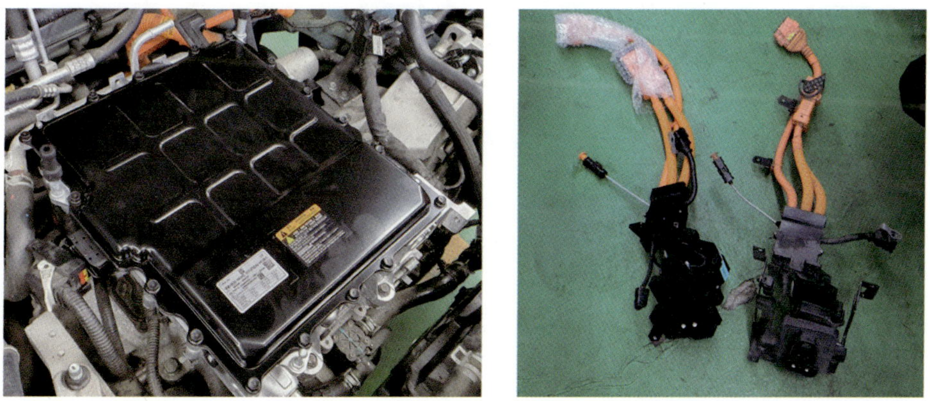

그림 부품교환

⑦ 처음으로 돌아가 회로도 다시 확인. 충전 포트 연결 시 OBC가 충전 포트 인식하여 IG3 #1 릴레이를 작동시키면, IG3 #1 15A 퓨즈로 전원 인가되며 충전 관련된 주요 제어기 전원 공급(EPCU, OBC, BMS, CCM, 충전 단자 도어 모듈 등)

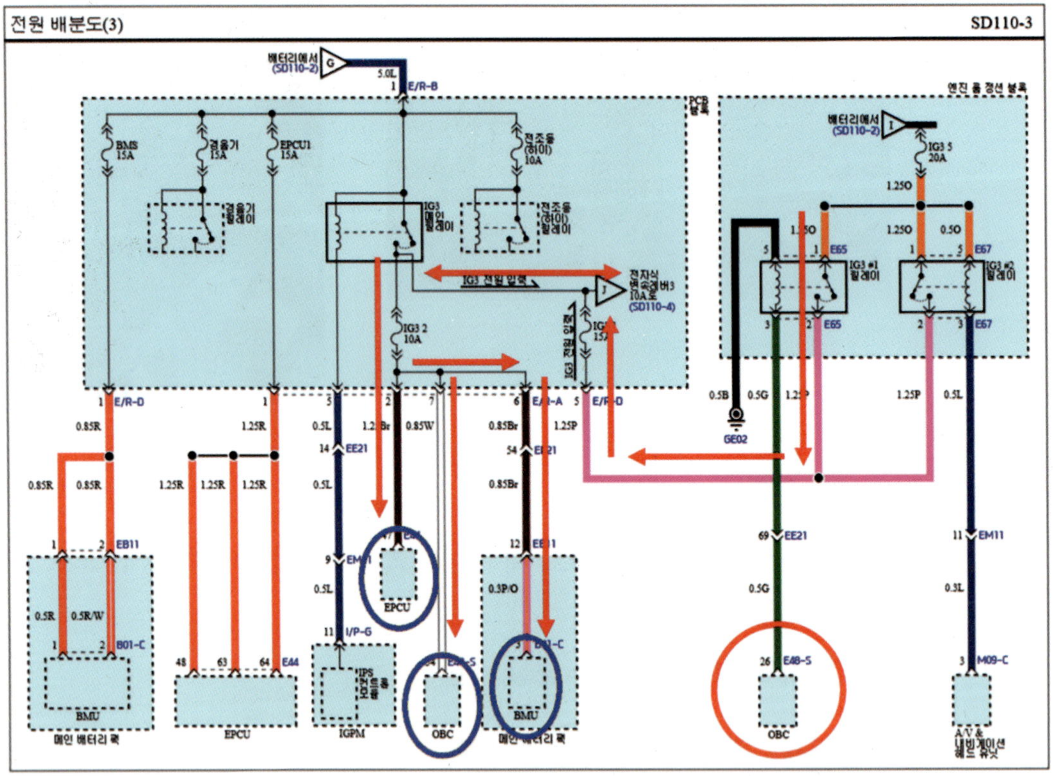

그림 전원 배분도(3) 회로도 확인

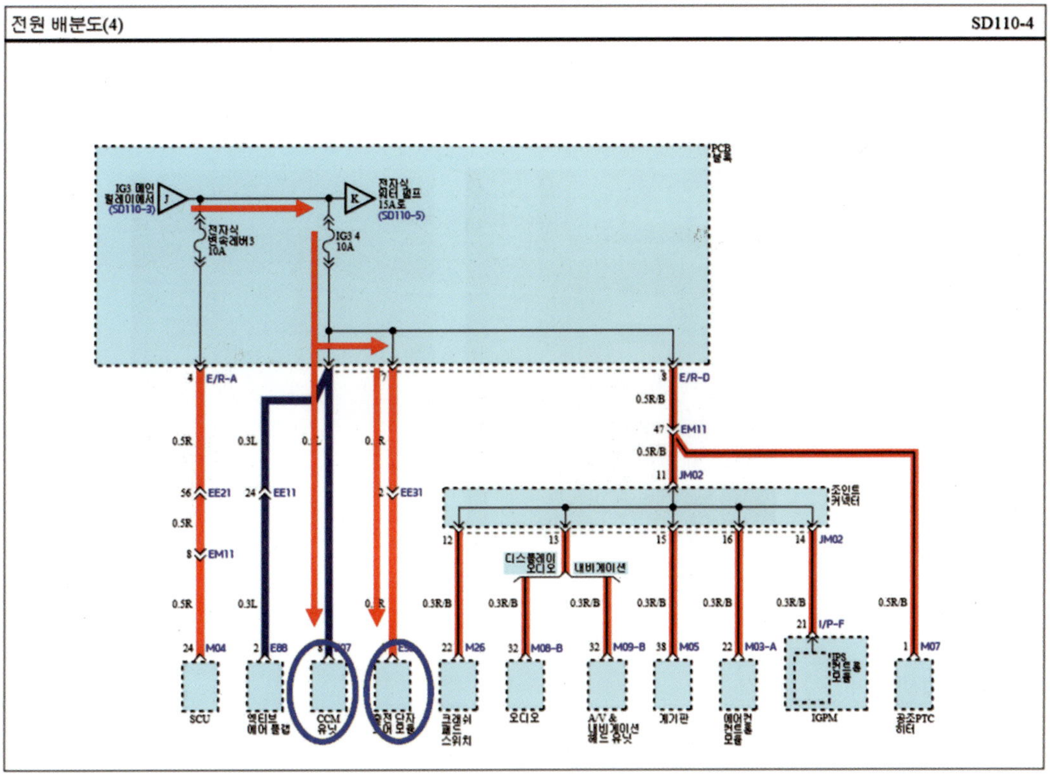

그림 전원 배분도(4) 회로도 확인

⑧ 퓨즈 및 릴레이 점검 도중 IG3 #5 20A 퓨즈가 없는 것을 확인

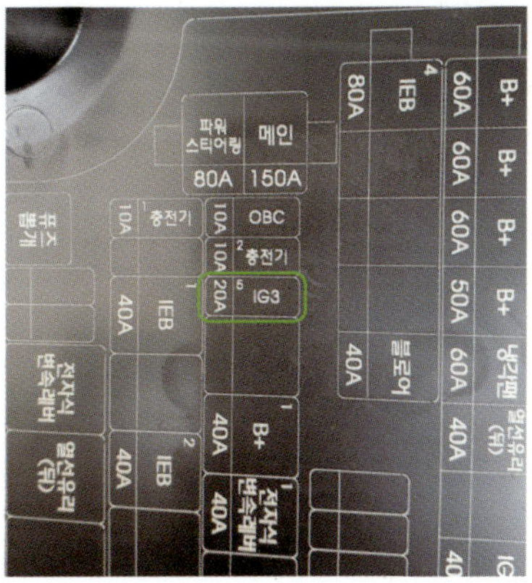

그림 퓨즈 및 릴레이 점검

⑨ 퓨즈 장착 후 정상 충전 확인 후 출고함. 택시 회사 차량으로 사내에서 정비 시 IG3 #5 20A 퓨즈 탈거한 것으로 예상됨

그림 퓨즈 장착

[3] 발생원인

IG3 #5 20A 퓨즈 탈거로 인해 충전 모듈 전체 전원인가 불량

[4] 조치사항

OBC, 충전 포트, CCM 교환 및 IG3 #5 20A 퓨즈 장착

5.4.11. OS EV(코나 EV, 차량년식 : 2019년식)

[1] 고장증상

전기차 시스템 점검 문구 출력되며 운행 불가 및 고전압 배터리 충전(완속 및 급속) 불가

그림 점검 문구 출력

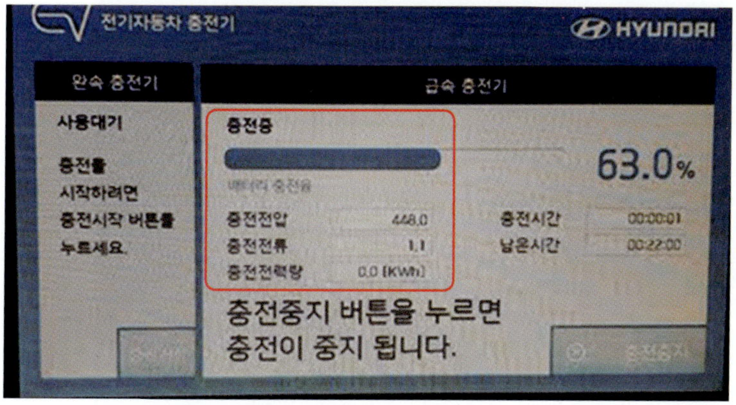

그림 고전압 배터리 충전

[2] 점검내용

① 자기진단 점검 시 고장코드 BMS 측 P1B77 인버터 커패시터 프리차징 실패 – 현재 표출.

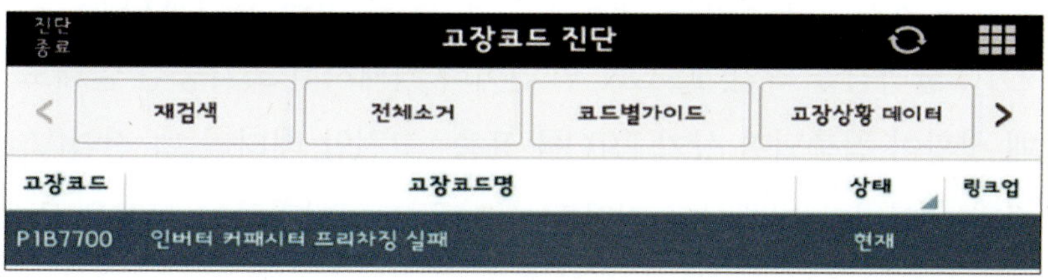

그림 고장코드

② SVC DATA 점검 시 BMS 고장 YES, BMS 메인 릴레이 ON, 인버터 커패시터 전압 3V

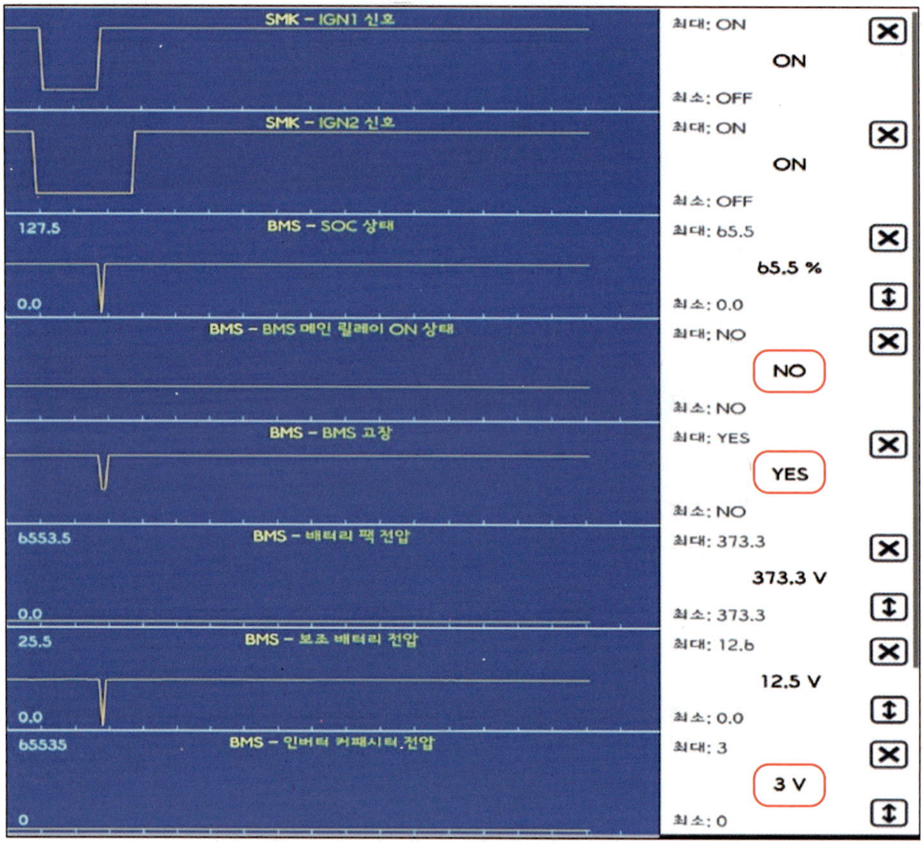

그림 SVC DAT

③ 고장코드 정보 – 고장코드 설명에서 제시하는 바와 같이 IG ON 후 고전압 공급 실패로 DTC 출력됨을 확인. IG ON 후 인버터 커패시터 초기충전 실패로 인한 고전압 공급 실패 상황이 검출되면 상기 DTC를 표출. 고전압 배터리 팩 전압(Vpack)과 MCU에서 측정되는 인버터 커패시터 전압(Vpack)을 모니터링하여 고장을 검출. 서비스 램프를 점등. 만약 정상으로 회복되면 현재의 고장코드는 삭제되고 과거고장 코드(DTC 코드 끝부분을 H 표시)가 검출

고장 판정 조건

항목	판정 조건			고장예상 원인
검출목적	프리차징 실패로 인한 릴레이 제어 오류 방지 고전압 인가 불가로 인한 전기차기능 상실 검출			1. 메인 릴레이 결함 2. 프리차지 릴레이 결함 3. 전기차 배터리 모듈과 BMS간 배선 및 커넥터 접속 불량 또는 단선 4. BMS 5. MCU
검출조건	점화스위치 "ON" 보조배터리 정상전압(9-16V)			
고장코드발생기준값	메인 릴레이 ON후 MCU에서 측정되는 인버터 커패시터 전압이 특정 수준(배터리 팩 전압의 50%)으로 상승하지 않고 100ms 이상 유지시			
고장코드해제기준값	점화스위치 "OFF"			
안전 모드	가용파워	충전제한	0%	
		방전제한	0%	
	Fan 컨트롤		-	
	Relay 컨트롤		OFF	
	서비스 램프	ON 조건	1회 주행사이클	
		OFF 조건	점화스위치 "OFF"	
	DTC 확정		1회 주행사이클	
	경고등		ON	

그림 고장판정 조건

④ 고전압 회로 점검

㉮ 리어 시트 탈거 후 세이프티 플러그 퓨즈(400V) 점검 결과 단선 확인. 세이프티 플러그 교환 후 완속 충전 가능하나 급속 충전 불가 확인

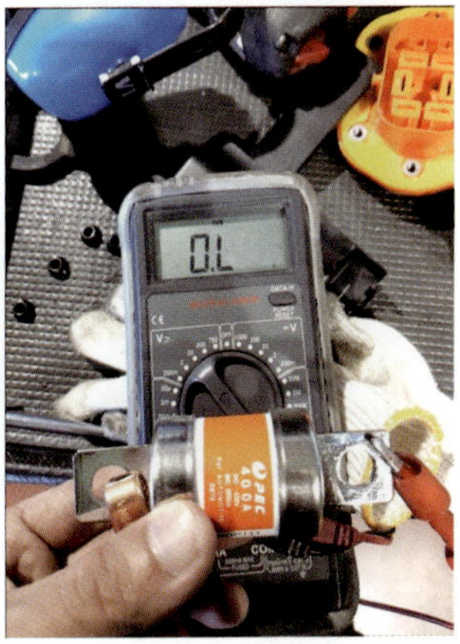

그림 세이프티 플러그 퓨즈 점검

㉯ 고전압 배터리 탈거 후 PRA 내부 릴레이 및 세이프티 플러그 단품 점검결과 PRA 메인 릴레이 불량, 고전압 퓨즈 단선

그림 세이프티 플러그 및 PRA

㉰ PRA 메인 릴레이(−) 단선 확인되어 PRA 교환. 완속 충전은 가능하나 급속 충전 불가

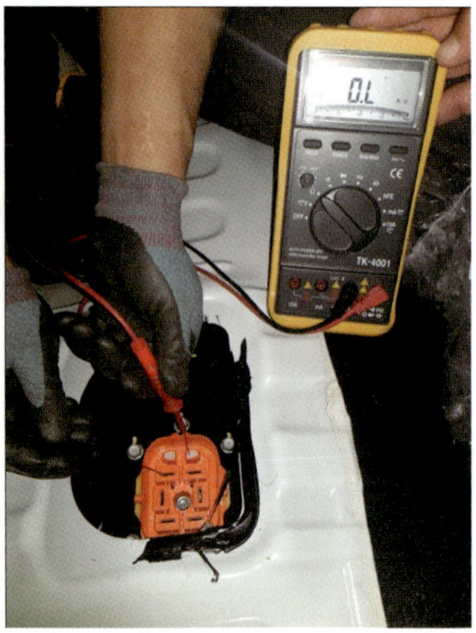

그림 PRA 메인 릴레이 점검

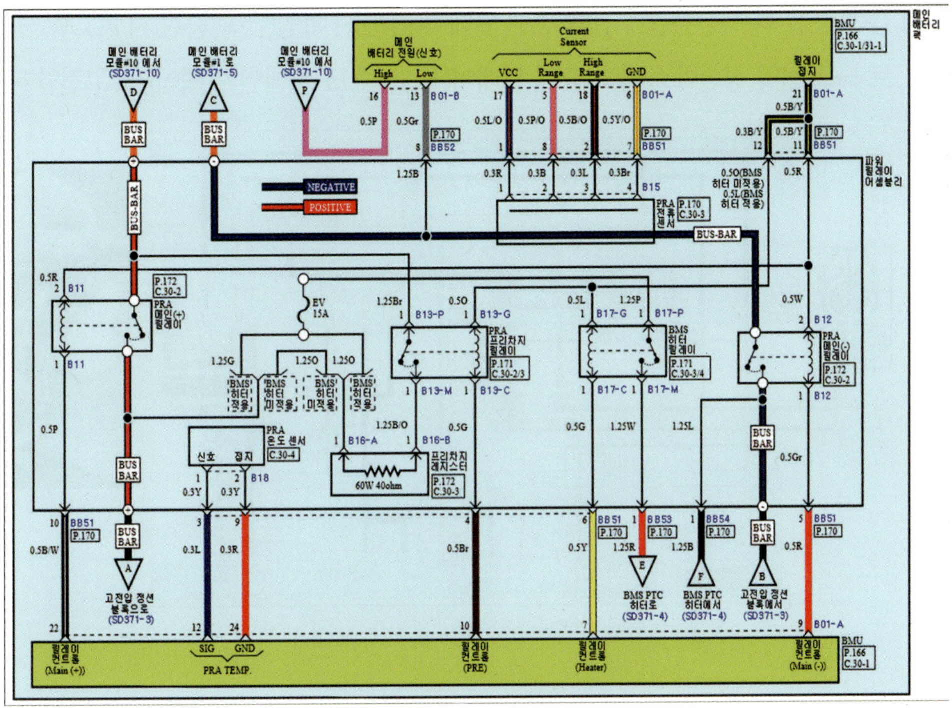

그림 회로도

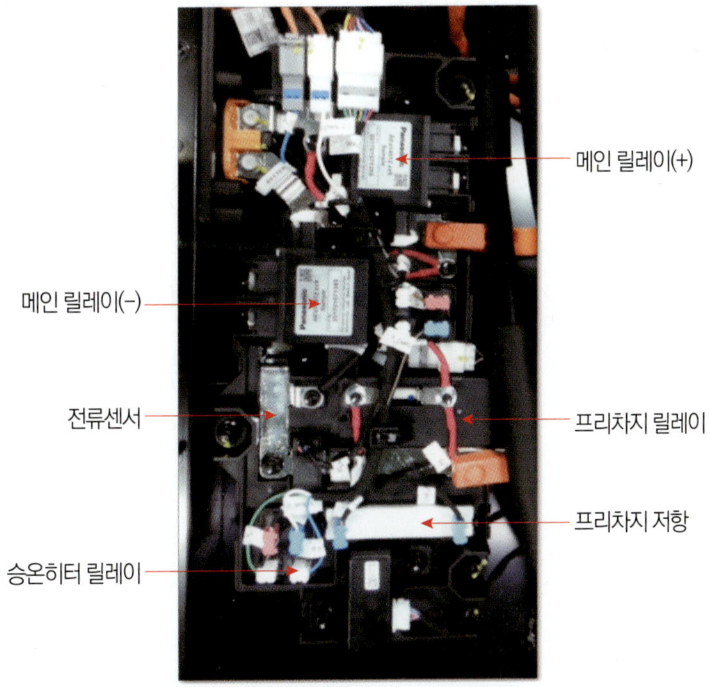

그림 파워 릴레이 어셈블리

⑤ 급속 충전 회로 점검결과 급속 충전 릴레이(–) 단선 확인(급속 충전 시 FLOW – 급속 충전 포트 → 고전압 정션박스 급속 충전 릴레이(+, –) → PRA(메인 릴레이) → 고전압 배터리 충전)

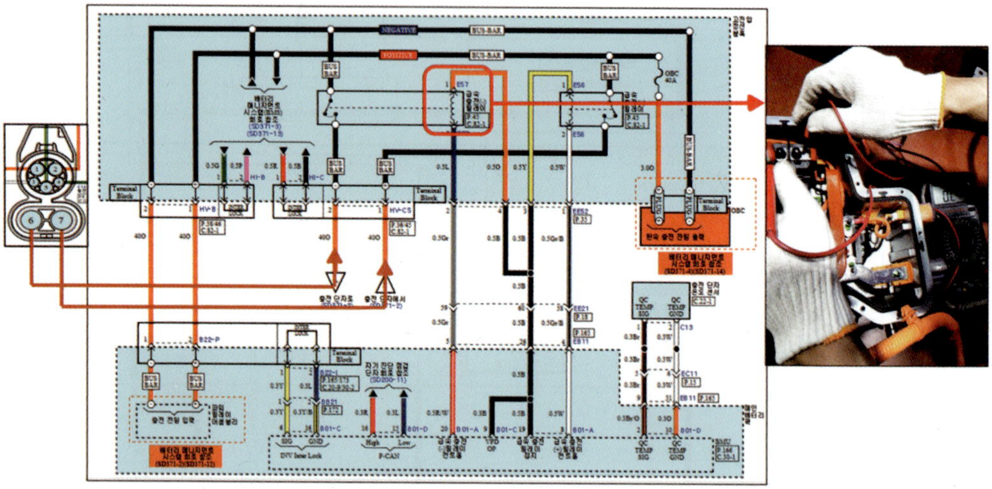

그림 급속 충전 릴레이 점검

⑥ 세이프티 플러그 및 고전압 정션박스 교환 후 급속 충전 정상 작동. 급속 충전 커넥터 ON, 충전기 통신 연결, 급속 충전 릴레이 ON, BMS 메인 릴레이 ON, 급속 충전 정상 진행 상태 OK 출력

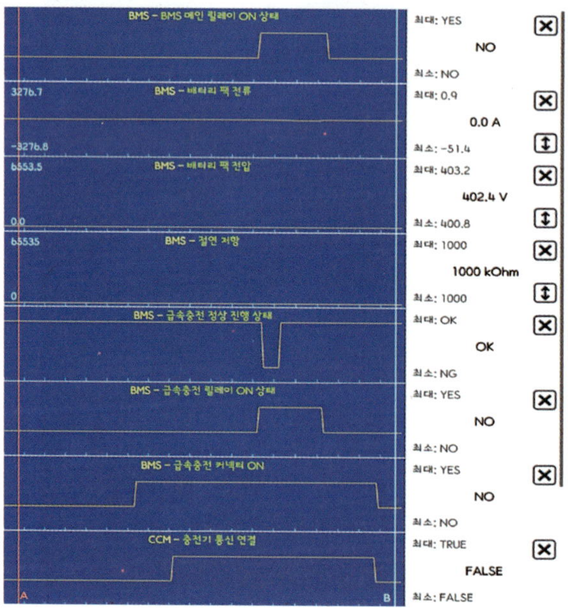

그림 급속 충전 정상 작동 FLOW

[3] 발생원인

① 충전기 제조업체에서 충전기 탑재 후 테스트 중 고전압 충전 케이블 극성 바뀜

② 세이프티 플러그 고전압 퓨즈(400V) 단선

③ PRA 메인 릴레이, QC REARY(−) 단선

[4] 조치사항

세이프티 플러그 및 고전압 정션 박스 교환

5.4.12. RG3 EV(G80 EV)(제네시스 EV, 차량년식 : 2021년식)

[1] 고장증상

주행 중 '퍽' 폭발음 발생 및 EV 시스템 점검 문구 표출. 전방 인버터 절연파괴로 인한 READY 불가

그림 점검 문구

[2] 점검내용

① 자기진단 시 고장코드 BMS P1B7700 인버터 커패시터 프리차징 실패 – 현재, BMS P1B2500 인버터 고전압 단가 고전압 배터리 전압 편차 – 과거 표출.

시스템 / 고장코드 설명	상태
BMS | 배터리제어 **P1B2500 인버터 고전압단과 고전압 배터리 전압 편차**	과거
BMS | 배터리제어 **P1B7700 인버터 커패시터 프리차징 실패**	현재

그림 고장코드

② P1B77 고장상황 데이터 확인 시 "고장추가정보 2 : 73"으로 확인되나, DTC 가이드에 표기되지 않은 정보로 원인 부품 추정 어려움. 대개 P1B7700 고장은 고전압 배터리 내부 메인 릴레이 소착의 경우가 발생되었기에 고전압 배터리 내부를 먼저 확인 판단

P1B7700

인버터 커패시터 프리차징 실패 — 현재

센서명(144)	센서값	단위
BMS 메인 릴레이 ON 상태	CLOSE	-
BMS 융착 상태	NO	-
고장 추가 정보 1	0	-
고장 추가 정보 2	73	-
고장 추가 정보 3	0	-
고장 추가 정보 4	0	-
고장 추가 정보 5	0	-
고장 추가 정보 6	0	-
고장 추가 정보 7	0	-

센서명	센서값	설명
고장 상세코드1	1	LDC 전원으로 프리차징 진행 중
	2	프리차징 평균전류가 1A를 초과하는 고전압 단락 상태
	4	고전압 부품 동작 이상을 제외한 고전압 회로 이상
	8	프리차징 중 메인릴레이 ON 전, OPU 작동 중
	16	프리차징 중 메인릴레이 ON 전, LDC 작동 중
	32	프리차징 중 메인릴레이 ON 전, A/C 컴프레셔 작동 중
	64	프리차징 중 메인릴레이 ON 전, 구동모터 인버터 작동 중
	128	프리차징 중 메인릴레이 ON 전, HSG 작동 중
고장 상세코드2	1	프리차징 중 메인릴레이 ON 전, PTC 히터 작동 중
	2	프리차징 중 메인릴레이 ON 전, BHDC 작동 중
	4	프리차징 중 메인릴레이 ON 전, 커패시터 전압 변화량 50V 이상 발생

그림 고장상황 데이터

③ 고전압 배터리 탈거 후, 메인 퓨즈 통전 점검 시 퓨즈 단선, 과전류로 인한 단선 추정

그림 고전압 배터리 메인 퓨즈 점검

④ PRA 내부 릴레이 및 프리차지 저항 점검 시 메인퓨즈 +/− 단락 상태로 소착. 프리차지 저항은 정상

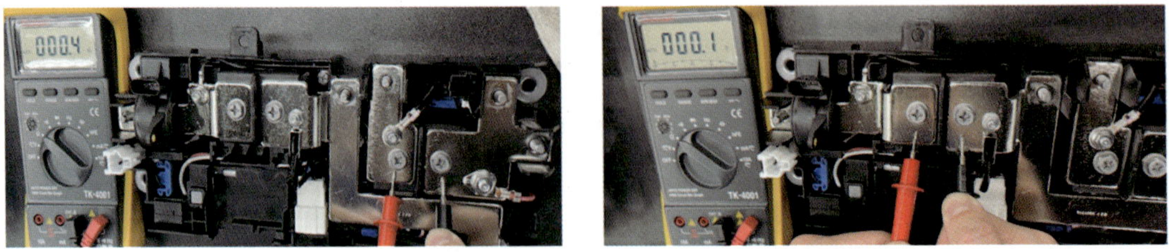

그림 PRA 내부 릴레이 점검

⑤ 고전압 배터리 내부 절연 점검 시 모두 정상 확인됨

⑥ 후방 인버터 측 고전압 커넥터 절연 점검 시 정상

그림 후방 인버터 측 고전압 커넥터 절연 점검

⑦ 전방 고전압 커넥터 절연 검사 시 절연파괴

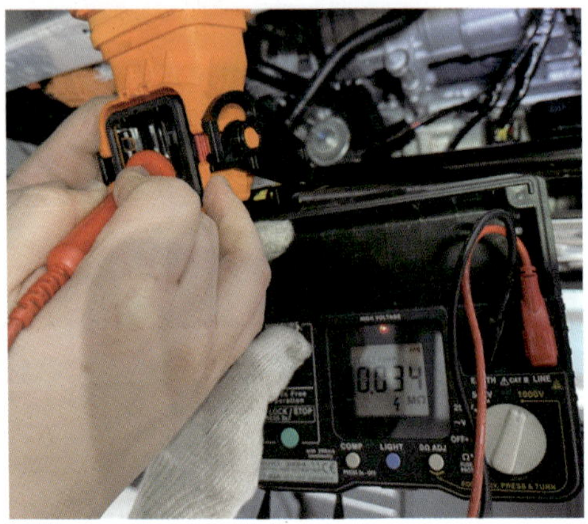

그림 전방 고전압 커넥터 절연 점검

⑧ 전방 고전압 커넥터를 통해 전방 부품 정전 용량 점검 시 정상. 따라서 전방 고전압 정션블록에서 커넥터 하나씩 탈거하며 절연 저항 값 확인 필요

정상값 : 320.05μF ±10%
전륜인버터: 270\μF
ICCU : 23.3μF
컴프레셔 : 26.7μF
PTC : 0.05μF

그림 전방 고전압 부품 정전용량 점검

⑨ 고전압 커넥터 하나씩 탈거하며(ICCU, 컴프레서, PTC) 절연 저항 값 측정 시 계속 비정상. 고전압 회로가 볼팅으로 연결된 전방 인버터 내부 절연 문제로 추정됨

그림 전방 고전압 정션블록 절연저항 값 측정

⑩ 전방 인버터 탈거 시 내부 단락 및 탄 흔적 존재. 전방 인버터 절연 점검 시 U, V, W상 절연파괴. 전방 인버터 절연파괴로 인한 고전압 부품 소손으로 확인됨

그림 전방 인버터 절연 점검

[3] 발생원인

① 전방 인버터 내부 단락으로 인한 고전압 절연파괴

② 고전압 절연파괴로 고전압 배터리 내부 메인 릴레이 +/− 소착 및 메인 퓨즈 단선

[4] 조치사항

전방 인버터, PRA, 고전압 배터리 메인 퓨즈 교환

5.4.13. RG3 EV(G80 EV)(제네시스 EV, 차량년식 : 2022년식)

[1] 고장증상

주행 중 계기판에 "전기차 시스템 점검하십시오" 문구 출력

그림 점검 문구 출력

[2] 점검내용

① 자기진단 시 고장코드 MCU_R P0C7300 전동 시 워터펌프(EWP(CPP)) 성능 이상 – 현재, MCU_R U111200 배터리 센서와 ECU간 LIN 통신 이상 –현재 표출. 기억 소거 후 재 시동 시 동일 코드 발생

● 고장 코드 전체 검색 결과

시스템	상태정보	진단결과
MCU_R	고장코드가 있습니다.	불량(02)
MCU_F	현재 고장코드가 없습니다.	양호

● 세부 고장 코드

시스템	고장코드	고장코드명	상태
MCU_R	P0C7300	전동식 워터 펌프 (EWP(CPP)) 성능 이상	현재
MCU_R	U111200	배터리 센서와 ECU간 LIN 통신 이상	현재

그림 고장코드

② 고장상황 데이터 확인 시 EWP 실제 0RPM 확인. EWP 동작요청 속도 정상 1000RPM(EWP 서비스데이터 점검 시 목표 RPM 대비 실제 RPM 미 구동 확인)

■ 발생시간 고장코드 : U111200

센서명	센서값	단위
메인배터리 충전 상태	66.0	%
인버터 입력 전압	555.0	V
보조 배터리 전압	13.08	V
구동 모터 속도	0.0	RPM
구동 모터 출력 토크	0.0	Nm
구동 모터 온도	26.0	℃
MCU 온도	28.0	℃
고장 상세코드	709	-
BMS 메인 릴레이 ON 상태	ON	-
모터 구동 가능 상태	ON	-
주행 충격 완화 금지	OFF	-
구동모터 D축 전류	0.1	A
구동모터 Q축 전류	0.0	A
1DC IG On 시간	3.0	Sec
주행거리	5980	km
차속	0.0	km/h
EWP 회전수	0	RPM

그림 고장상황 데이터

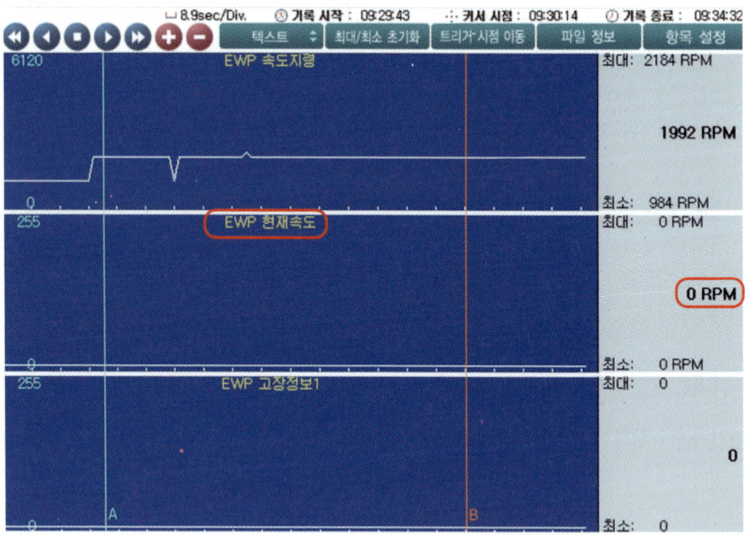

그림 기억소거 후 주행데이터

③ EWP 구동 검사 시 정상 작동 확인

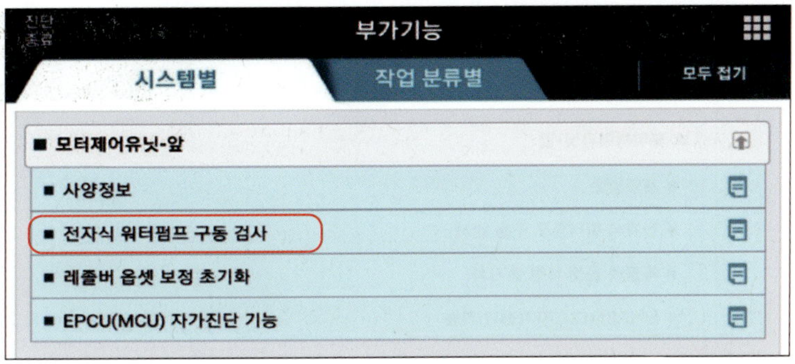

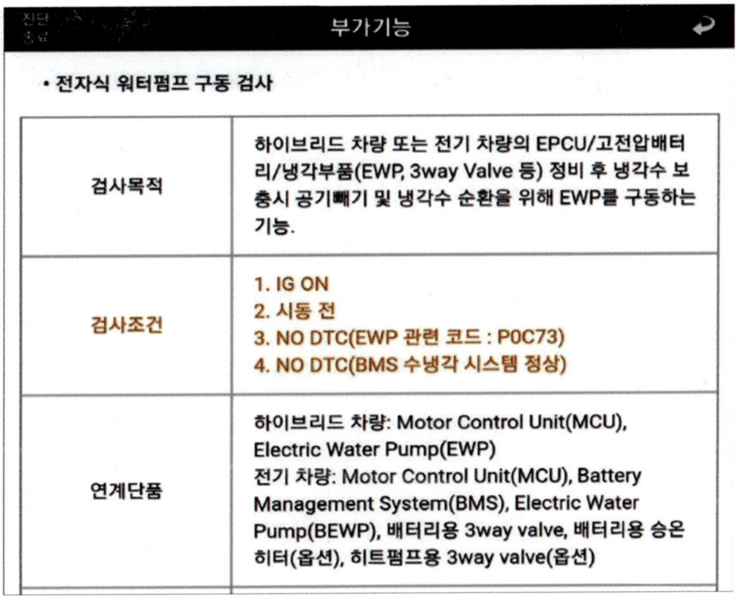
부가기능

• 전자식 워터펌프 구동 검사

검사목적	하이브리드 차량 또는 전기 차량의 EPCU/고전압배터리/냉각부품(EWP, 3way Valve 등) 정비 후 냉각수 보충시 공기빼기 및 냉각수 순환을 위해 EWP를 구동하는 기능.
검사조건	1. IG ON 2. 시동 전 3. NO DTC(EWP 관련 코드 : P0C73) 4. NO DTC(BMS 수냉각 시스템 정상)
연계단품	하이브리드 차량: Motor Control Unit(MCU), Electric Water Pump(EWP) 전기 차량: Motor Control Unit(MCU), Battery Management System(BMS), Electric Water Pump(BEWP), 배터리용 3way valve, 배터리용 승온 히터(옵션), 히트펌프용 3way valve(옵션)

그림 EWP 구동 검사

④ EPCU(MCU) 자가진단 기능 검사 시 위치 센서 전압 높음(MCU) : 51 출력

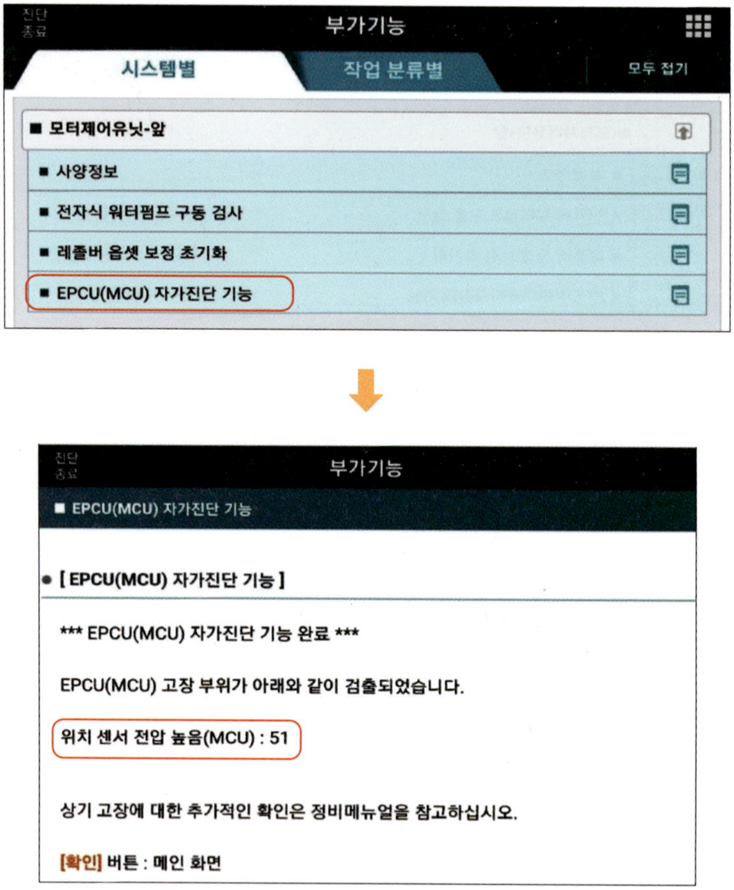

그림 EPCU(MCU) 자가진단 기능 검사

⑤ 배터리 센서 LIN 통신라인 점검 시 정상, LIN 통신 파형 측정 시 정상

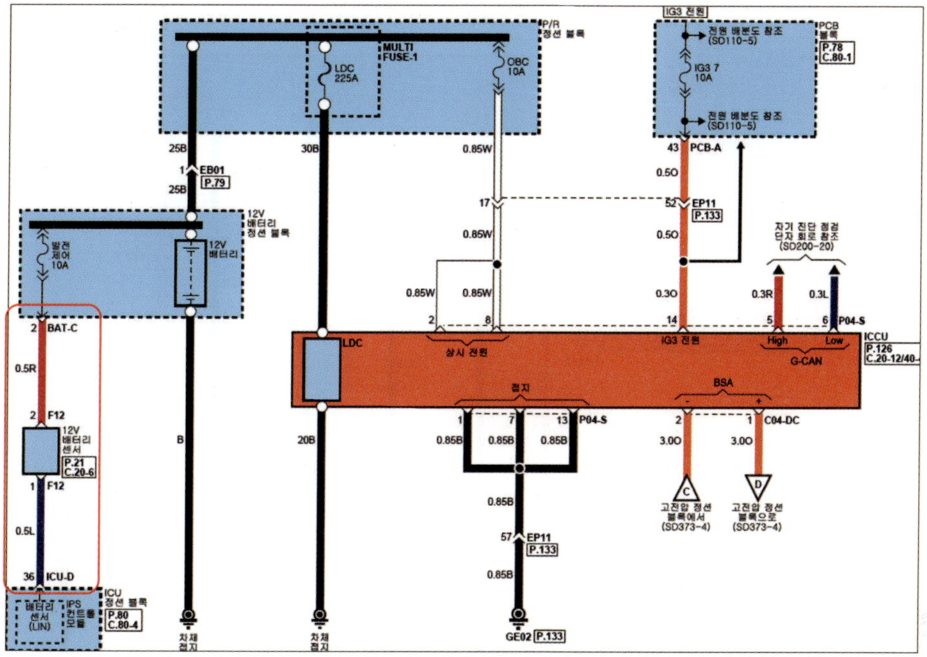

그림 배터리 센서 LIN 통신 라인 점검

⑥ MCU LIN 통신 라인 점검 및 MCU와 EWP간 선간 저항 측정

㉮ 위치 센서 전압 높음(MCU) : 51 출력_레졸버 이상

㉯ 관련 배선(① MCU 커넥터, ② FP11 커넥터, ③ EWP 커넥터) 선간 저항 측정 시 0.6Ω 정상 측정 및 각각 핀 텐션 상태 확인 시 정상

㉰ 핀 텐션 점검 후 READY 시 현상 없어짐

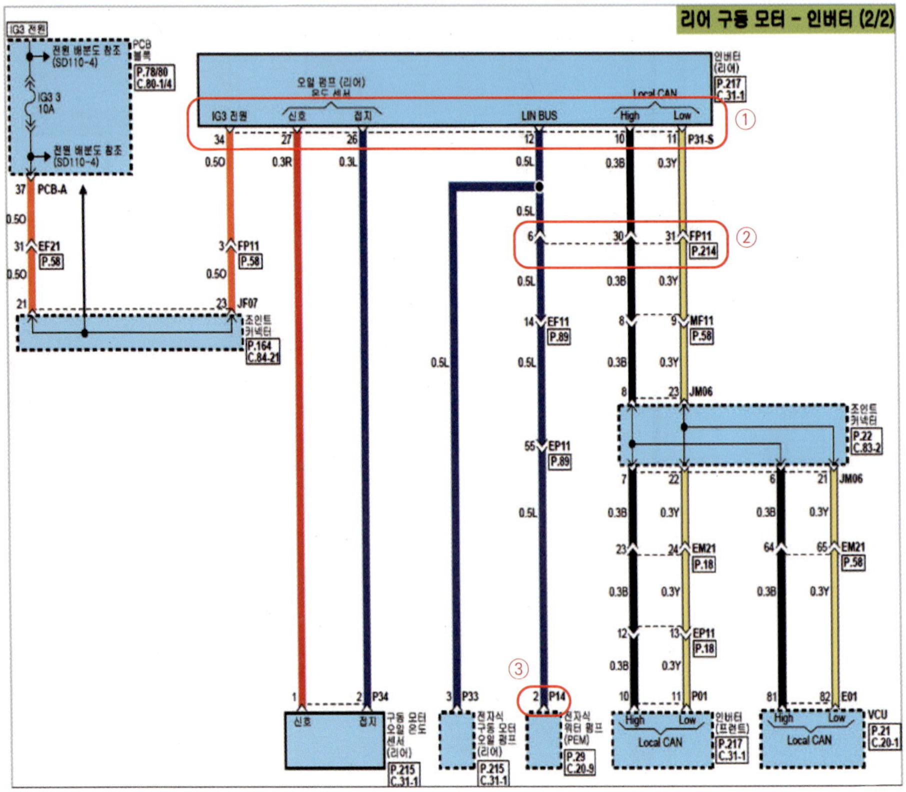

그림 MCU LIN 통신 라인 점검

⑦ 시운전 100km 주행 후 점검 시 동일 현상 발생, EWP 현재 속도 0RPM에서 196RPM 출력 확인

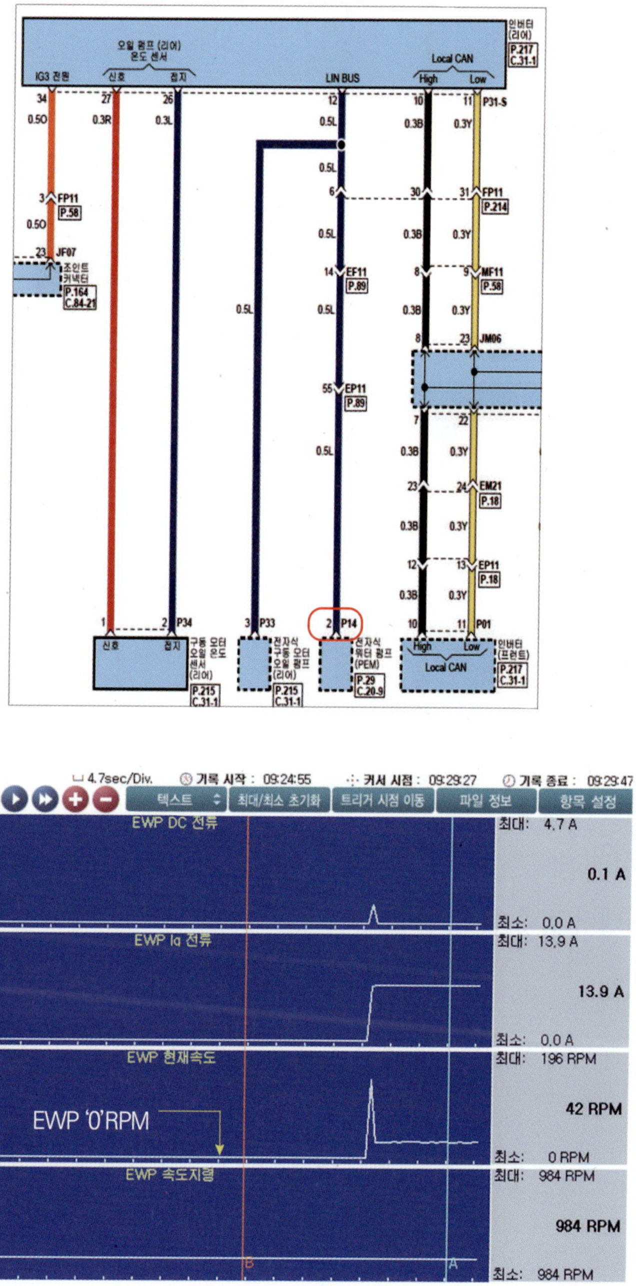

그림 LIN 통신 라인 점검

⑧ EWP 커넥터(P14) 배선 유동 시 RPM 회전수 정상 출력

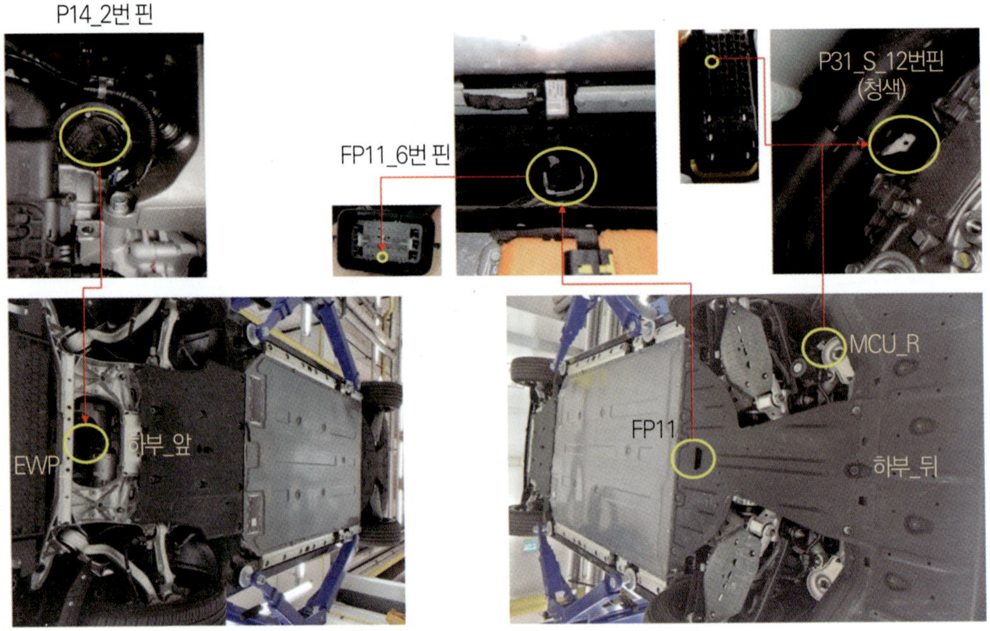

그림 핀 위치

[3] 발생원인

EWP 커넥터 접촉 불량 추정

[4] 조치사항

EWP 커넥터 조치 후 현상 재현 불가로 충분한 로드 주행 확인 중

5.4.14. SX2 EV(코나 EV, 차량년식 : 2023년식)

[1] 고장증상

주행 중 READY OFF

[2] 점검내용

① 자기진단 시 고장코드 P1B7700 인버터 캐패시터 프리차징 실패 – 과거 표출

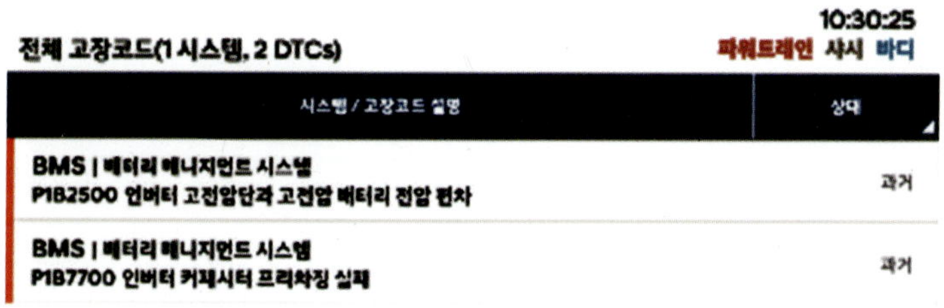

그림 고장코드

② 강제구동 시 프리차징 불량 확인

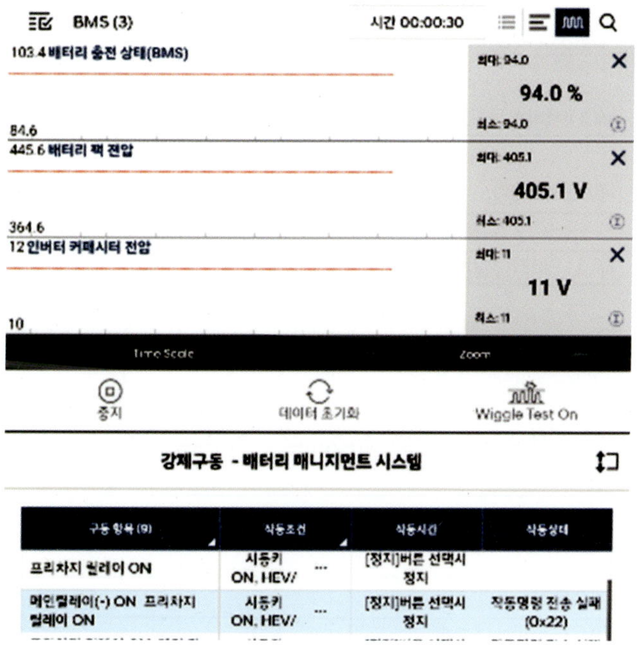

그림 강제구동

③ 커넥티드 데이터 분석, 주행 중 READY OFF되며 N단 빠짐 확인. 이때 MCU 인버터 전압 널뛰기(약간의 규칙성), OBC, LDC 전압도 같이 흔들리며 A/C 및 PTC 동작상태는 아님, 프리차징 실패 및 구동 모터 관련 고장 확인

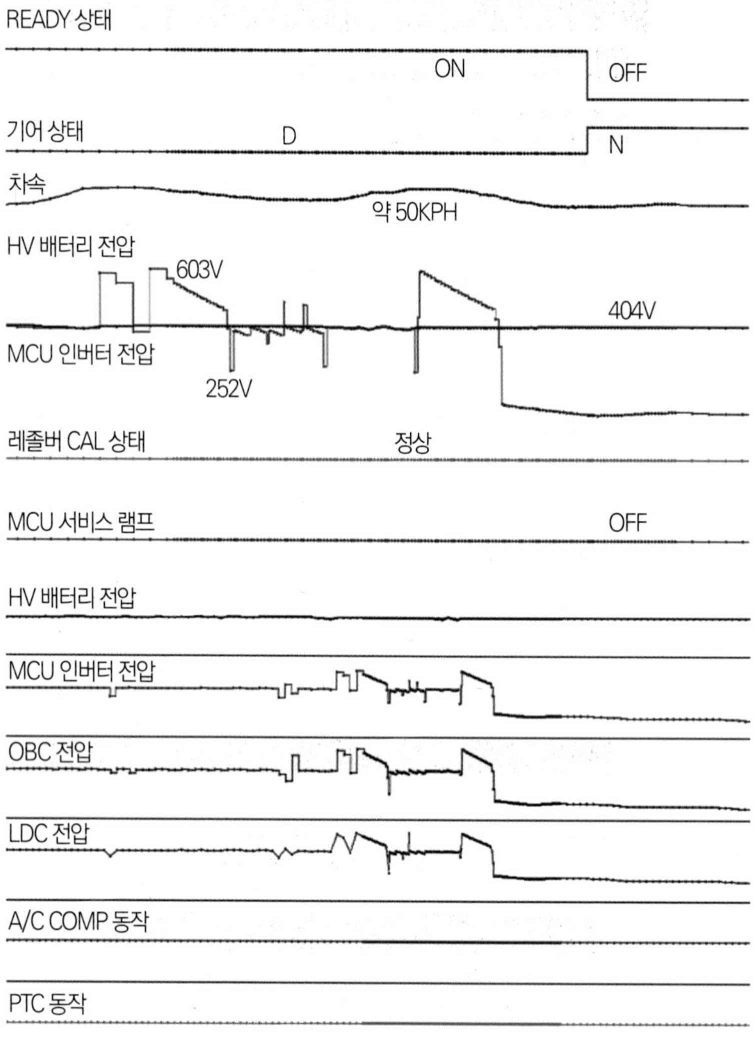

그림 CAN 그래프 분석

④ 커넥티드 데이터 분석결과 고전압 관련 제어기 인버터 캐패시터 전압 이상 확인

⑤ 충전 회로 점검결과 고전압 커넥터 접촉 불량, HV 정션박스 내부 퓨즈 전체 단선 및 A/C COMP 내부 소손 확인

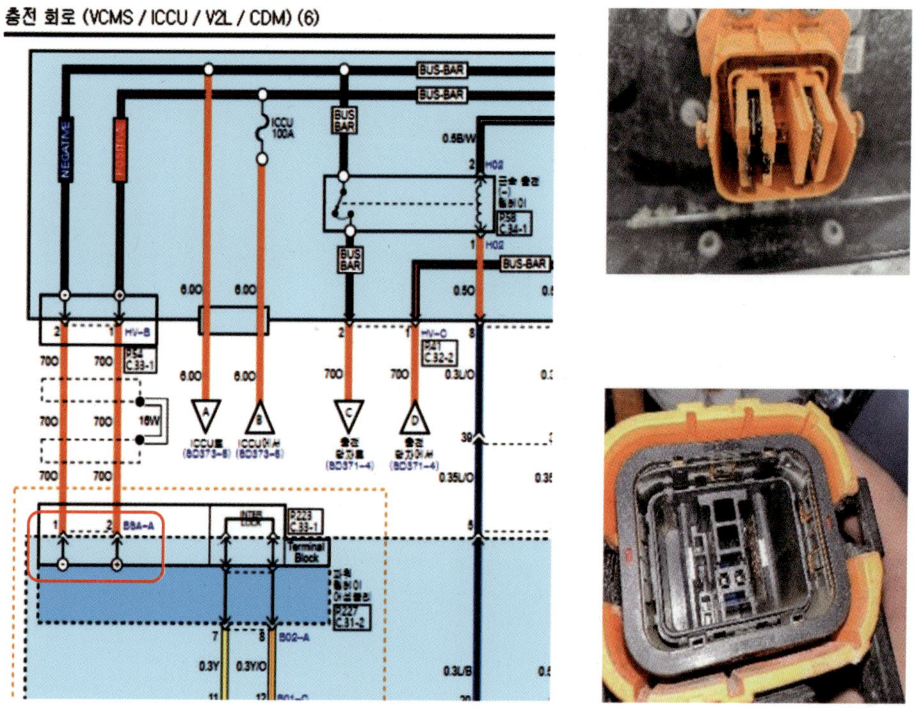

그림 고전압 커넥터 접촉 불량

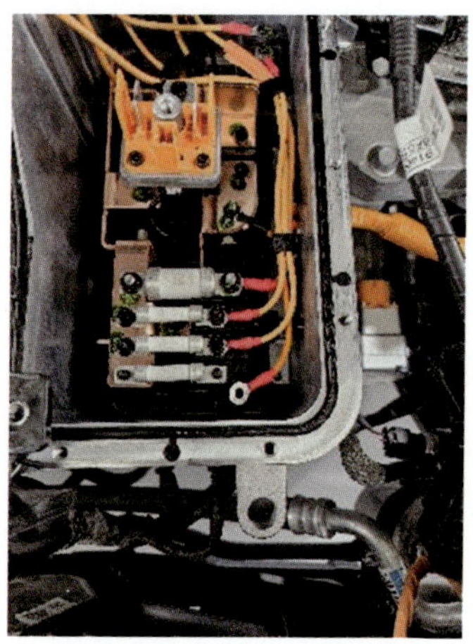

그림 HV 정션박스 내부 퓨즈 전체 단선

[3] 발생원인

고전압 커넥터 접촉 불량으로 아크 발생

[4] 조치사항

관련 부품 교환

모터 및 감속기 시스템 정비사례

06

모터 및 감속기 시스템 정비사례

06
CHAPTER

6.1 모터 및 감속기 역할

전기차의 모터와 감속기는 내연기관차의 엔진 및 변속기와 유사한 역할을 한다. 전기 모터는 배터리의 전기에너지를 운동에너지로 변환하여 바퀴를 구동하고, 감속기는 모터의 고속 회전을 감속하여 바퀴에 적절한 토크를 전달한다.

그림 EV 모터

그림 EV 감속기

6.1.1. 모터 역할

전기차에서 모터는 배터리에 저장된 직류(DC) 전기를 인버터를 통해 교류(AC) 전기로 변환하여 공급받는다. 이 교류 전기는 모터 내에서 회전 자기장을 형성하고, 이 자기장이 회전자와 상호작용하여 회전력을 발생시키면 이렇게 생성된 회전력은 감속기를 통해 바퀴로 전달되어 차량을 움직이게 한다.

6.1.2. 감속기 역할

전기차(EV) 감속기는 모터의 고속 회전을 줄여 토크를 높여주는 역할을 한다. 전기차의 모터는 내연기관차의 엔진보다 회전 속도가 훨씬 빠르기 때문에, 감속기를 통해 필요한 속도로 회전수를 낮춰 토크를 증가시켜 효율적인 주행이 가능하도록 한다. 즉, 감속기는 전기차의 구동력을 높여주는 핵심 부품이다.

① 회전수 조정 : 전기차 모터는 고속 회전하지만, 낮은 속도에서도 높은 토크를 발생시켜야 할 때가 있다. 감속기는 모터의 회전수를 줄여 바퀴에 전달되는 회전력을 높여준다.

② 토크 증가 : 감속기를 통해 모터의 회전수를 낮추면 토크가 증가한다. 토크는 회전력을 의미하며, 전기차의 가속력과 등판능력에 큰 영향을 미친다.

③ 효율적인 구동 : 감속기는 모터의 회전수를 적절히 조절하여 차량의 속도와 상황에 맞게 효율적인 구동을 가능하게 한다.

④ 변속기 대체 : 전기차는 내연기관차와 달리 변속기가 필요하지 않기 때문에 감속기가 변속기의 역할을 일부 대신하며, 모터의 높은 회전수를 제어하고 토크를 조절하여 차량의 주행 성능을 향상시킨다.

6.2 모터 및 감속기 구성

6.2.1. 모터 구성

① 고정자(Stator) : 전기 모터의 고정된 부분으로, 주로 코일과 철심으로 구성된다. 외부에서 공급되는 전기에 의해 자기장을 형성하고, 회전자와 상호작용하여 회전력을 발생시키는 역할을 한다.

② 회전자(Rotor) : 모터의 회전축을 중심으로 회전하는 부분이다. 영구 자석 또는 코일, 철심 등으로 구성되며, 고정자에서 발생한 자기장과 상호작용하여 회전력을 발생시킨다.

③ 권선(Winding) : 코일이라고도 하며, 고정자 또는 회전자에 감겨 전류가 흐르면서 자기장을 형성하는 역할을 한다.

④ 자석(Magnet) : 회전자 또는 고정자에 사용되어 자기장을 형성하는 역할을 한다. 영구자석과 전자석이 사용될 수 있다.

⑤ 철심(Core): 고정자나 회전자의 코일이 감기는 부분을 지지하고 자기 회로를 구성하는 역할을 한다.

⑥ 레졸버(Resolver) : 전기차 모터에 사용되는 레졸버는 모터 회전자의 위치와 각속도를 정확하게 감지하여 모터 제어 시스템에 정보를 제공하는 핵심 센서이다. 레졸버는 기계적인 강도와 내구성이 뛰어나 전기차와 같이 극한 환경에서 사용되는 모터에 적합하다.

6.2.2. 감속기 구성

① 인풋 하우징 : 감속기의 입력 부분을 감싸는 하우징으로, 인풋 기어를 지지하는 베어링을 포함한다.

② 감속기 하우징 : 감속기 내부 부품들을 담고 있는 하우징이다.

③ 인풋기어 : 구동 모터에서 전달된 회전력을 감속기어에 전달하는 역할을 한다.

④ 감속기어 : 인풋기어에서 전달된 회전력을 감속시키는 역할을 한다.

⑤ 차동장치 : 감속된 회전력을 좌우 바퀴에 분배하여 전달하는 역할을 한다.

⑥ 모터 축 베어링 : 구동 모터의 회전으로 인한 마찰을 줄여주는 부품이다.

⑦ 인풋 베어링 : 감속기 내부에서 발생하는 힘을 지지하는 부품이다.

6.3 모터 및 감속기 기능

6.3.1. 모터 기능

전기차(EV) 모터의 주요 기능은 배터리에 저장된 전기에너지를 운동에너지로 변환하여 차량을 구동하는 것이다. 또한, 내리막길 주행이나 감속 시 발생하는 운동에너지를 전기에너지로 변환하여 배터리에 저장하는 회생 제동 기능도 수행한다. 이 외에도 모터는 차량의 가속, 감속, 속도 조절 등 운전 성능 전반에 영향을 미치는 중요한 역할을 한다.

① 전기에너지 → 운동에너지 변환 : 배터리에서 공급되는 직류(DC) 전기를 모터를 통해 교류(AC)로 변환하여 차량 바퀴를 구동한다.

② 회생 제동 : 차량 주행 중 발생한 운동에너지를 전기에너지로 변환하여 배터리에 저장하는 기능이다.

③ 가속 및 감속 제어 : 운전자의 가속 및 감속 명령에 따라 모터의 회전 속도를 조절하여 차량의 속도를 제어한다.

④ 토크 발생 : 모터는 바퀴에 전달되는 힘인 토크를 발생시켜 차량의 가속력 및 등판능력을 결정한다.

6.3.2. 감속기 기능

감속기는 모터의 고속 회전수를 적절한 수준으로 낮춰, 바퀴에 더 큰 힘(토크)을 전달하는 역할을 한다.

① 모터 회전수 감소 : 전기차 모터는 높은 RPM을 가지므로, 감속기를 통해 회전수를 낮춰준다.

② 토크 증가 : 회전수를 줄이면 토크가 증가하여 차량의 구동력을 높여준다.

③ 효율적인 동력 전달 : 감속기는 모터의 회전수를 적절하게 조절하여 바퀴에 효율적으로 동력을 전달한다.

④ 회생제동 시스템 지원 : 감속기는 회생제동 시스템과 연동하여 감속 시 발생하는 에너지를 회수하여 배터리에 저장하는 데 도움을 준다.

6.4 고장 시 증상 및 점검방법

6.4.1. NE EV(아이오닉 EV, 차량년식 : 2022년식)

[1] 고장증상

충전 후 시동 중 READY 불가 및 점검 문구 및 각종 경고 등 점등 견인 입고

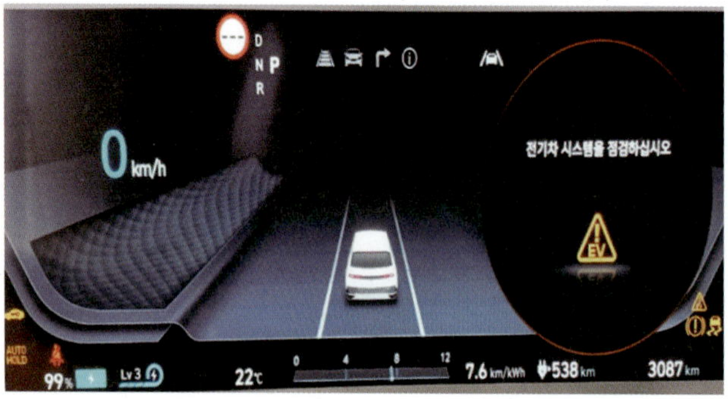

그림 점검 문구 및 각종 경고 등 점등

[2] 점검내용

① 입고 후 자기진단 시 고장코드 MCU_R P0A4200 구동 모터 위치센서 전압 높음 – 현재, MCU_R P0C1700 구동 모터 위치센서 미보정 – 현재, ABSVDC C182586 MCU CAN 신호 이상 – 현재 표출

그림 고장코드

② 센서데이터 점검 시 현재 구동 모터 속도 32,767RPM 정도 검출. MCU Data 1 이상 비정상(MCU Data 2-24 4708, MCU Data 2-24 0)으로 모터 점검으로 진행

㉮ 정비지침서 기준 MCU Data 2-24/27 1 이상 비정상

㉯ 현재 MCU Data 2-24 4708로 검출됨

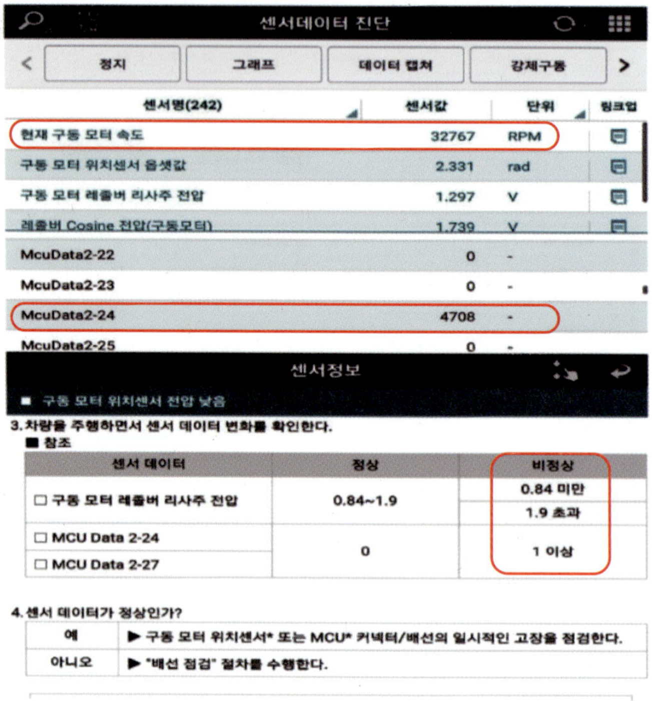

그림 센서데이터

③ 구동 모터 신호단자 저항 점검 시 + ↔ − 22Ω, S1 ↔ S3 81Ω, S2 ↔ S4 78Ω 으로 측정됨

점검 항목	점검 조건	정상값 (20℃~30℃)	저항계 (+) 프로브	↔	저항계 (-) 프로브
신호 단자 점검 : 저항	1. 점화 스위치 : OFF 2. 서비스 플러그• 탈거 3. 5분 간 대기 4. 구동 모터• 커넥터 : 분리	20.7Ω~25.3Ω	(+)	↔	(-)
		73.8Ω~90.2Ω	"S1"	↔	"S3"
		66.6Ω~81.4Ω	"S2"	↔	"S4"

그림 저항 점검 시 정상 값

④ 구동 모터 신호선 단자 간 단락 점검 시 +와 S1, S3는 12㏀으로 측정되고 +와 S2, S4는 20MΩ 으로 측정됨

점검 항목	점검 조건	정상값	저항계 (+) 프로브		↔	저항계 (-) 프로브	
신호선 단자 간 단락 : 저항	1. 점화 스위치 : OFF 2. 서비스 플러그• 탈거 3. 5분 간 대기 4. 구동 모터• 커넥터 : 분리	비통전 (∞)	구동 모터•_"모터 레졸버"	(+)	↔	"S1"	구동 모터•_"모터 레졸버"
				(+)	↔	"S2"	
				(+)	↔	"S3"	
				(+)	↔	"S4"	
				(-)	↔	"S1"	
				(-)	↔	"S2"	
				(-)	↔	"S3"	
				(-)	↔	"S4"	

그림 단락 점검 시 정상값

⑤ 모터 및 멀티 인버터 교환 후 동일 배선쇼트 단선 여부 진행하였으나 정상

[3] 발생원인

모터내부 +와 레졸버 센서 간 쇼트로 인한 고장

[4] 조치사항

모터 및 멀티 인버터 교환

6.4.2. OS EV(코나 EV, 차량년식 : 2019년식)

[1] 고장증상

EV 경고 등 점등 및 READY 불가

[2] 점검내용

① KEY ST 시 PE 룸에서 찌지직~ 소음 발생됨(EPCU/구동 모터 측 소음 발생됨)

그림 키 ST 시 PE룸에서 소음 발생됨

② GDS 진단 시 고장코드 MCU - 모터 제어 P0C01 구동 모터 과전류 이상 - 과거, MCU 모터 제어 P0A7C 전자 모터 측정 온도 높음 - 과거, BMS - 배터리 제어 P0AA600 고전압 배터리 부품 파괴, BMS - 배터리 제어 P0B3B00 고전압 배터리 “1번 전압센싱부” 이상 - 과거, BMS - 배터리 제어 P0B4000 고전압 배터리 “1번 전압센싱부” 이상 - 과거 표출

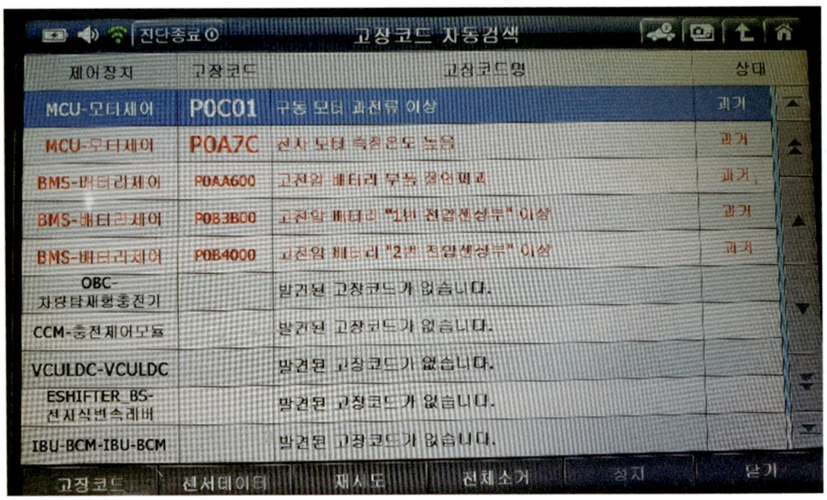

그림 고장코드

③ 절연파괴 테스트 실시, 테스트 중 MCU 시스템 이상 표출

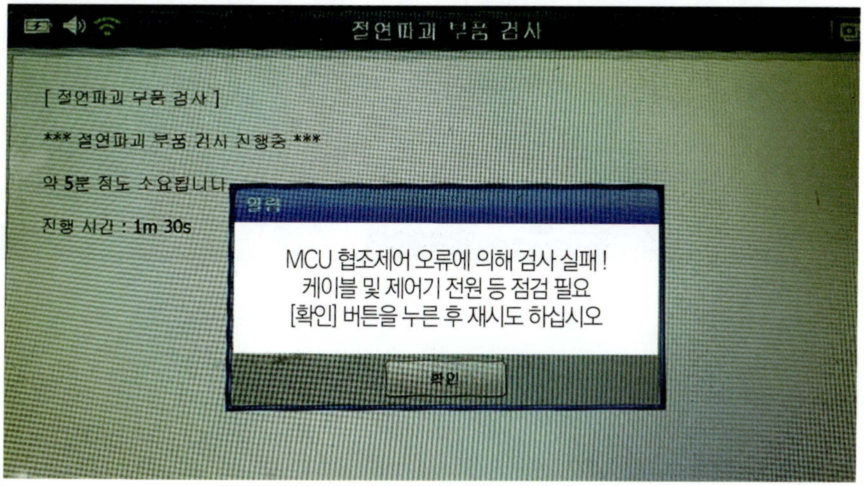

그림 절연파괴 테스트

④ 센서데이터 확인, MCU 과전류 이력 수 회 확인됨

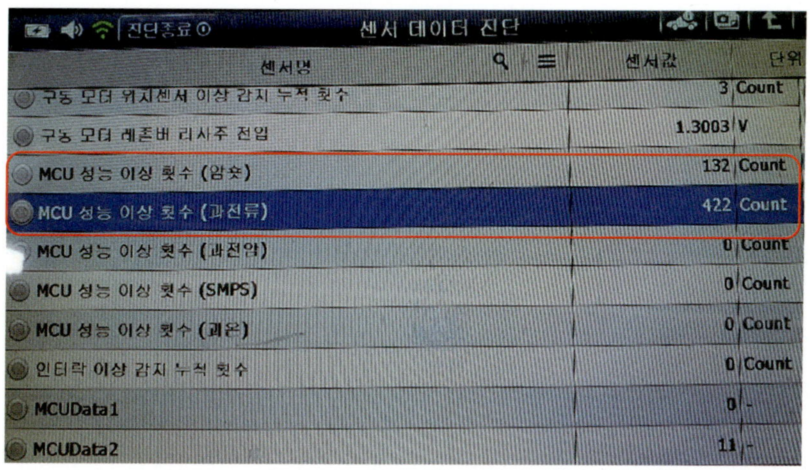

그림 센서데이터

⑤ 모터 U, V, W 입력 단자 커버 오픈 후 차체와 모터 간 테스트 시 0Ω 표출됨

⑥ MCU, 구동 모터 탈착 후 테스트 재 실시하였으나 MCU 절연저항은 정상이나 모터와 차체는 단락으로 0Ω 표출됨

그림 차체와 모터 간 테스트

[3] 발생원인

트랙션 모터(구동 모터) 내부 단락 현상 발생

[4] 조치사항

트랙션 모터(구동 모터) 교환 조치 후 정상

6.4.3. OS EV(코나 EV, 차량년식 : 2019년식)

[1] 고장증상

① 저속 주행 중 크러쉬 패드 하부 or 전륜 하체에서 "끄르르" 이음 발생

② 후진 시에도 다르지만 비슷한 유형의 소음 발생

[2] 점검내용

① 실내에서는 크러쉬 패드 하부에서 나는 듯함, 초기 점검 시 감속기와 모터의 체결부위에 슬립성 소음으로 생각하였고, 실제로 소음 크기도 체결부위에서 가장 컸으나 실제 문제로 보는 이음이 아님

② 차량 리프트 후 하체 점검

③ 노이즈 옵저버 장착하여 측정 시 후진 점검 시에는 소음의 유형은 달랐으나 구동 모터에서 발생한 이음이 해당 문제 이음과 가장 유사함(전진 점검 시보다 후진 점검 시 소

음은 더 명확함)

④ 노이즈 옵저버 측정 시 가장 큰 값을 나타내는 것은 CH2지만, 실제로 실내로 유입되는 노이즈 원에 가까운 이음은 CH3이다.

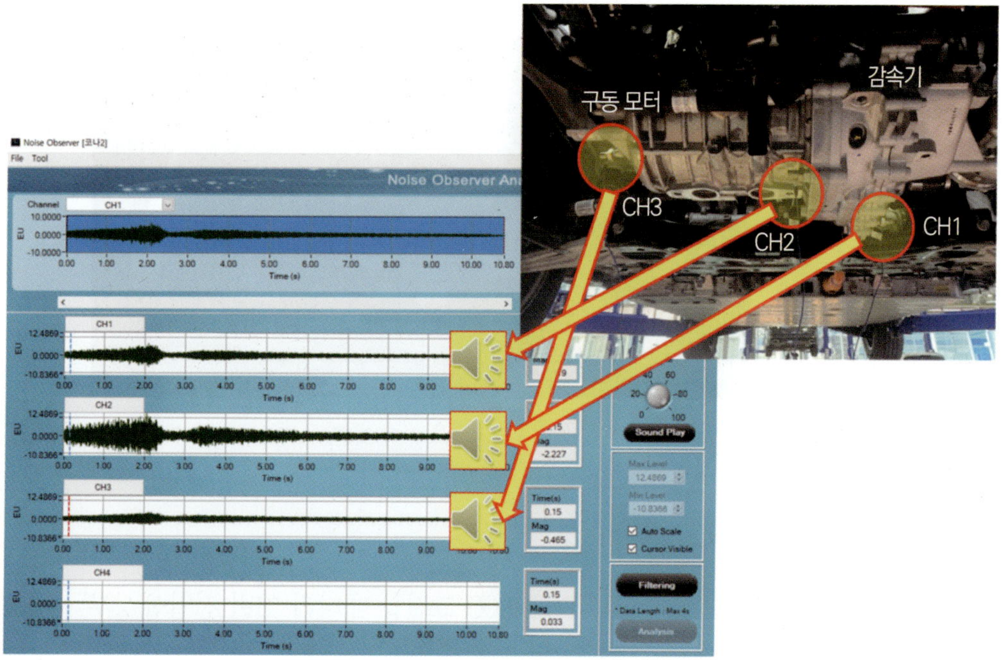

그림 노이즈 옵저버 장착하여 측정

⑤ 구동 모터 내의 유격으로 인해 나는 소리로 판단

[3] 발생원인

구동 모터 내부 불량

[4] 조치사항

트랙션 모터(구동 모터) 교환 후 시운전 시 소음 사라져 정상 출고

6.4.4. OS EV(코나 EV, 차량년식 : 2019년식)

[1] 고장증상

시동 후 출발 시 구동 모터 소음 커지며 거북이 경고 등 점등 및 주행이 안 됨

그림 경고 등 점등

[2] 점검내용

① BMS 자기진단 시 고장코드 P0B4500 고전압 배터리 "3번 전압센싱부" 이상 – 현재 고장코드 점등

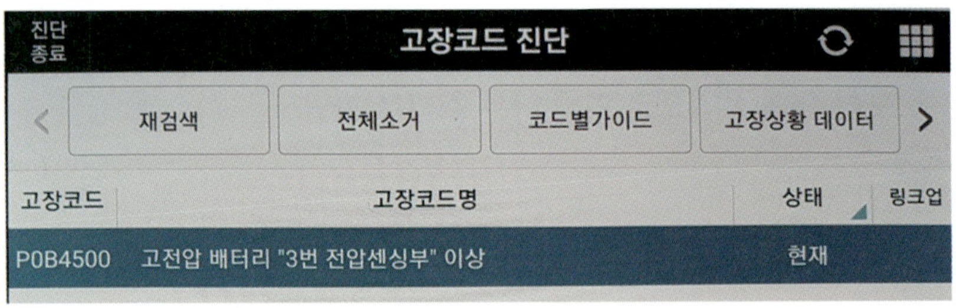

그림 고장코드

② 시동 후 엑셀레이터 밟을 시 출발이 안 되며 거북이 경고 등 잠시 점등 후 소등되며 모터 구동 소음만 발생됨

③ 고장상황 데이터 확인 시 절연저항 440kΩ으로 불량이며, 배터리 모듈 온도 2, 3, 4 모두 -50℃로 표시됨

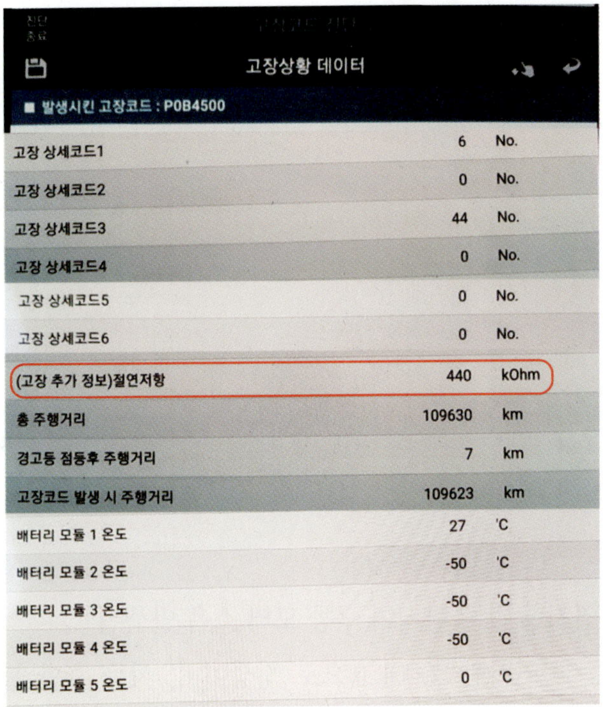

그림 고장상황 데이터

④ 센서데이터 확인 시 1번 BMA 쪽은 3.80V, 나머지 모듈 쪽에서는 5.10V 표시됨. 키 ON 시에 절연저항 정상이면 메인 릴레이가 작동되기 전이기 때문에 BMS 및 고전압 배터리는 정상이며 절연파괴 검사 실시 요구하여 키 ON 시 절연저항 값 확인 및 절연파괴 검사하기로 함

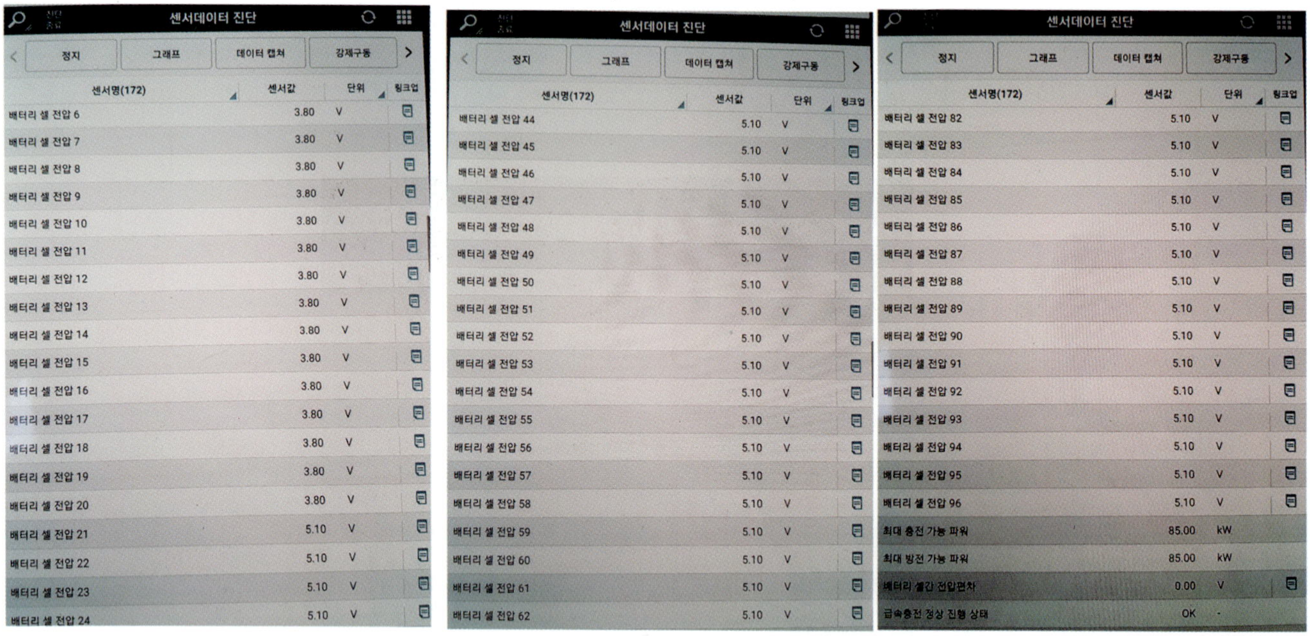

그림 센서데이터

⑤ 시동 후 절연저항 값 불량되며 구동 모터 소음 발생됨

⑥ 키 ON 시는 절연저항 3000kΩ으로 정상이며, 시동 후만 불량되어 절연파괴 검사 실시, 모터 3상부(모터, 인버터 3상부, 고전압 케이블) 절연파괴 검출됨

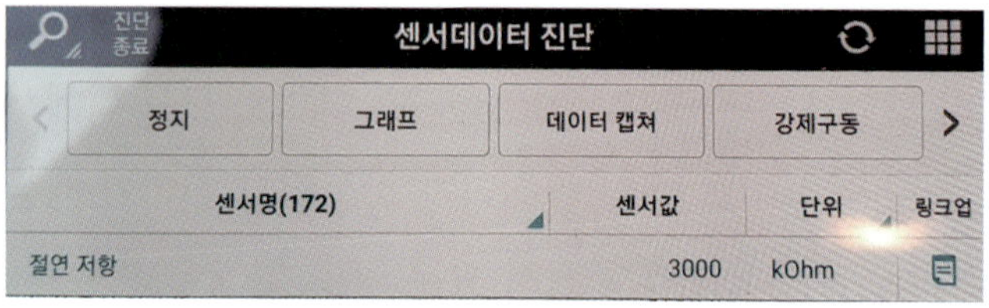

그림 절연저항

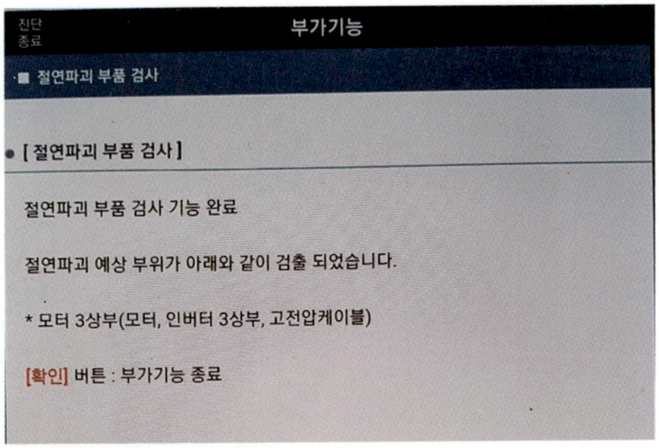

그림 절연파괴 검사

⑦ EPCU 고전압 정션블록 연결부 절연저항 측정 시 0MΩ으로 절연저항 불량 확인됨. EPCU 탈거 후 EPCU 단독 및 모터 절연저항 측정하기로 함

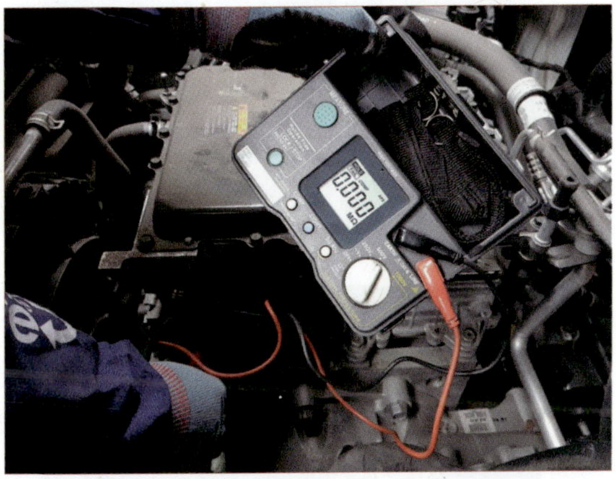

그림 EPCU 고전압 정션블록 연결부 절연저항 측정

⑧ EPCU 탈거 후 모터 U, V, W상 절연저항 점검 시 0MΩ으로 모터 절연저항 불량 확인됨. EPCU 단품 절연저항 점검 시 정상

(a) 모터 절연저항 점검

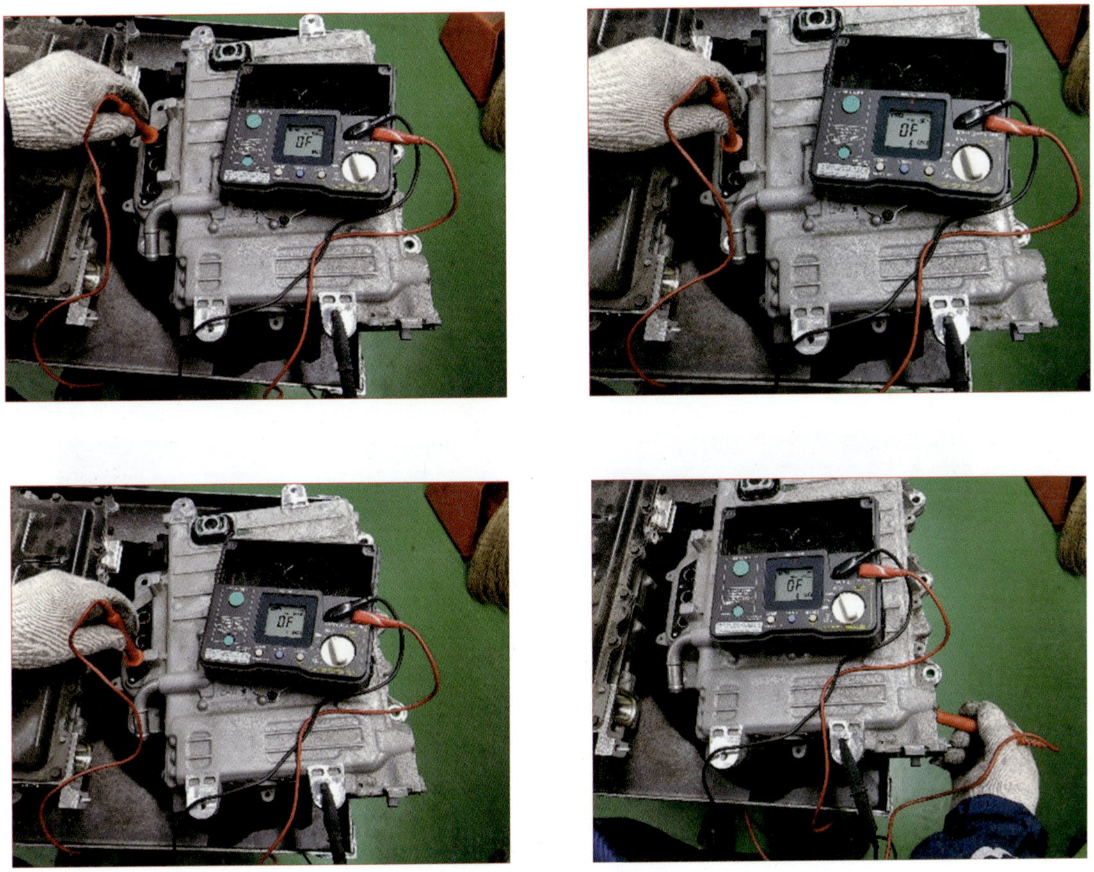

(b) EPCU 단품 절연저항 점검

그림 절연저항 점검

[3] 발생원인

구동 모터 불량으로 감속기까지 손상되어 상기현상 발생됨

[4] 조치사항

구동 모터 및 감속기 교환 조치함

6.4.5. OS EV(코나 EV, 차량년식 : 2019년식)

[1] 고장증상

주행 중 간헐적 EV 경고 등 점등(정상 주행 가능함)

[2] 점검내용

① 자기진단 시 고장코드 BMS-배터리 제어 P0AA600 고전압 배터리 부품 절연파괴 - 과거 표출

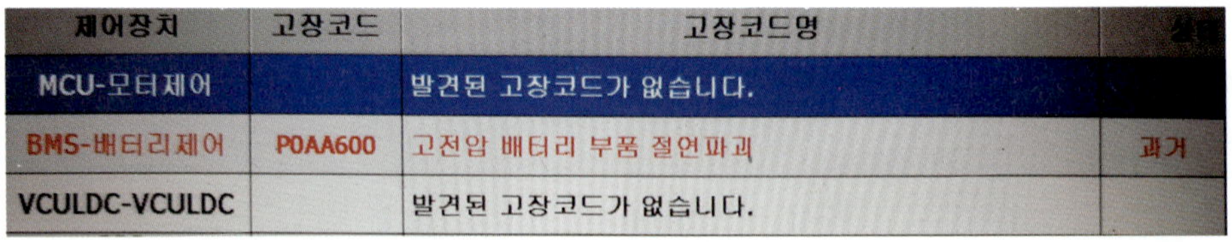

제어장치	고장코드	고장코드명	
MCU-모터제어		발견된 고장코드가 없습니다.	
BMS-배터리제어	P0AA600	고전압 배터리 부품 절연파괴	과거
VCULDC-VCULDC		발견된 고장코드가 없습니다.	

그림 고장코드

② 절연파괴 부품 검사 시 정상

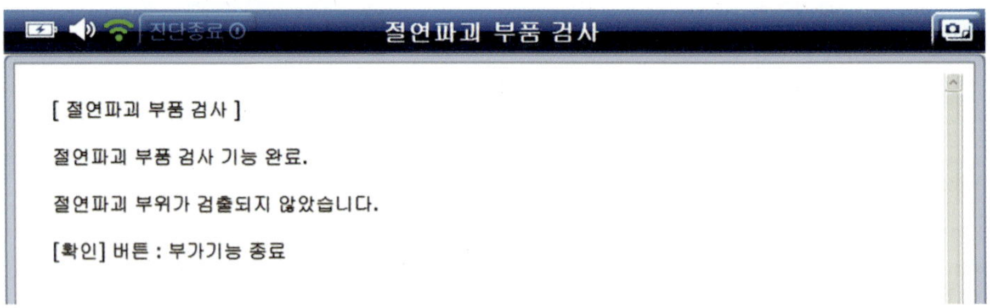

그림 절연파괴 부품 검사

③ 기억 소거 후 시운전 점검 시 현상 재현 안 됨

④ 고장상항 데이터 확인

㉮ 고장 당시 절연저항 155kΩ 표시

㉯ 고장상세코드1, 2, ,3, 4 전부 0으로 표시

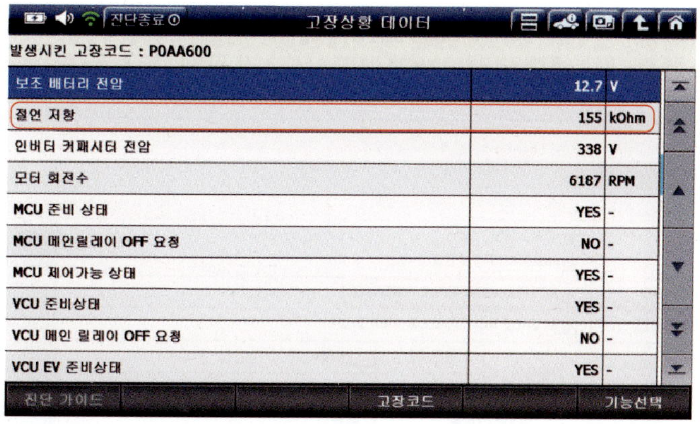

보조 배터리 전압	12.7	V
절연 저항	155	kOhm
인버터 커패시터 전압	338	V
모터 회전수	6187	RPM
MCU 준비 상태	YES	-
MCU 메인릴레이 OFF 요청	NO	-
MCU 제어가능 상태	YES	-
VCU 준비상태	YES	-
VCU 메인 릴레이 OFF 요청	NO	-
VCU EV 준비상태	YES	-

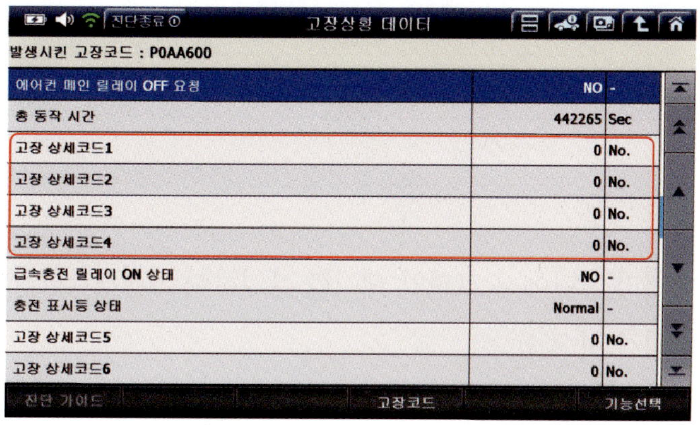

에어컨 메인 릴레이 OFF 요청	NO	-
총 동작 시간	442265	Sec
고장 상세코드1	0	No.
고장 상세코드2	0	No.
고장 상세코드3	0	No.
고장 상세코드4	0	No.
급속충전 릴레이 ON 상태	NO	-
충전 표시등 상태	Normal	-
고장 상세코드5	0	No.
고장 상세코드6	0	No.

그림 고장상황 데이터

㉰ GDS 고장상항 데이터 확인 시 고장 추가정보 표시 안 됨

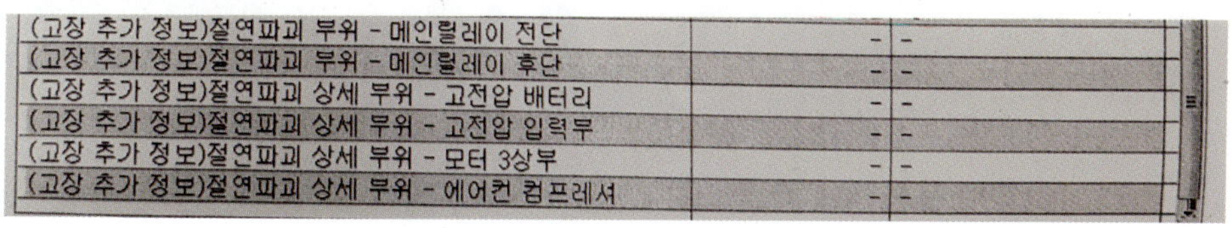

(고장 추가 정보)절연파괴 부위 - 메인릴레이 전단	-	-
(고장 추가 정보)절연파괴 부위 - 메인릴레이 후단	-	-
(고장 추가 정보)절연파괴 상세 부위 - 고전압 배터리	-	-
(고장 추가 정보)절연파괴 상세 부위 - 고전압 입력부	-	-
(고장 추가 정보)절연파괴 상세 부위 - 모터 3상부	-	-
(고장 추가 정보)절연파괴 상세 부위 - 에어컨 컴프레셔	-	-

그림 고장 추가정보

2019 > 150KW > Battery Management System > 배터리제어 > P0AA600 고전압 부품 절연파괴 > DTC 정보

전압 절연파괴를 검출하면 상기 DTC를 표출한다. 현재 고장이 발생하면 서비스 램프를 점등시킨다. 만약 정상 상태로 회복되면 현재의 고장코드는 삭제되고 과거고장 코드(DTC 코드 끝부분에 H 표시)가 검출 된다. 이때 서비스 램프는 소등되며 과거 고장코드는 GDS를 사용하여 소거시킬수 있다. 고장해제 기준은 절연저항 900kΩ 이상이며 릴레이 전단 고장시에만 해제조건이 적용된다(릴레이 후단 절연파괴 시에는 고장해제 미수행).

고장 판정 조건

항목	판정 조건			고장예상 원인
검출목적	절연파괴에 의한 안전사고 방지			1. 전기차 배터리 팩 2. 타 고전압 사용부품 이상(모터 인버터, 에어컨등) 3. 절연 저항 센싱 회로 이상 4. BMS
검출조건	점화스위치 "ON" 보조배터리 정상전압(9-16V)			
고장코드발생기준값	절연저항 300kΩ 이하로 108초 이상			
고장코드해제기준값	절연저항 300kΩ 이상으로 108초 이상			
안전 모드	가용파워	충전제한	100%	
		방전제한	100%	
	Fan 컨트롤		-	
	Relay 컨트롤		유지	
	서비스 램프	ON 조건	1회 주행사이클	
		OFF 조건	점화스위치 "OFF"	
	DTC 확정		1회 주행사이클	
	경고등		ON	

그림 코드별 진단 가이드 참조

⑤ 고전압 배터리 앞단에서 고전압 케이블 분리하여 고전압 배터리 쪽 및 BMS PTC 히터 절연저항 점검 시 정상

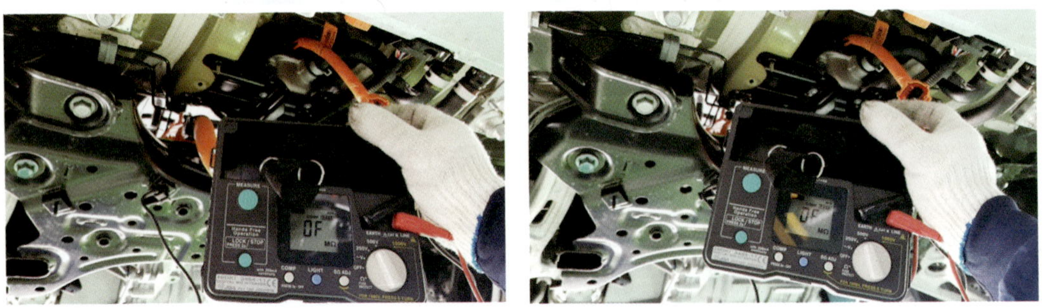

그림 BMS PTC 히터 절연저항

⑥ PE 룸쪽 고전압 케이블 절연저항 점검 시 약 200kΩ으로 불량

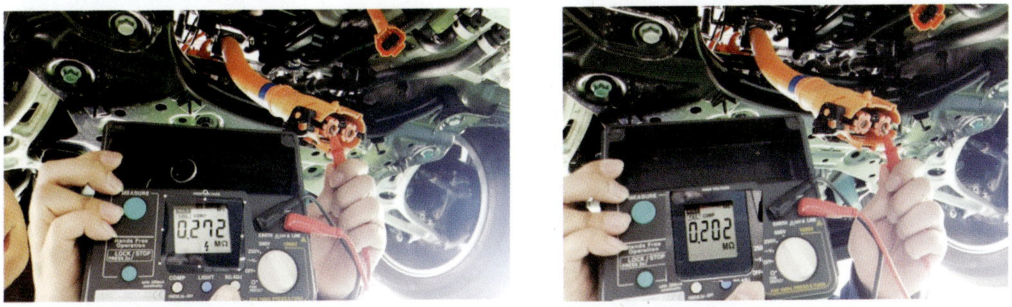

그림 PE룸 쪽 절연저항

⑦ PE 룸쪽 고전압 부품 공조 PTC 히터, BMS PTC 히터, 전자식 에어컨 컴프레서, OBC 절연저항 점검 시 정상

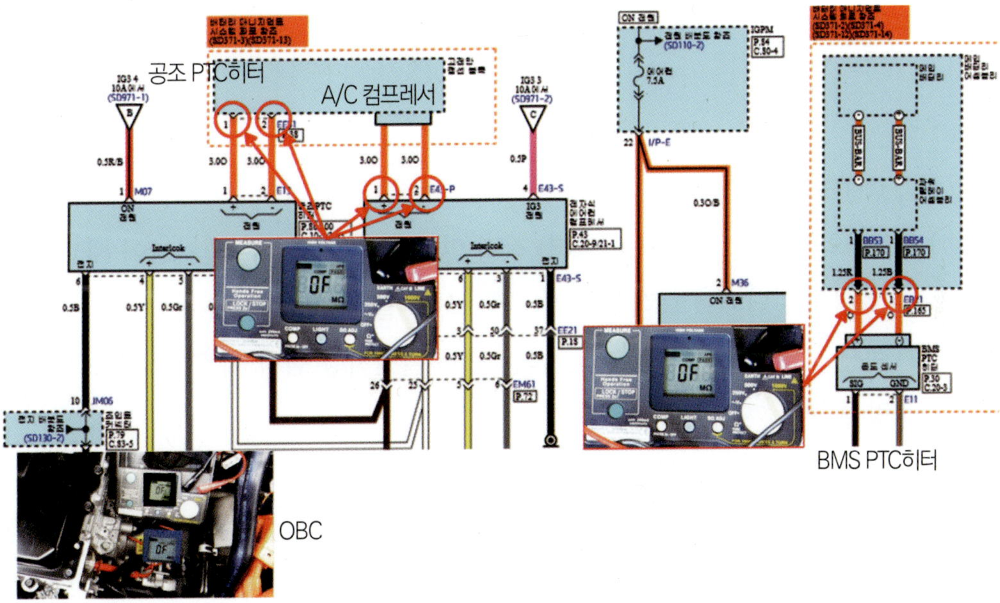

그림 PE 룸쪽 고전압 부품 절연저항 점검

⑧ EPCU 500V로 절연저항 측정 시 절연저항 불량 발생되어 EPCU 교환

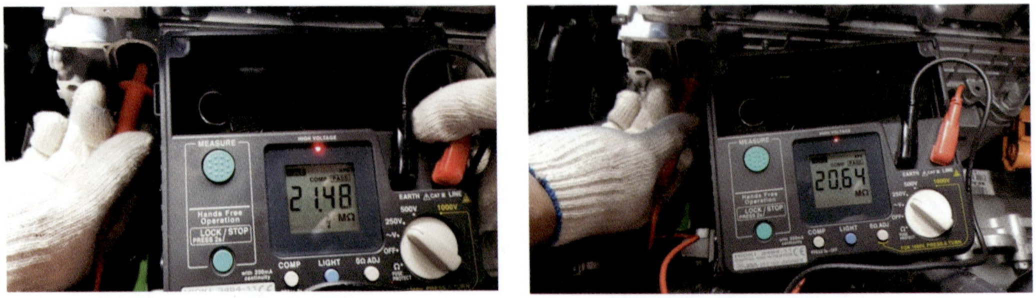

(a) 250V로 절연저항 측정 시

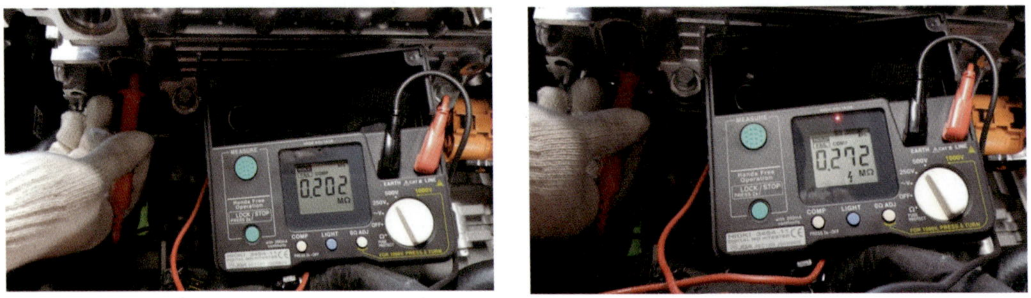

(b) 500V로 절연저항 측정 시

그림 EPCU 절연저항 점검

⑨ EPCU 교환 시 현상 동일함

⑩ EPCU와 트렉션 모터(구동 모터) 직접 연결로 인한 모터 절연저항이 EPCU에서 측정될 수 있다고 판단되어 트렉션 모터(구동 모터) 절연저항 점검키로 함

⑪ 트렉션 모터(구동 모터) U, V, W상 모두 절연저항 점검 시 약 150Ω 정도로 절연저항 불량 발생

항목	점검 부위	규정값	비고
절연 저항	하우징 - U	100 MΩ 이상	DC 540V, 1분간
	하우징 - V		
	하우징 - W		

(a) 트렉션 모터 절연저항 규정 값

(b) 교품

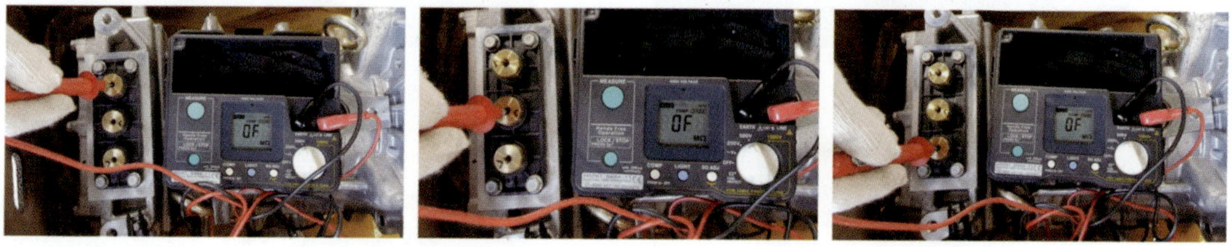

(c) 신품

그림 트렉션 모터 절연저항 점검

⑫ 트렉션 모터(구동 모터) 교환 후 시운전 시 정상

그림 신품 트렉션 모터

참고 트렉션 모터(구동 모터) 단독 탈거

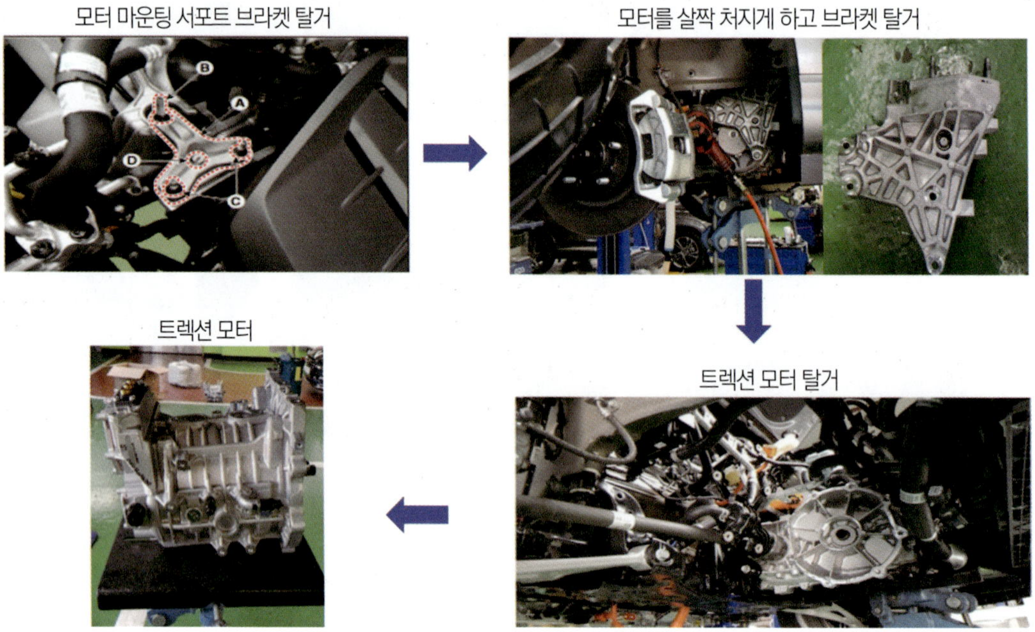

그림 트렉션 모터 탈거

[3] 발생원인

트렉션 모터(구동 모터) 절연 불량

[4] 조치사항

트렉션 모터(구동 모터) 교환

6.4.6. OS EV(코나 EV, 차량년식 : 2018년식)

[1] 고장증상

가속 시 "드드득" 소음 발생–감속기 소음

[2] 점검내용

① 자기진단, 서비스 데이터 점검 시 특이사항 없음

② 소음 확인 및 현상 재현 조건 확인 시 특징은 주행 특성은 현상 재현 전/후 소폭 감소함. 청음은 감속기 부근에서 소음의 크기가 큼

③ CV 조인트 체결상태 불량으로 예상하였으나 정비 시 특이사항 없음

④ 노이즈 옵저버를 이용한 소음 원 분석 시 모터와 감속기 체결부위에서 소음의 크기가 큼

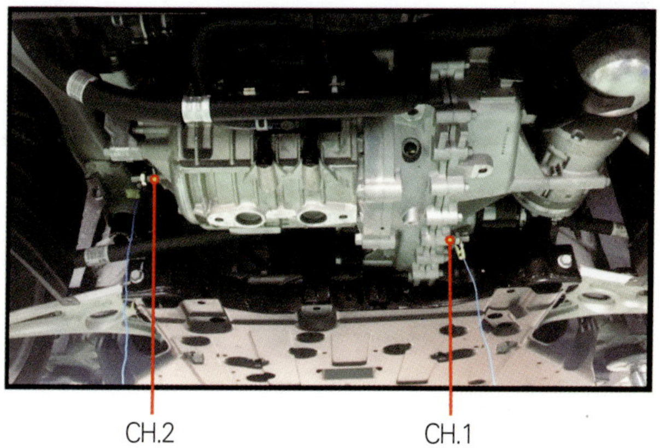

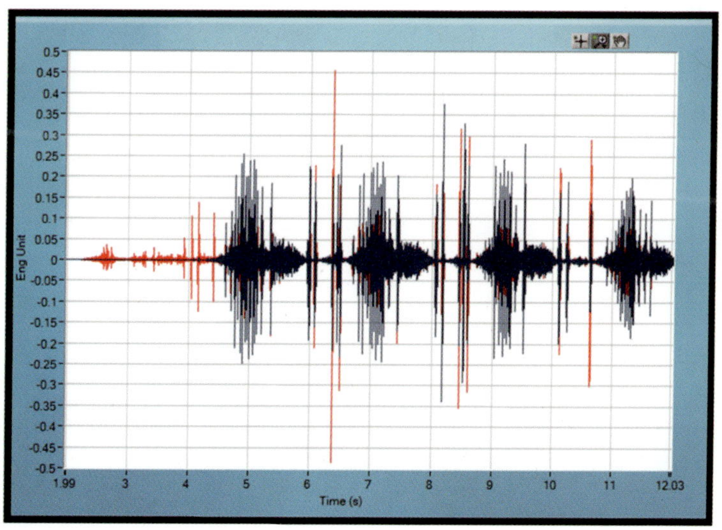

(a) CH.1

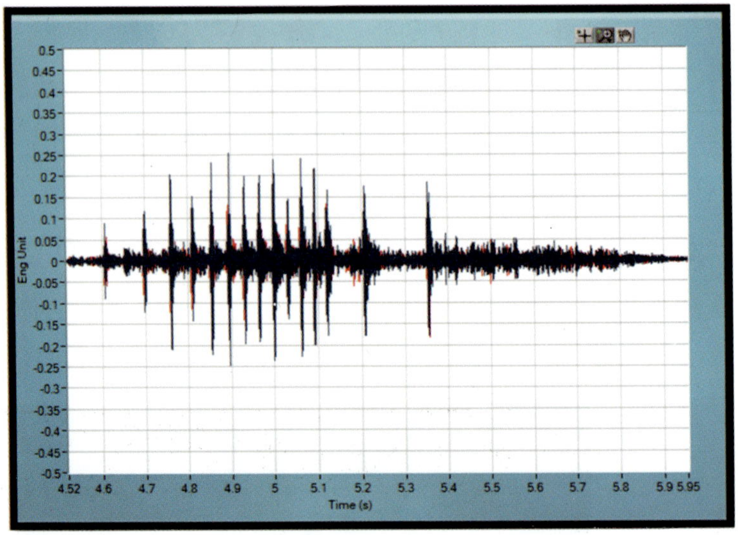

(b) CH.2

그림 노이즈 옵저버를 이용한 소음 원 분석

[3] 발생원인

모터와 감속기 체결부의 스프라인의 매칭(동기화) 불량

[4] 조치사항

트렉션 모터 교환

에어컨 시스템 정비사례

07

에어컨 시스템 정비사례

07
CHAPTER

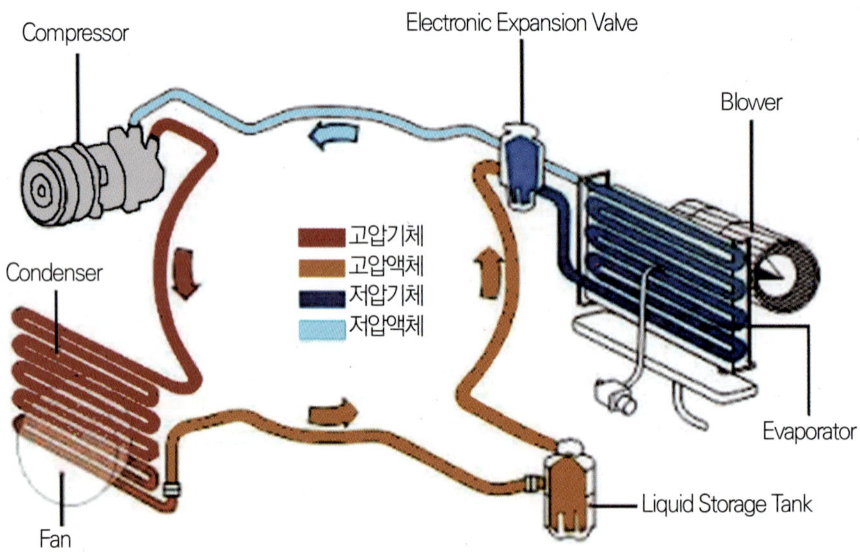

그림 에어컨 시스템

7.1 에어컨 역할

전기차(EV) 에어컨 시스템은 차량 내 냉난방 및 배터리 온도 조절을 담당하며, 내연기관 차와 달리 엔진 대신 전기 모터로 구동되는 컴프레서를 사용한다. 또한 배터리 관리 시스템(BTMS)과 연동하여 배터리 온도를 최적 범위로 유지하여 효율과 수명을 향상시킨다.

① 냉방 : 실내의 열을 흡수하여 외부로 배출하여 온도를 낮춘다.

② 난방 : 실외의 열을 흡수하여 실내로 전달하거나, 전기 히터를 사용하여 온도를 높인다.

③ 제습 : 습한 공기를 차갑게 하여 물방울로 만들어 제거함으로써 실내 습도를 조절한다.

④ 배터리 관리 : 일부 에어컨 시스템은 배터리 온도를 조절하여 성능을 최적화하고 수명을 연장한다.

⑤ 공기 순환 및 정화 : 외부 공기를 유입하거나 실내 공기를 재순환시켜 실내 공기를 깨끗하게 유지한다.

⑥ 냄새 제거 : 에어컨 시스템 내의 필터를 통해 불쾌한 냄새를 제거한다.

7.2 에어컨 구성

① 컴프레서(Compressor) : 냉매를 압축하여 순환시키는 역할을 한다.

② 응축기(Condenser) : 고온 고압의 냉매 기체를 액체로 변화시킨다.

③ 전자 팽창밸브(EEV, Electronic Expansion Valve) : 냉매의 압력을 낮추고 에어컨 및 냉동 시스템에서 냉매 유량을 조절하는 부품이다.

④ 증발기(Evaporator) : 액체 냉매를 기화시켜 실내 공기를 냉각시킨다.

⑤ 히터 코어(Heater Core) : 냉각수를 이용하여 실내 공기를 데운다.

⑥ 송풍기(Blower : 공기를 실내로 순환시킨다. 일반적으로 BLDC 모터와 송풍 팬으로 구성되어 있으며, 냉방 시에는 증발기를 거쳐 나온 공기를 실내로 보내고, 난방 시에는 히터를 거친 공기를 순환시킨다.

⑦ 필터(Filter) : 공기 중의 먼지나 이물질을 걸러낸다.

⑧ PTC(Positive Temperature Coefficient) : 난방을 담당하는 부품이다. PTC 히터는 전기에너지를 열에너지로 변환하여 차량 내부를 따뜻하게 해주는 부품이다.

⑨ HVAC 제어 모듈 : 고전압 배터리, BLDC 모터, PTC 히터 등을 제어하여 냉난방 시스템 전체를 관리한다.

⑩ E-Comp 인버터 : 전기 모터 구동 컴프레서의 전력 변환 및 제어를 담당한다.

⑪ 액체 저장 탱크(Liquid Storage Tank) : 냉매 저장 및 관리에 중요한 역할을 한다. 이 탱크는 냉매를 액체 상태로 저장하여 에어컨 시스템의 효율적인 작동을 지원한다.

7.3 에어컨 기능

① 냉난방 : 전기차는 고전압 배터리를 사용하여 히트 펌프를 구동하여 냉방과 난방을 모두 제공한다.

② 공기 순환 : 외부 공기를 차량 내부로 유입하거나, 차량 내부 공기를 재순환시켜 실내 공기를 쾌적하게 유지한다.

③ 제습 : 에어컨 작동 시 발생하는 습기를 제거하여 쾌적한 실내 환경을 유지한다.

④ 공기 청정 : 외부 오염 물질이나 악취를 제거하고 실내 공기를 정화한다.

⑤ 에어컨 자동 건조 : 에어컨 작동 후 남은 응축수를 건조시켜 냄새 발생을 줄여준다.

⑥ 인체 감지 및 자동 온도 조절 : 일부 차종에서는 인체 감지 기능을 통해 탑승자의 위치에 따라 온도를 조절하거나, 스마트 열선/통풍 기능을 제공한다.

⑦ 배터리 열 관리 : 냉난방 시스템은 실내 온도 조절뿐만 아니라, 배터리 팩과 모터의 온도 관리에도 영향을 미친다.

⑧ 외부 공기 유입 방지 제어 : 특정 상황에서 외부 공기 유입을 차단하여 실내 환경을 보호한다.

⑨ 워셔 작동 시 실내 공기 순환 : 워셔액 사용 시 일시적으로 실내 공기를 순환시켜 시야 확보를 돕는다.

7.4 고장 시 증상 및 점검방법

7.4.1. NE EV(아이오닉 EV, 차량년식 : 2021년식)

[1] 고장증상

에어컨 컴프레서 교환 후 B247013 점등

[2] 점검내용

① DTC 확인 시 고장코드 B247103 전동식 컴프레서 인터록 이상 – 현재 표출

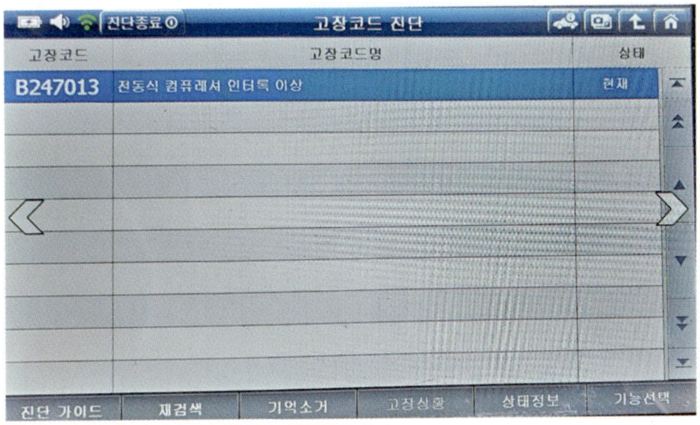

그림 고장코드

② 에어컨 컴프레서 문제로 컴프레서 교환 후 전기차 시스템 점검 문구 점등

③ 인터록 회로 점검, 인터록 회로 정상

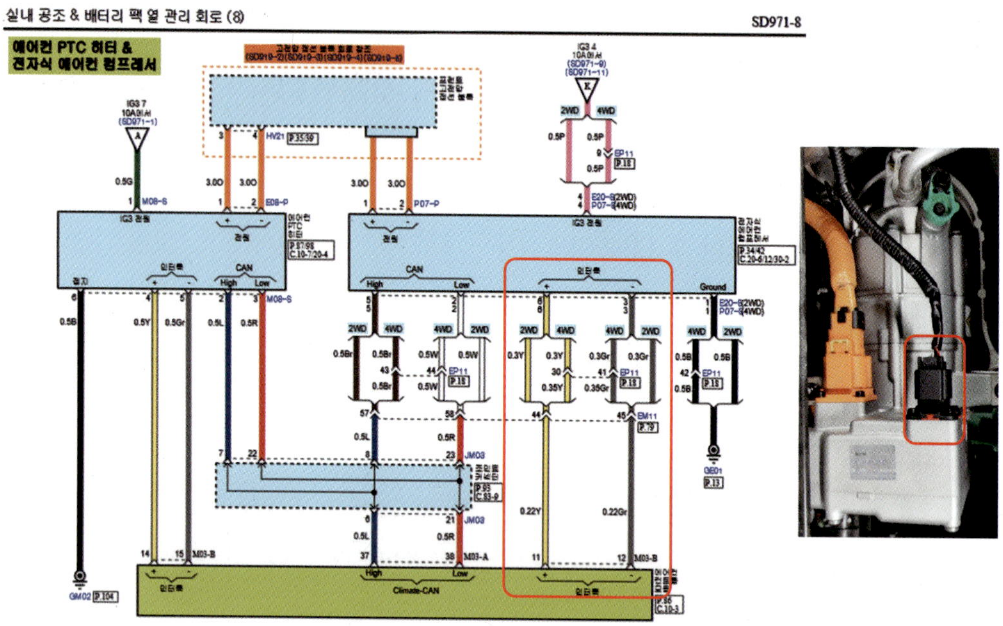

그림 인터록 회로 점검

④ 교품 컴프레서 장착 시 DTC 미 전등

⑤ 컴프레서 파셜화 부품 공급으로 컴프레서 바디 키트와 인버터 키트 납품

(a) 교품 인버터 장착 상태　　　(b) 신품 인버터 상태(미 장착)

그림 교품 인버터와 교환한 신품 인버터 비교

⑥ 에어컨 컴프레서 관련 소음 및 작동 불량 부품 교환 시 바디 키트 컴프레서와 인버터 키트 컴프레서 구분 청구

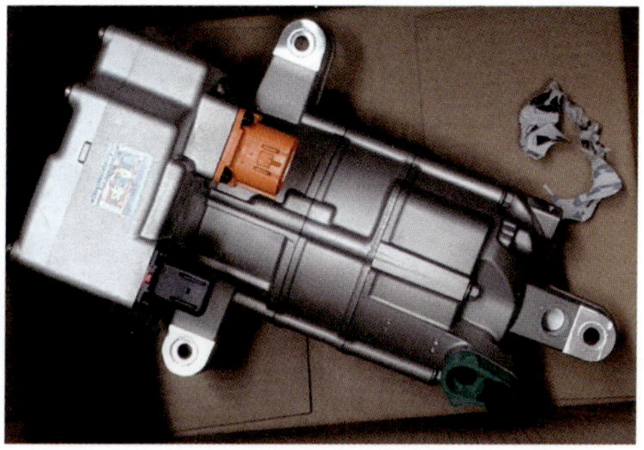

그림 바디 키트 컴프레서

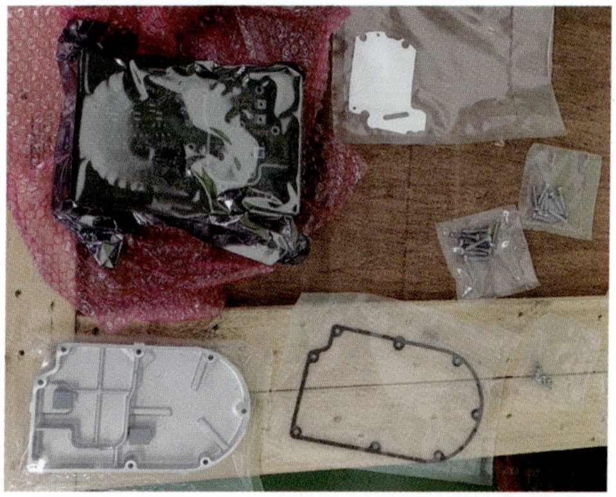

그림 인버터 키트 어셈블리

[3] 발생원인

신품 컴프레서 어셈블리 확인 시 컴프레서 내부 인버터 미 장착 상태

[4] 조치사항

인버터 키트 수령 장착

7.4.2. OS EV(코나 EV, 차량년식 : 2018년식)

[1] 고장증상

IG ON, READY 상태에서 히터 작동 시 따뜻한 바람 토출 불가

[2] 점검내용

① 자기진단 시 고장코드 AIRCON B183088 PTC 히터 고전압 낮음 – 현재 표출

시스템	고장코드	고장코드명	상태
AIRCON	B183088	PTC 히터 고전압 낮음	현재

그림 고장코드

② 서비스데이터 점검 시 히터 ON/OFF 스위치 ON시에도 센서데이터 상 PTC 작동 상태 항상 OFF로 유지됨. 컴프레서는 정상적으로 작동

덕트센서-운전석 VENT	12.5	'C
덕트센서-운전석 FLOOR	12.0	'C
스피드 센서	0	km/h
컴프레셔 작동상태	OFF	-
HV PTC 작동 상태	OFF	-

그림 서비스데이터

③ PTC 히터 교환, PTC 히터 교환 후 동일 증상

④ PTC 히터 관련 고전압 라인 회로도 점검, E13 커넥터 체결 상태 및 핀 텐션 정상

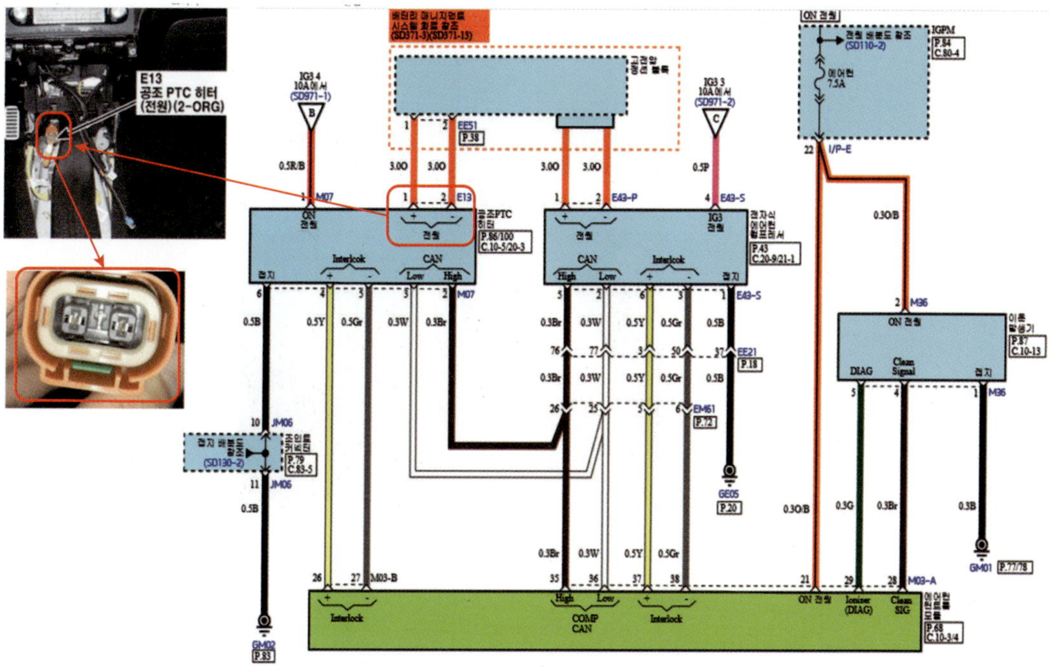

그림 PTC 히터 관련 고전압 라인 회로도 점검

⑤ 고전압 정션블록 내의 PTC 40A 퓨즈 점검. 고전압 정션블록 탈거 힘드므로 EE51 커넥터 1번 핀과 HV-B 커넥터 1번 핀 통전 테스트 결과 퓨즈 단선 의심됨

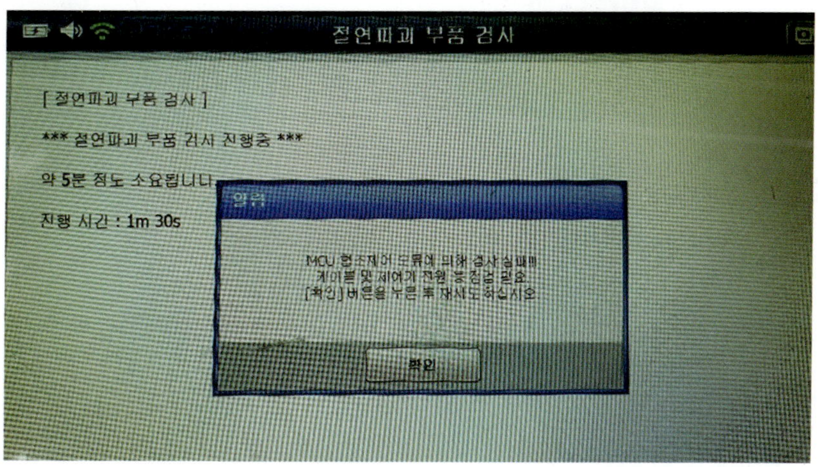

그림 고전압 정션블록 내의 PTC 40A 퓨즈 점검

⑥ 고전압 정션블록 탈거 후 고전압 퓨즈 단선 테스트 결과 끊어짐

그림 고전압 퓨즈 단선 테스트

⑦ 퓨즈 교환 후 PTC 히터 정상작동으로 따뜻한 바람 나오며, 센서데이터 상에도 정상. PTC 히터 내부 쇼트로 인한 퓨즈 단선, 자주 발생됨

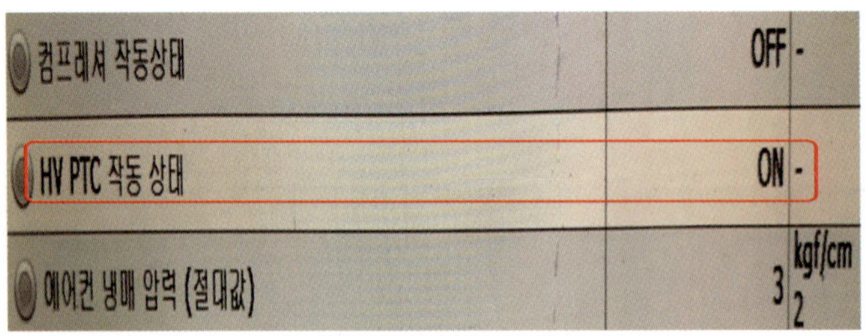

그림 정상 시 센서데이터

[3] 발생원인

PTC 고전압 퓨즈 단선

[4] 조치사항

PTC 고전압 퓨즈(40A) 교환

7.4.3. AE EV(아이오닉 EV, 차량년식 : 2019년식)

[1] 고장증상

고장코드 P1B77 고전압 배터리 프리차징 실패 – 임시 발생으로 READY 진입 불가

[2] 점검내용

① P1B77 고장상황 데이터 점검(GSW 진단가이드에는 [P1B77 인버터 커패시터 프리차징 실패]로 등재되어 있음)

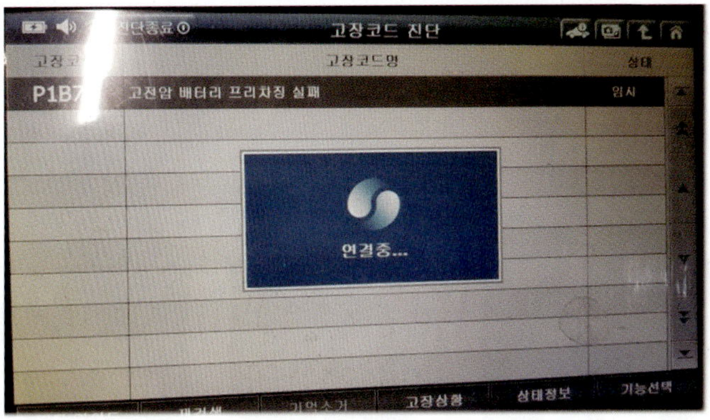

그림 고장코드

② P1B77 고장코드 고장상황 데이터 점검 시 SOC 상태 95%, 인버터 커패시터 전압 7V, 고장 추가 정보 1 : 19, 고장 추가정보 2 : 1, (고장 추가정보) 프리차징 평균 전류 1.9A

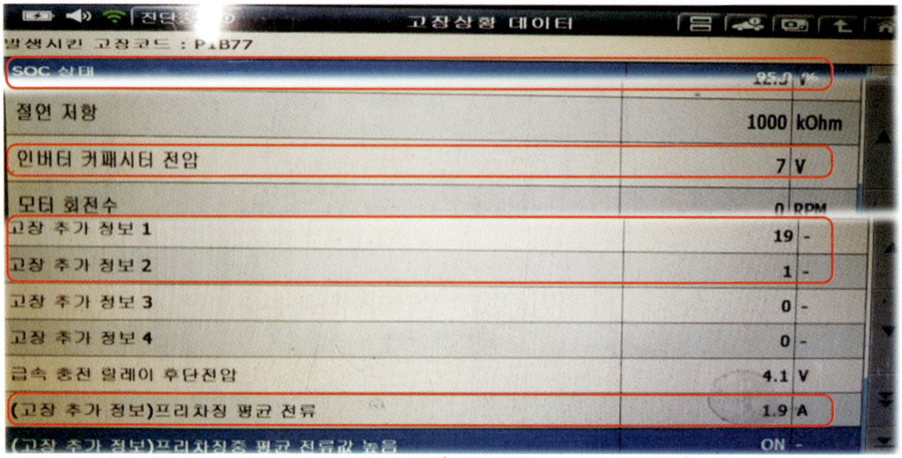

그림 고장상황 데이터

③ 메인 릴레이(−), 프리차지 릴레이 동시 ON 강제구동 결과 프리차지 레지스터 소손

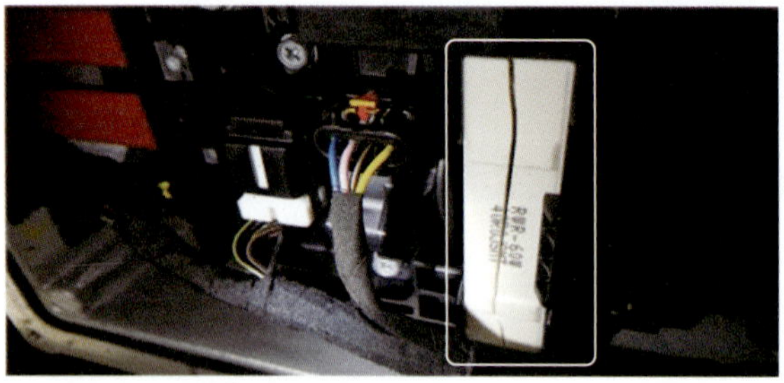

(a) PRA 및 BMS 정션 박스 내 프리차지 레지스터 소손

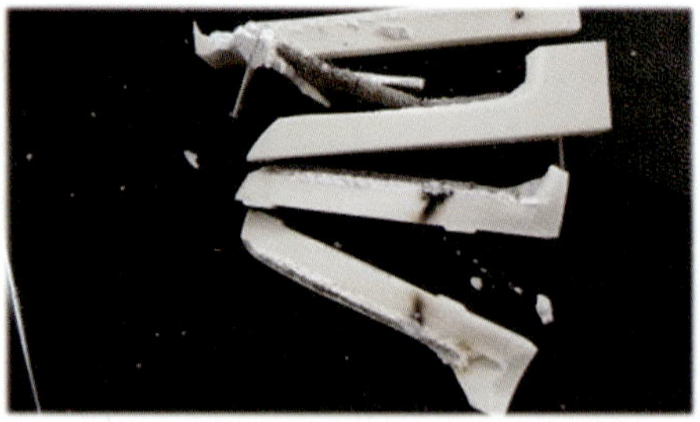

(b) 프리차지 레지스터 소손

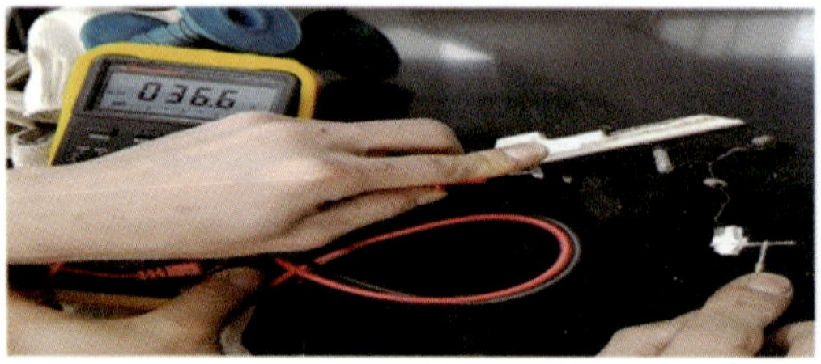

(c) 소손된 레지스터 저항값 : 36.6Ω

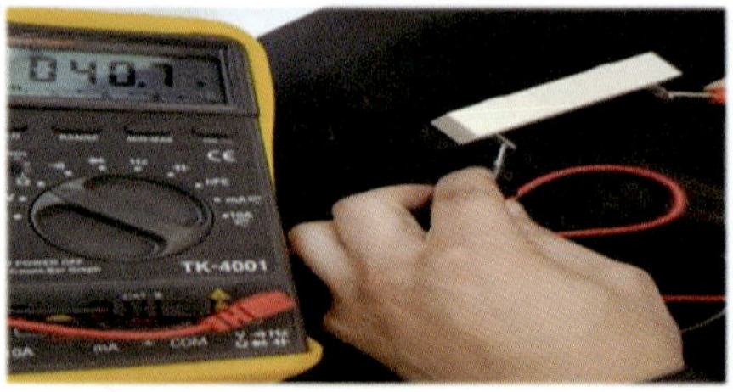

(d) 신품 레지스터 저항값 : 40.7Ω

그림 프리차지 저항 소손

④ PRA 및 BMS 고전압 정션박스 어셈블리 점검

⑤ 프리차지 레지스터 교환 후 강제구동 재점검 시 인버터 커페시터 전압 및 고전압 +, − 측정 시 221.7V, 218V 측정, BUT 프리차지 레지스터 2번째 파손. 고전압 관련 다른 파트의 쇼트 의심

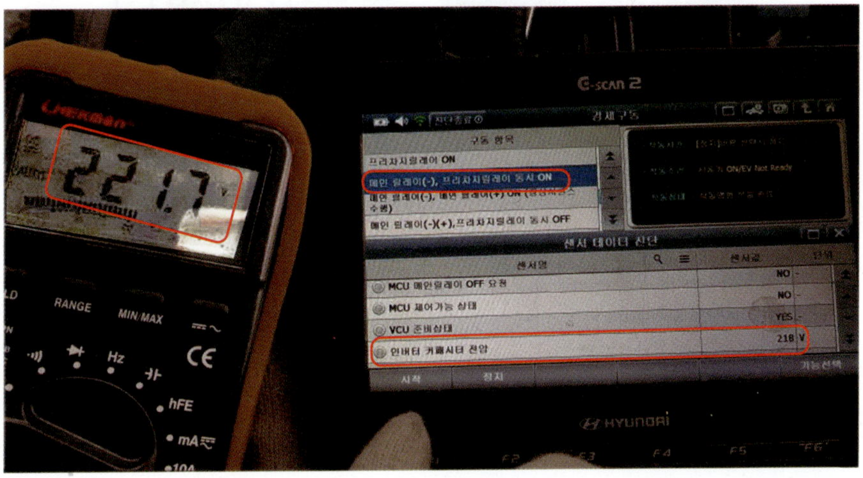

그림 강제구동

⑥ 타 고전압 부품 쇼트 및 배선 절연저항 점검

㉮ EPCU 내부 쇼트 점검 및 배선 저항 측정

㉯ 고전압 정션블록과 EPCU 체결 부위 저항 측정

㉰ 인버터 측 저항 측정

㉱ PTC 히터 배선 저항 측정

⑦ 타 고전압 부품 쇼트 및 배선 절연저항 점검(EB22 커넥터 배선 절연저항, 고전압 정션박스와 EPCU 연결되는 부위 저항 점검)

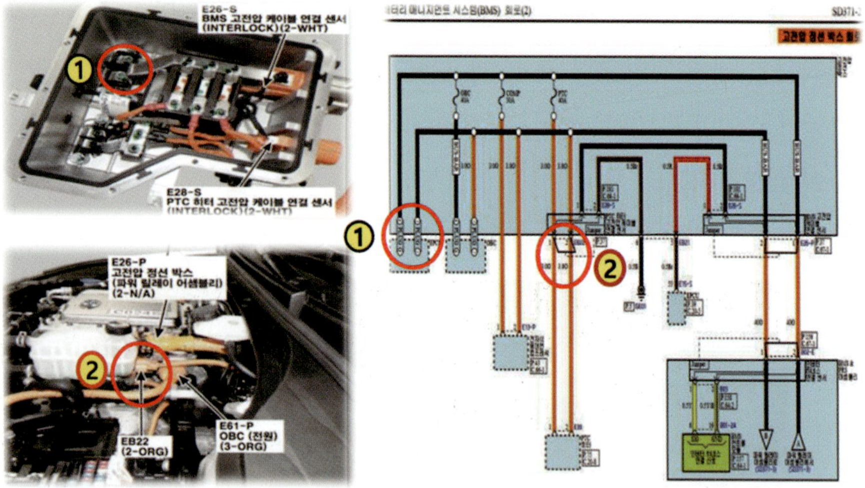

그림 절연저항 점검

⑧ EPCU, 인버터, 고전압 정션박스 점검. 인버터 측 저항 측정 시 217.8Ω, 고전압 정션박스와 EPCU BUS BAR 체결부위 저항 측정 시 297.7Ω 나와 EPCU 교환

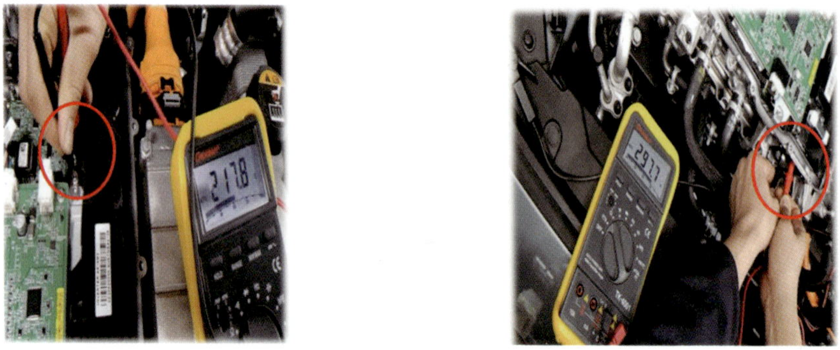

그림 저항 측정

⑨ EPCU 교환 후 READY 불가. 고전압 정션박스에 연결되는 PTC 히터 배선 저항 측정 시 210.1Ω, 고품 PTC 히터 배선 측정 시 215.7Ω(신품 PTC 히터 배선 저항 측정 시 140.6kΩ)

그림 PTC 히터 배선 측정

그림 신품 PTC 히터 배선 저항 측정

⑩ PTC 히터 어셈블리 교환 후 정상 READY 진입 가능, 구동 모터 위치센서 보정(주행) 후 출고

[3] 발생원인

PTC 히터 내부 쇼트

[4] 조치사항

PTC 히터 어셈블리 교환

7.4.4. AE EV(아이오닉 EV, 차량년식 : 2018년식)

[1] 고장증상

EV 충전 케이블 삽입 시 몇 초 후 케이블 액추에이터 해제되고 고전압 배터리 충전 불가, 시동 불가

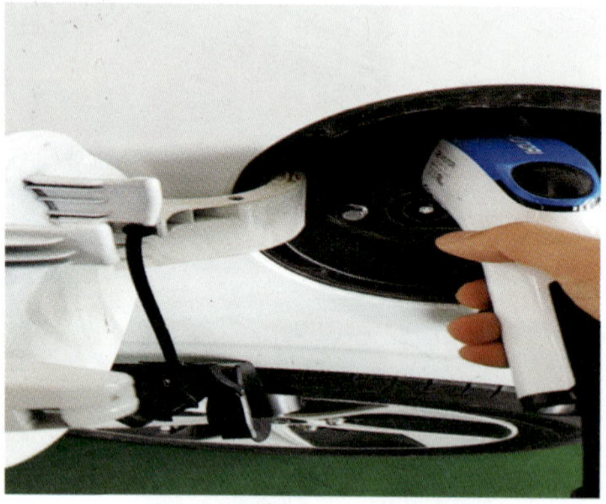

그림 고전압 충전 불가

그림 시동 불가

[2] 점검내용

① 자기진단 점검 시 고장코드 P1B77 인버터 커패시터 프리차징 실패 – 임시 표출, PRA 불량으로 추정하여 관련 점검 실시

제어장치	고장코드	고장코드명	상태
MCU - 모터제어		발견된 고장코드가 없습니다.	
BMS - 배터리제어	P1B77	인버터 커패시터 프리차징 실패	임시
OBC - 차량탑재형충전기		발견된 고장코드가 없습니다.	
CCM - 충전제어모듈	C182C00	충전기 이상	과거
VCULDC - VCULDC		발견된 고장코드가 없습니다.	
ESHIFTER_BS - 전자식...	C110216	배터리 전압 낮음	과거
EPB - 전동파킹브레이크	C110201	배터리 전압 낮음	과거
SCCAEB - SCC/AEB		통신응답없음 / 시스템장착유무, IG KEY, DLC를 확...	
VDCAHB - VDC/AHB		발견된 고장코드가 없습니다.	
AIRBAG - 에어백(1차충...	B110200	배터리 전원 낮음	과거
OCS - 승객구분시스템	B111216	이그니션 전원 낮음	과거
AIRCON - 에어컨		발견된 고장코드가 없습니다.	
EPS - 파워스티어링		발견된 고장코드가 없습니다.	
PGS - 조향연동후방카...		발견된 고장코드가 없습니다.	
BSD-L - 후측방경보장...		통신응답없음 / 시스템장착유무, IG KEY, DLC를 확...	
BSD-R - 후측방경보장...		통신응답없음 / 시스템장착유무, IG KEY, DLC를 확...	
MFC - 멀티펑션카메라		통신응답없음 / 시스템장착유무, IG KEY, DLC를 확...	
AHLS - 오토헤드램프레...		통신응답없음 / 시스템장착유무, IG KEY, DLC를 확...	
AAF - 액티브에어플랩		발견된 고장코드가 없습니다.	
SMK - 스마트키유닛		발견된 고장코드가 없습니다.	
AMP - 앰프		-- 고장코드 진단을 지원하지 않는 시스템입니다. --	
CLU - 클러스터모듈		발견된 고장코드가 없습니다.	
IBU-BCM - IBU-BCM		발견된 고장코드가 없습니다.	
IBU-TPMS - IBU-TPMS		발견된 고장코드가 없습니다.	
PSM - 파워시트모듈		통신응답없음 / 시스템장착유무, IG KEY, DLC를 확...	
WPC - 무선충전시스템		통신응답없음 / 시스템장착유무, IG KEY, DLC를 확...	
IGPM - IGPM	B110200	배터리 전압 낮음	과거
VESS - 가상엔진사운드		발견된 고장코드가 없습니다.	

센서명	센서값	단위
배터리 충전 상태(BMS)	2.0	%
최대 충전 가능 파워	0.00	kW
최대 방전 가능 파워	0.00	kW
BMS 메인 릴레이 ON 상태	NO	-
배터리 사용가능 상태	NO	-
BMS 경고	NO	-
BMS 고장	YES	-
BMS 융착 상태	NO	-
BMS 완속 충전모드	NO	-
BMS 급속 충전모드	NO	-
BMS 충전 상태	NO	-
배터리 팩 전류	0.0	A
배터리 팩 전압	301.7	V
배터리 최대 온도	8	'C
배터리 최소 온도	4	'C
배터리 외기 온도	6	'C
최대 셀 전압	3.18	V
최대 전압 셀 위치	95	-
최소 셀 전압	3.10	V
최소 전압 셀 위치	65	-
팬 단수	0	-
팬 피드백 주파수	0	Hz
보조 배터리 전압	14.0	V
절연 저항	1000	kOhm
인버터 커패시터 전압	37	V
모터 회전수	0	RPM
모터 제어기 준비	YES	-
MCU 메인릴레이 OFF 요청	NO	-
MCU 제어가능 상태	NO	-
VCU 준비 상태	YES	-
VCU 메인 릴레이 OFF 요청	NO	-
VCU EV 준비상태	NO	-
에어컨 메인 릴레이 OFF 요청	NO	-
총 동작 시간	17887398	Sec
고장 추가 정보 1	25	-
고장 추가 정보 2	0	-
고장 추가 정보 3	0	-
고장 추가 정보 4	0	-
급속 충전 릴레이 후단전압	4.9	V
(고장 추가 정보)프리차징 평균 전류	2.5	A
(고장 추가 정보)프리차징중 평균 전류값 높음	-	-
총 주행거리	f3000000	km
경고등 점등후 주행거리	7	km
고장코드 발생 시 주행거리	-	km

그림 고장코드

② PRA 강제 구동 점검

㉮ 프리차저 릴레이, (−) 메인 릴레이 강제 구동 시 인버터 캐패시터 전압 174V 나옴

㉯ PRA 실품 점검 시 프리차저 저항 소손. PRA 뚜껑 열었을 시 탄 냄새 살짝 나지만, 메인 릴레이, 프리차저 릴레이는 정상

그림 프리차저 저항 소손

㉰ 프리차저 저항 교환 후 동일 현상 발생

㉱ PRA 내부 불량으로 추정하여 PRA 교환 시 고장 현상 동일

③ 고장상황 데이터 확인

㉮ 프리차징 실패로 캐패시터 전압 37V로 불량

㉯ 프리차징 평균 전류 고장 발생 시 2A 이상일 경우 고전압 시스템 오동작에 의한 고장 발생 가능. 단, 이 경우 고전압 시스템 오동작에 의해 프리차지 저항 소손 가능하니 확인 후 교환 요망

㉰ 고장추가 정보1 값 × 0.1 = 프리차징 평균전류

㉱ 고장추가 정보2 값 × 2 = 고장 시 캐패시터 전압

항목	데이터
SOC	2 %
BMS 메인 릴레이 ON 상태	NO
BMS 융착 상태	NO
배터리 팩 전압	301.7 V
절연 저항	1000 KΩ
인버터 캐패시터 전압	37 V
고장추가정보1	25
고장추가정보2	0
고장추가정보3	0
고장추가정보4	0

그림 고장상황 데이터

④ 고전압 부품 절연저항 측정결과 정상으로 확인했으나 과전류가 흐르나 절연저항은 정상

	정상 값	측정 값
모터	10 MΩ 이상	2000 MΩ
EPCU	-	40 MΩ
OBC	-	21 MΩ
고전압 배터리	2 MΩ 이상	35 MΩ
E-컴프레서	100 MΩ 이상	80 MΩ
PTC 히터	-	45 MΩ

그림 고전압 부품 절연저항

⑤ 고전압 캐패시터 용량 점검, 캐패시터 유전율 불량 확인

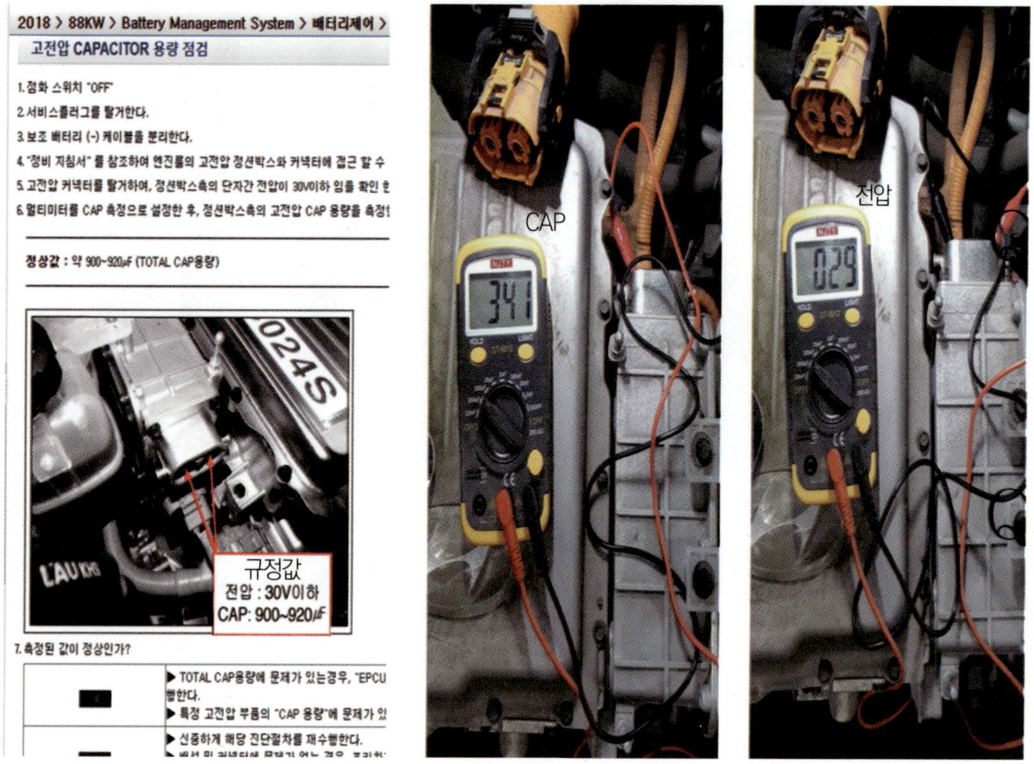

그림 고전압 캐패시터 용량 점검

⑥ PTC 히터 커넥터 탈거 시 캐패시터 용량 실측값 정상

그림 고전압 부품 점검

⑦ PTC 히터 커넥터 인터락 핀에 더미 저항 연결하여 충전 및 시동 정상. 고전압 정션박스 내 PTC 히터 퓨즈 탈거하여도 정상 운행 가능

⑧ PTC 히터 단품 점검 실시

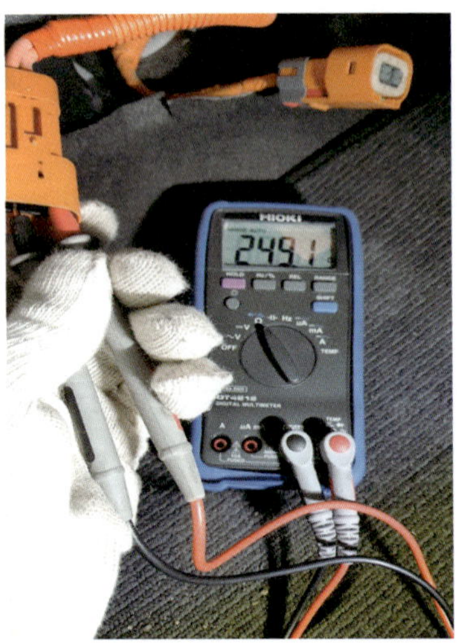

(a) 단품 저항 불량(정상 140kΩ)

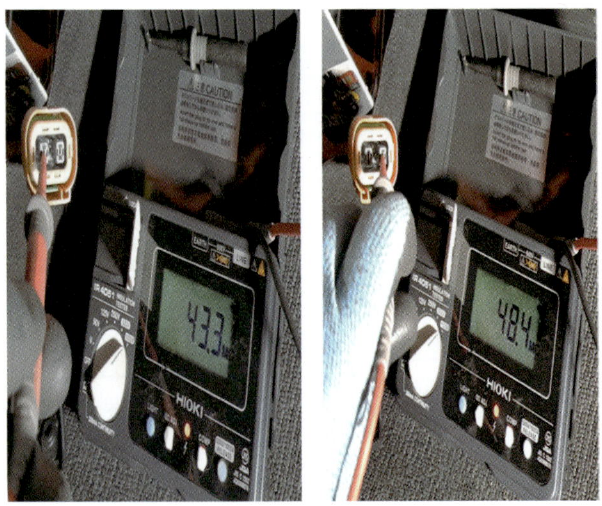

(b) 절연저항 정상

그림 PTC 히터 단품 점검

⑨ PTC 히터 단품 불량으로 교환 예정

[3] 발생원인

PTC 히터 단품 불량

[4] 조치사항

PTC 히터 교환

7.4.5. HR EV(포터 EV, 차량년식 : 2021년식)

[1] 고장증상

간헐적으로 EV 경고등 점등

[2] 점검내용

① 자기진단 시 고장코드 P0AA600 고전압 부품 절연 파괴 – 과거 표출
② 고장 상세코드 확인 시, 고장 상세코드 4 : 1(고장 위치 판단하기 어려움)

발생시킨 고장코드 : P0AA600

P0AA600

고전압 부품 절연파괴

과거

센서명(76)	센서값	단위
고장 상세코드1	0	No.
고장 상세코드2	0	No.
고장 상세코드3	0	No.
고장 상세코드4	1	No.

그림 고장 상세코드

③ 고장 추가정보 확인 시 위치 판단 어려움

고장 추가 정보	비고
고장 추가 정보1=1, 고장 추가 정보2=0	메인 릴레이 전단 절연파괴
고장 추가 정보1=0, 고장 추가 정보2=1	메인 릴레이 후단 절연파괴
고장 추가 정보3=1, 고장 추가 정보2=0	고전압 배터리
고장 추가 정보3=2, 고장 추가 정보2=0	고전압 입력부
고장 추가 정보3=4, 고장 추가 정보2=0	모터 3상부
고장 추가 정보3=32, 고장 추가 정보2=0	에어컨 컴프레서

그림 고장 추가정보 확인

④ 현상 발생 시 견인 입고하여 고전압 절연저항 검사

• [고전압 부품 절연저항 검사]

4. PTC 부 절연저항 검사

설정한 시간동안 절연저항을 측정합니다.

단위 : kΩ

검사 항목	최대값	최소값	검사 결과
고전압 배터리 부	1000	1000	검사 완료
고전압 입력 부	1000	0	검사 완료
에어컨 컴프레서 부	0	0	검사 완료
PTC 부	0	0	검사 완료
모터 3상 부			

최대값 : 0 kΩ 최소값 : 0 kΩ

다음 측정을 위해 [확인] 버튼을 누르십시오.

그림 고전압 부품 절연저항 검사

⑤ 절연파괴 부품 검사하여 고전압 입력부(고전압 배터리 출력 ~ 고전압 부품 입력단) 검출 확인하여 고전압 입력부 절연파괴 확인

• [절연파괴 부품 검사]

절연파괴 부품 검사 기능 완료

절연파괴 예상 부위가 아래와 같이 검출 되었습니다.

* 고전압 입력부(고전압 배터리 출력~고전압 부품 입력단)

[확인] 버튼 : 부가기능 종료

그림 절연파괴 부품 검사

⑥ 메가옴 테스터기로 실 차량 절연파괴 점검

㉮ 고전압 입력부 문제로 추정은 되나, 정확한 원인 파악을 위하여 고전압 부품 전체 측정

㉯ 에어컨 컴프레서, PTC 히터는 정상

㉰ 배터리 커넥터 (–) 절연 파괴 확인(고전압 입력단 문제 확인)

(a) 에어컨 컴프레서(정상)

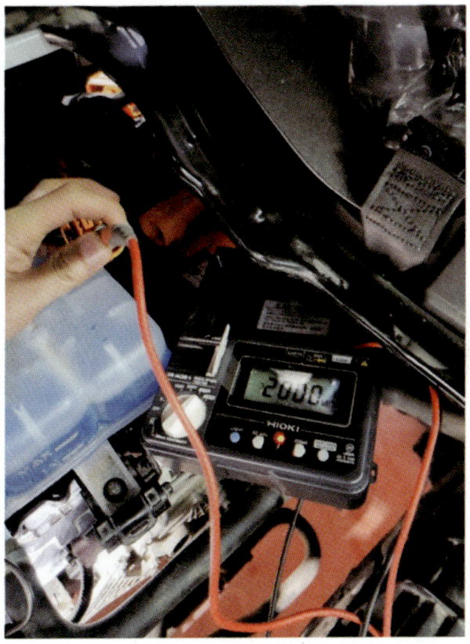

(b) PTC 히터(정상)

(c) 배터리 (-)(절연 파괴)

그림 메가옴 테스터기로 실제 차량 절연저항 측정

⑦ 고전압 배터리 탈거 후 내부 점검

㉮ 고전압 배터리 케이블, 커넥터, 입력단 버스바 등 수분유입이나 차체 간섭 등 특이 사항 없음

㉯ 메가옴 테스터기로 재 측정 시, 절연 파괴 현상 사라짐

㉰ 메인 릴레이 강제 ON 등 현상 재현 시도하였으나, 불가

(a) 고전압 배터리 내부 점검

(b) 절연저항 재 측정

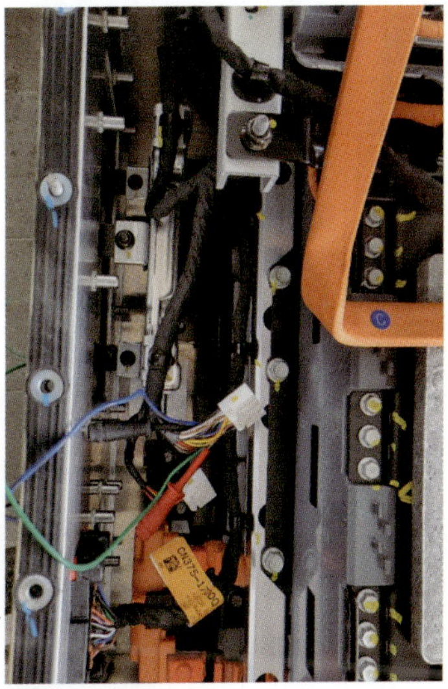

(c) 메인 릴레이 강제 구동 등 현상 재현

그림 고전압 배터리 내부 점검

⑧ 고전압 배터리 탈거 상태에서 현상 재현 불가로 BMS, 고전압 케이블, 커넥터 교환, 조립 후 시운전 중 동일 현상 발생

⑨ 고전압 입력부 회로 재 점검, 고전압 입력부와 승온히터 회로 구성 확인

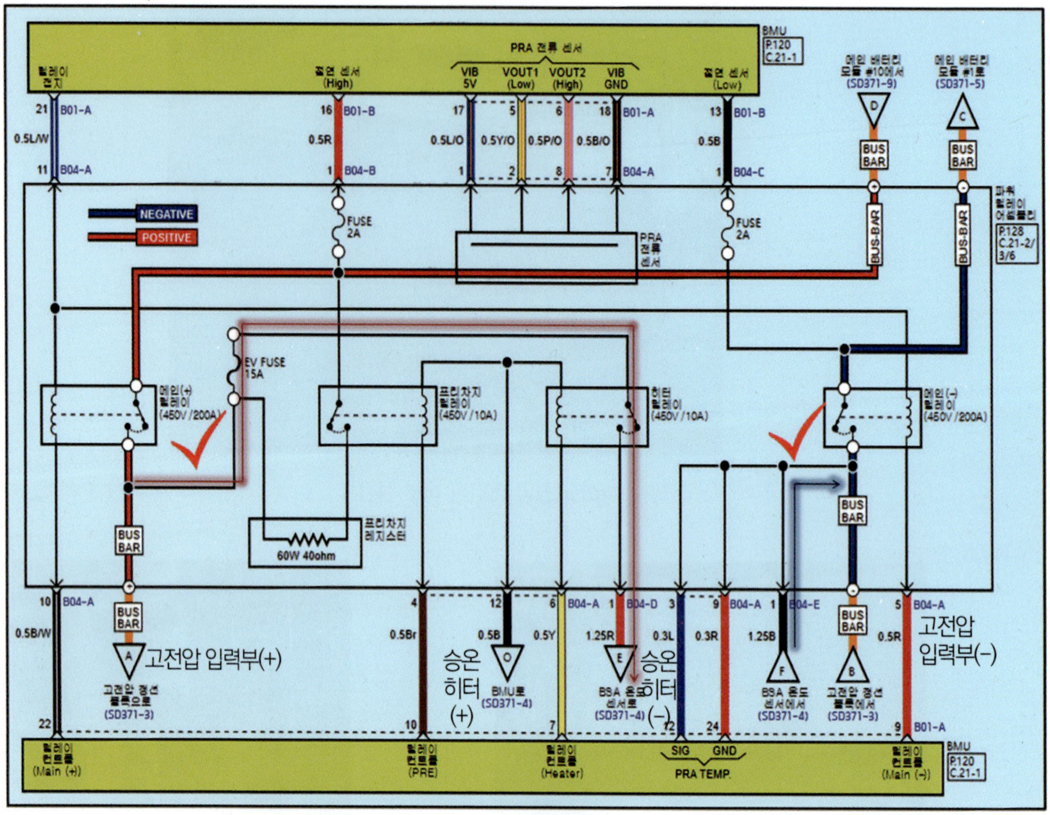

그림 회로도 및 고전압 배터리 케이블과 승온히터

⑩ 승온히터 교환 및 분해 점검

㉮ 승온히터 내부 와이어링 정상 체결 및 내부 수분 유입 없으며, 단품과 간섭 없음

㉯ 냉각수 히팅부, 냉각수 유입로 등 육안 점검 시 특이사항 없음

㉰ 냉각수 히팅부 내부 저항체에서 단락으로 판단

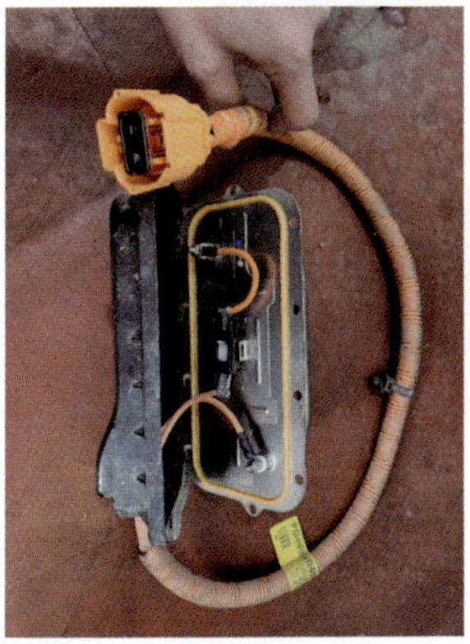

(a) 승온히터 내부 점검(특이사항 없음)

(b) 냉각수 히팅부 점검(특이사항 없음)

(c) 냉각수 유입로 점검(특이사항 없음)

그림 승온히터 분해 점검

[3] 발생원인

냉각수 히팅부 내부 저항체에서 단락으로 판단

[4] 조치사항

승온히터 교환 후 장기간 모니터링 결과 현상 재현 안됨

7.4.6. HR(포터 EV, 차량년식 : 2021년식)

[1] 고장증상

계기판에 "전기차 시스템을 점검하십시오" 문구 및 시동 불량 발생으로 입고

그림 계기판에 점검 문구

[2] 정비이력

PRA 교환 후 동일현상 발생으로 당일 입고됨

[3] 점검내용

① 고장진단 점검 결과 고장코드 BMS P1B7700 인버터 커패시터 프리차징 실패 – 현재 표출

그림 고장코드

② 고장코드 소거 후 재 시동 결과 고장코드 재 발생됨

③ BMS 센서 데이터 확인하며 시동 점검결과 시동 시 인버터 캐패시터 전압이 약 160V가량까지 올라가다가 다시 0V로 떨어짐 확인

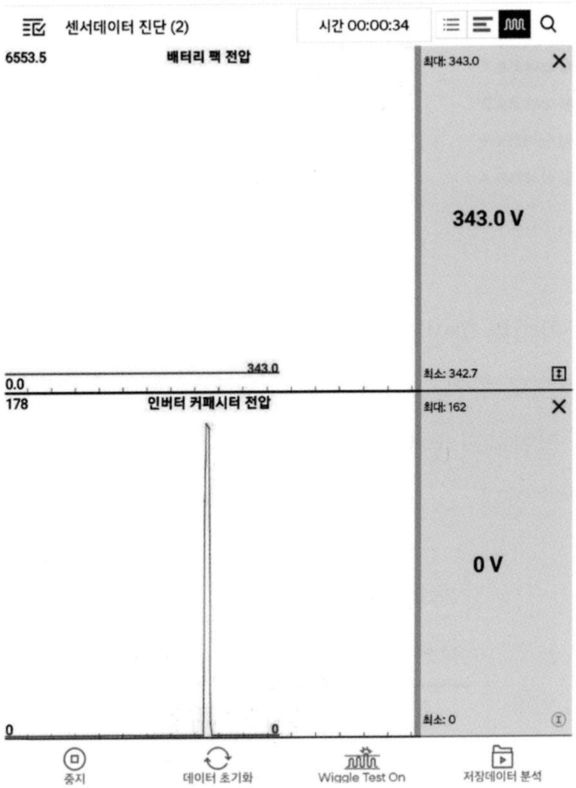

그림 센서데이터

④ 파워 릴레이 및 프리차저 릴레이, 프리차저 릴레이 저항 정상 판단됨

⑤ 고장상황 데이터 확인 결과 인버터 캐패시터 전압 2V, 고장상세코드 1 – 2, 고장상세코드 2 – 4 확인

발생시킨 고장코드 : P1B7700

P1B7700

인버터 커패시터 프리차징 실패 — 현재

센서명(76)	센서값	단위
배터리 충전 상태(BMS)	82.5	%
배터리 직류 전압	343.0	V
인버터 커패시터 전압	2	V
고장 상세코드 1	2	No.
고장 상세코드 2	4	No.
고장 상세코드 3	16	No.
고장 상세코드 4	0	No.

그림 고장상황 데이터

⑥ 코드별 진단가이드 확인결과 고장 상세코드로 다른 고전압 시스템 고장에 의해 고장코드 발생된 것으로 확인

⑦ 부가기능에 절연파괴 부품검사, 고전압부품 절연저항검사 실시해도 중간에 검사 실패 발생되며 확인 안됨

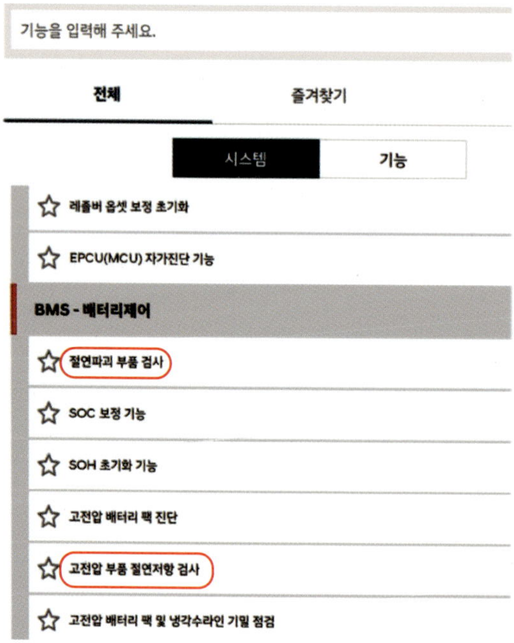

그림 부가기능

⑧ PTC 히터 커넥터(F108) 탈거 후 인터락은 단락시키고 시동 결과 인버터 캐패시터 전압 올라가며 정상 시동됨

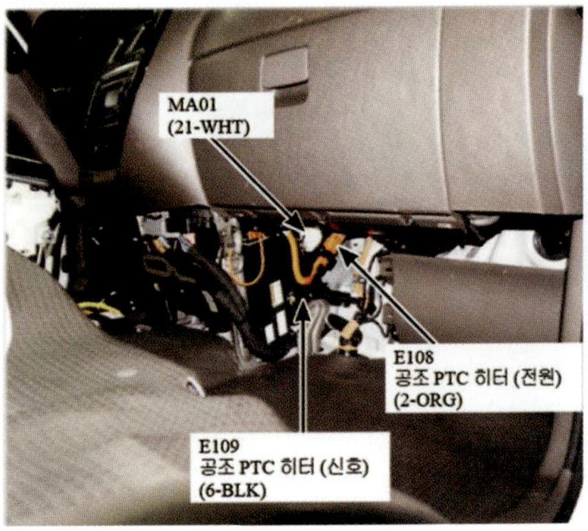

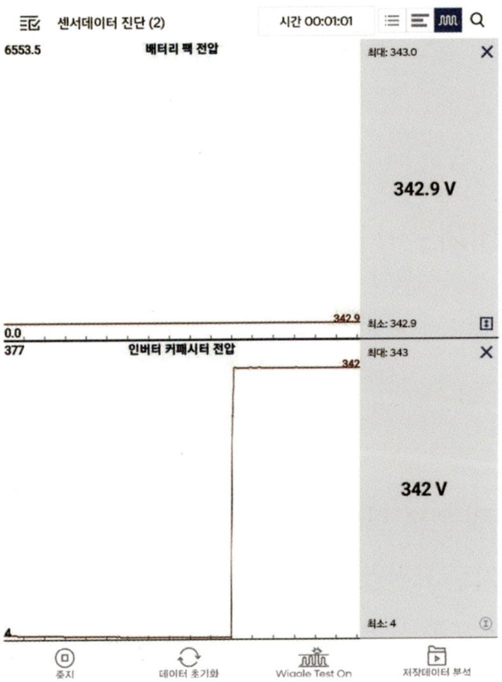

그림 인터락 단락 및 정상 센서데이터

⑨ PTC 히터 불량으로 PTC 히터 교환 실시

그림 PTC

[4] 발생원인

PTC 히터 불량

[5] 조치사항

PTC 히터 교환

7.4.7. NE EV(아이오닉 EV, 차량년식 : 2021년식)

[1] 고장증상

READY 불량

[2] 점검내용

① 메인 + 릴레이 및 PRA 릴레이 구동 시 비정상 전압 출력, PRA ASS'Y 교환 후 동일

② 메가옴 테스터기로 고전압 계통 단품 점검 시 PTC 히터 FAIL(그외 정상), PTC 히터 단품 저항 및 차체 도통 시험 시 불량 - PRA 새 고장 발생

㉮ 고전압 배터리 : 프론트 정션박스 연결 커넥터 메가옴 테스트 시 0MΩ

㉯ 프론트 정션박스 : PTC 히터 커넥터 메가옴 테스트 시 0MΩ

㉰ PTC 히터 불량품 단품 저항 : 0.2Ω

㉱ PTC 히터 정상 차량 단품 저항 : 216.4kΩ

㉶ PTC 히터 불량품과 차체 저항 : 14.5Ω

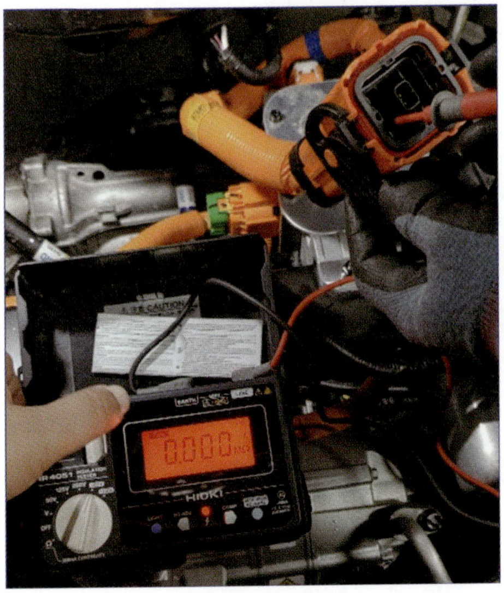

(a) 고전압 배터리

(b) 프론트 정션박스

(c) PTC 히터 불량품 단품 저항

(d) PTC 히터 정상 차량 단품 저항

(e) PTC 히터 불량품과 차체 저항

그림 고전압 계통 단품 점검

③ 공조 PTC 히터 고장으로 PRA ASS'Y 고장 발생

④ PRA ASSY(PRA ASSY 총 2회 교환함) & PTC 히터 교환(PTC 인터락 체결 후 READY) 후 정상 READY됨

[3] 발생원인

공조 PTC 히터 고장(단락)으로 PRA ASS'Y 고장 발생

그림 PTC 히터 단락

[4] 조치사항

PRA 2회 교체 & PTC 히터 교체

7.4.8. NE EV(아이오닉 EV, 차량년식 : 2021년식)

[1] 고장증상

주행 시 "전기차 시스템을 점검하십시오" 문구 표출

그림 계기판 점검 문구

[2] 점검내용

① 입고 시 고장진단 점검 결과 고장코드 P0AA600 고전압 부품 절연파괴 – 과거 표출

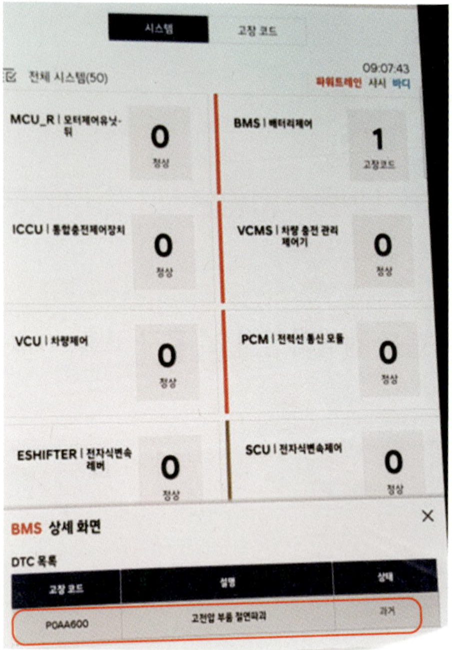

그림 고장코드

② 정차상태 현상재현 불가하여 주행 테스트 시 히터 작동 시 현상 재현됨

③ 현상 발생된 후 절연파괴검사 실시 검사 실패됨

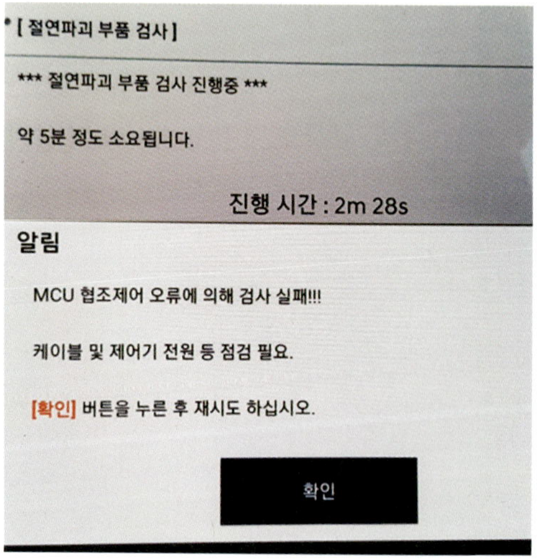

그림 절연파괴검사 실시

④ 현상 발생 후 절연파괴 고장코드 및 경고문구 띄웠지만 계속 운행 시 정상운행 가능하며 토출바람은 그냥 송풍바람으로 나옴

⑤ 센서데이터 진단 시 절연파괴 후 일정 주행하면 3000kΩ으로 페일됨

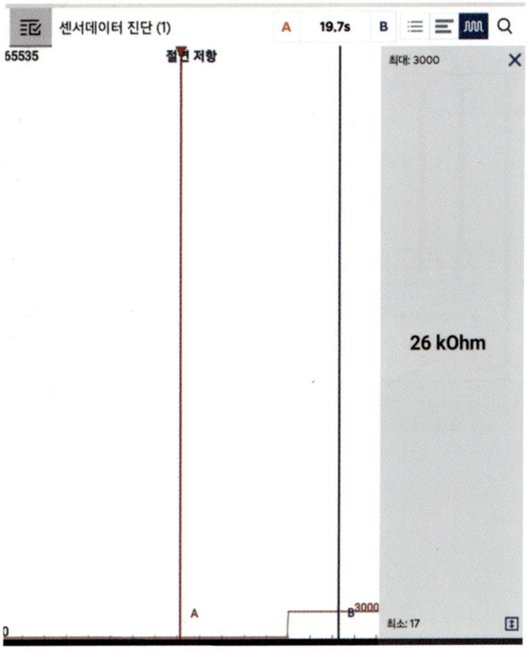

그림 센서데이터

⑥ 프론트 고전압 정션블록 PTC 히트 절연파괴 확인

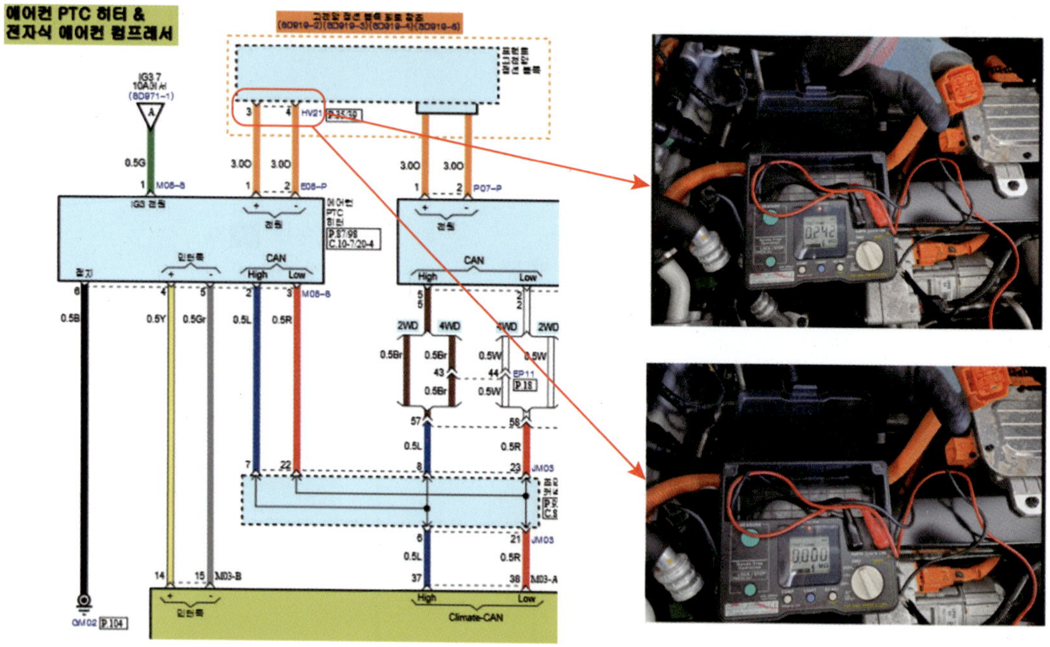

그림 PTC히트 절연 점검

[3] 발생원인

PTC 히트

[4] 조치사항

PTC 히트 교환

그림 PTC

현대자동차 코드명

08

현대자동차 코드명

08
CHAPTER

8.1 현대/기아 기존 코드명 방식

8.1.1. 쏘나타 Code Name 변화

EF(4세대)

NF(5세대)

YF(6세대)

LF(7세대)

현대	기아
아반떼 : XD, HD, MD, AD	포르테 : TD/K3 YD, BD
쏘나타 : EF, NF, YF, LF	K5 : TF, JF
그렌저 : XG, TG, HG, IG	K7 : VG, YG

8.1.2. Segment

[1] 세그먼트(Segment classification)란?

① 자동차 업계에서 자동차를 분류하는 용어

② 유럽에서는 주로 자동차 앞범퍼에서 뒷범퍼까지의 길이를 기준으로 분류

③ 미국의 경우 용도, 사이즈 등 복합적 기준 사용

④ 우리나라는 일반적으로 배기량에 따라 경차, 소형, 중형, 대형으로 분류

[2] 유럽 세그먼트 구분

Segment	기준
A(Mini car)	3,500mm 이하
B(Small car)	3,500~3,850mm
C(Medium car)	3,850~4,300mm
D(Large car)	4,300~4,700mm
E(Executive car)	4,700~5,000mm
F(Luxury car)	5,000mm 이상

EU	차종	US
A(Mini car)	BMW 이세타	Micro car
A(Mini car)	피아트 500, 벤츠 스마트, 모닝, 스파크	Subcompact car
B(Small car)	포드 피에스타, 폭스바겐 폴로, 엑센트, 프라이드	Subcompact car
C(Medium car)	A3, 포드 포커스, 혼다 시빅, 아반떼	Compact car
D(Largeb car)	쉐보레 말리부, 쏘나타, K5	Mid-size car
D(Largeb car)	A4, BMW 3, 벤츠 C	Entry-level luxury car
E(Executive car)	쉐보레 임팔라, 그랜저	Full-size car
E(Executive car)	A6, BMW 5, 벤츠 E, 캐딜락 CTS, 렉서스GS, G80	Mid-size luxury car
F(Luxury car)	A8, BMW 7, 벤츠 S, 렉서스 LS, G90, K9	Full-size luxury car
S(Sports car)	포르쉐, 페라리, 람보르기니, Z4, TT	Convertible, Roadster
M(Multi purpose car)	시트로엥 C4 피카소, 포드 E350, 카니발, 스타렉스	Mini Van, Cargo Van
J(Sports utility car)	레인지로버, 포드 익스플로러, 싼타페, 쏘렌토	SUV
-	-	Pick-up Truck

8.1.3. 과거의 현대자동차 코드명

영문 두 자리 = 임의 알파벳 + 플랫폼 알파벳

플랫폼	차종	분류
A	JA(모닝)	경차
B	YB(프라이드), RB(엑센트)	소형차
D	AD(아반떼), BD(X3)	준중형
F	LF(쏘나타), JF(K5)	중형
G	IG(그랜저), YG(K7)	준대형
H	DH(제네시스)	대형
I	VI(에쿠스)	
L	TL(투싼), QL(스포티지)	중형 SUV
M	TM(싼타페), UM(쏘렌토)	준대형 SUV

8.2 현대/기아 변경 코드명 방식

8세대 쏘나타는 DN8이라는 프로젝트명으로 개발됐다. 참고로 3세대 쏘울 이후 세대 모델부터 현대자동차그룹 차종들의 프로젝트 코드명이 기존의 "2자리 영문"에서 "2자리 영문+1자리 숫자"로 바뀐다. 코드명의 D는 D 세그먼트 차량, N은 현대자동차 세단형 차종, 8은 8세대 모델을 의미한다.

EU	현대자동차 그룹
A(Mini car)	A 경승용
B(Small car)	B 소형
C(Medium car)	C 준중형
D(Lage car)	D 중형
E(Executive car)	G 준대형
F(Luxury car)	F 스포츠카
S(Sports car)	S 소형 SUV
M(Multi purpose car)	M 중형 SUV
J(Sports utility car)	J 고급 SUV

차급		분류	세대 숫자
승용	SUV		
A 경승용	S 소형	N 현대 승용	
B 소형	N 준중형	X 현대 SUV	
C 준중형	M 중형	L 기아 승용	
D 중형	L 대형	Q 기아 SUV	
G 준대형	J 고급	...	
U 대형		...	
R 고급			
F 스포츠카			

<table>
<tr><th colspan="2">차급</th><th rowspan="2">분류</th><th rowspan="2">세대 숫자</th><th rowspan="10">DN8
쏘나타

Y1, Y2, Y3, EF, NF,
YF, LF, "DN8"</th></tr>
<tr><th>승용</th><th>SUV</th></tr>
<tr><td>A 경승용</td><td>S 소형</td><td>N 현대 승용</td><td rowspan="8"></td></tr>
<tr><td>B 소형</td><td>N 준중형</td><td>X 현대 SUV</td></tr>
<tr><td>C 준중형</td><td>M 중형</td><td>L 기아 승용</td></tr>
<tr><td>D 중형</td><td>L 대형</td><td>Q 기아 SUV</td></tr>
<tr><td>G 준대형</td><td>J 고급</td><td>...</td></tr>
<tr><td>U 대형</td><td></td><td>...</td></tr>
<tr><td>R 고급</td><td></td><td></td></tr>
<tr><td>F 스포츠카</td><td></td><td></td></tr>
</table>

차급		분류	세대 숫자
승용	SUV		
A 경승용	S 소형	N 현대 승용	
B 소형	N 준중형	X 현대 SUV	
C 준중형	M 중형	L 기아 승용	
D 중형	L 대형	Q 기아 SUV	
G 준대형	J 고급	. . .	
U 대형		. . .	
R 고급			
F 스포츠카			

DL3
K5

TF, JF, "DL3"

차급		분류	세대 숫자
승용	SUV		
A 경승용	S 소형	N 현대 승용	
B 소형	N 준중형	X 현대 SUV	
C 준중형	M 중형	L 기아 승용	
D 중형	L 대형	Q 기아 SUV	
G 준대형	J 고급	. . .	
U 대형		. . .	
R 고급			
F 스포츠카			

CN7
아반떼

J(엘란트라), J2, XD, HD, MD, AD, "CN7"

차급		분류	세대 숫자
승용	SUV		
A 경승용	S 소형	N 현대 승용	
B 소형	N 준중형	X 현대 SUV	
C 준중형	M 중형	L 기아 승용	
D 중형	L 대형	Q 기아 SUV	
G 준대형	J 고급	G	
U 대형		X	
R 고급		P	
F 스포츠카			

RG3
제네시스 G80

BH, DH, "RG3"

현대자동차/기아자동차 프로젝트 명(적용시기 : 2019년 이후)

세그먼트 코드(앞자리)				형식 코드(뒷자리)			
A	경형 승용	N	준중형 SUV	A	기아 MPV	N	현대 세단
B	소형 승용	O		B		O	
C	준중형 승용	P		C	현대 유럽 전략	P	기아 SUV(3)
D	중형 승용	Q	초소형 SUV	D		Q	기아 SUV
E		R		E	현대 친환경	R	현대 브라질 전략
F	스포츠카	S	소형 SUV	F		S	현대 MPV
G	준대형 승용	T	픽업 SUV	G	기아 SUV(2)	T	기아 상용
H		U	대형 승용	H	현대 동남아 전략	U	현대 중국 전략
I		V		I	현대 해치백	V	기아 친환경
J		W		J		W	
K	대형 승용	X		K	기아 박스카	X	현대 SUV
L	준대형 SUV	Y		L	기아 세단	Y	기아 인도 전략
M	중형 SUV	Z		M		Z	

세대 No		해외 코드			
1	1세대	A	미국 지역		
2	2세대	B	브라질 지역		
3	3세대	C	중국 지역		
4	4세대	E	유럽 지역		
5	5세대	I	인도 지역		
6	6세대	K	한국 지역		
7	7세대	M	멕시코 지역		
8	8세대	R	러시아 지역		
9	9세대				
10	10세대				
11	11세대			페이스 리프트	
12	12세대			PE	Product Enhancement
13	13세대				

현대자동차/기아자동차 프로젝트 명(적용시기 : 2019년 이후)

CN7 = 아반떼 신형 7세대

세그먼트 코드(앞자리)				형식 코드(뒷자리)			
A	경형 승용	N	준중형 SUV	A	기아 MPV	N	현대 세단
B	소형 승용	O		B		O	
C	준중형 승용	P		C	현대 유럽 전략	P	기아 SUV(3)
D	중형 승용	Q	초소형 SUV	D		Q	기아 SUV
E		R		E	현대 친환경	R	현대 브라질 전략
F	스포츠카	S	소형 SUV	F		S	현대 MPV
G	준대형 승용	T	픽업 SUV	G	기아 SUV(2)	T	기아 상용
H		U	대형 승용	H	현대 동남아 전략	U	현대 중국 전략
I		V		I	현대 해치백	V	기아 친환경
J		W		J		W	
K	대형 승용	X		K	기아 박스카	X	현대 SUV
L	준대형 SUV	Y		L	기아 세단	Y	기아 인도 전략
M	중형 SUV	Z		M		Z	

세대 No		해외 코드			
1	1세대	A	미국 지역		
2	2세대	B	브라질 지역		
3	3세대	C	중국 지역		
4	4세대	E	유럽 지역		
5	5세대	I	인도 지역		
6	6세대	K	한국 지역		
7	7세대	M	멕시코 지역		
8	8세대	R	러시아 지역		
9	9세대				
10	10세대				
11	11세대			페이스 리프트	
12	12세대			PE	Product Enhancement
13	13세대				

8.3 현대 변경 코드명

8.3.1. 아이오닉 5(중형 SUV)

세대	코드명	차종
1세대 2021~	NE(동성테크 달철)	아이오닉 5
1세대 N라인 2023~	NE-N(동성테크 달철)	아이오닉 5 N
1세대 FL 2025~	NE PE	-

8.3.2. 아이오닉 6(중형 승용차)

세대	코드명	차종
1세대 2022~	CE	아이오닉 6
1세대 FL 2024~	CE PE	-

8.3.3. 아이오닉 9(대형 SUV)

세대	코드명	차종
1세대 2024~	ME	아이오닉 9

8.3.4. 그랜저(준대형 승용차)

세대	코드명	차종
1세대 1986~	L	그랜저
2세대 1992~	LX	뉴 그랜저
3세대 1998~	XG	그랜저 XG
3세대 FL 2002~	XG PE	뉴 그래저 XG
4세대 2005~	TG	그랜저 TG
4세대 FL 2009~	TG PE	더 럭셔리 그랜저 TG
5세대 2011~ 2013~	HG HG HEV	그랜저 HG 그랜저 하이브리드

세대	코드명	차종
6세대 2016~ 2017~	IG IG HEV	그랜저 그랜저 하이브리드
6세대 FL 2019~	IG PE	그랜저
7세대 2022~	GN7 GN7 HEV	디 올 뉴 그랜저
7세대 2024~	GN7 PE	그랜저

8.3.5. 투싼(준중형 SUV)

세대	코드명	차종
1세대 2004~	JM	투싼
2세대 2009~	LM	투싼 ix
2세대 FL 2013~	LM PE	뉴 투싼 ix
3세대 2015~	TL	올 뉴 투싼
3세대 FL 2018~	TL PE	투싼
4세대 2020~	NX4(울산 이레테크)	디 올 뉴 투싼
4세대 FL 2024~	NX4 PE(울산 이레테크)	–

8.3.6. 싼타페(중형 SUV)

세대	코드명	차종
1세대 2000~	SM	싼타페
2세대 2005~	CM	싼타페
3세대 2012~	DM	싼타페
3세대 FL 2015~	DM PE	싼타페 더 프라임
4세대 2018~	TM	싼타페
4세대 FL 2020~	TM PE	더 뉴 싼타페
5세대 2023~	MX5	–

8.4 기아 변경 코드명

8.4.1. 모닝(경차)

세대	코드명	차종
1세대 1999~	MXL	비스토
1세대 2004~	SA	모닝
1세대 FL 2008~	SA PE	뉴 모닝
2세대 2011~	TA	올 뉴 모닝
2세대 FL 2015~	TA PE	더 뉴 모닝
3세대 2017~	JA	올 뉴 모닝
3세대 FL 2020~	JA PE	모닝 어반
4세대 2023~	AL4 EV	모닝(전기차)

8.4.2. 레이(경차)

세대	코드명	차종
1세대 2011~ 2013~	TAM TAM EV	레이 레이 전기차
1세대 FL 2017~	TAM PE	레이
2세대 2022~	AK2	–

8.4.3. K3(준중형 승용차, 스포츠카)

세대	코드명	차종
1세대 1992~	S	세피아
2세대 1997~	S_2	세피아
1세대 2000~	SD	스팩트라

세대	코드명	차종
1세대 2003~	LD	쎄라토
1세대 FL 2006~	LD PE	쎄라토
1세대 2008~ 2009~	TD XK TD HEV	프르테 포르테 쿠페 포르테 하이브리드
2세대 2012~ 2013~	YD YK	K3 K3 쿠페
2세대 FL 2015~	YD PE	K3
3세대 2018~	BD BD GT	K3 GT
3세대 FL 2021~	BD PE BD PE GT	더 뉴 K3 더 뉴 K3 GT
4세대 2024~	CL4	–

8.4.4. K5(중형 승용차)

세대	코드명	차종
1세대 1995~	G_CAR	크레도스
1세대 FL 1998~	G_II	크레도스 2
1세대 2000~	MS	옵티마
1세대 FL 2002~	MS PE	리갈
1세대 2005~	MG	로체

세대	코드명	차종
1세대 1차 FL 2007~ 1세대 2차 FL 2008~	MG PE MG PE_2	로체 어드밴스 로체 이노베이션
1세대 2010~ 2011~	TE TE HEV	K5 K5 하이브리드
1세대 FL 2013~	TE PE	더 뉴 K5
2세대 2015~ 2016~	JE JE HEV JE PHEV	K5 K5 하이브리드 K5 플러그인 하이브리드
2세대 FL 2018~	JE PE JE PE HEV	더 뉴 K5 더 뉴 K5 하이브리드
3세대 2019~	DL3	K5
3세대 FL 2023~	DL3 PE	–

8.4.5. K8(준대형 승용차)

세대	코드명	차종
1세대 2009~	VG	K7
1세대 FL 2012~ 2013~	VG PE VG PE HEV	더 뉴 K7 K7 하이브리드
2세대 2016~	YG YG HEV	올 뉴 K7 올 뉴 K7 하이브리드

세대	코드명	차종
2세대 FL 2019~	YG PE	K7 프리미어
3세대 2021~	GL3	K8

8.4.6. K9(준대형 럭셔리 → 대형 승용차)

세대	코드명	차종
1세대 1997~	T3	엔터프라이즈
1세대 2003~	GH	오피러스
1세대 1차 FL 2006~ 1세대 2차 FL 2009~	GH PE GH PE_2	뉴 오피러스 오피러스 프리미엄
1세대 2012~	KH	K9
1세대 FL 2014~	KH PE	더 뉴 K9
2세대 2018~	RJ	더 K9
2세대 FL 2021~	RJ PE	더 뉴 K9
3세대 2024~	UL3	–

현재의 코드명은 (차급)+(차종)+(세대)로 통일되었다.

차급	차종	세대
경차 : A	현대 경차 : H, I	1
소형 : B	현대 세단 : N	2
준중형 : C	현대 해치백 : C	3
중형 : D	현대 SUV : X, U	4
전기차 : E	현대 MPV : S	5
쓰포츠 모델 : F	기아 세단 : L	6
준대형 : G	기아 SUV : Q, P	7
초소형 SUV : Q	기아 CUV : K	8
소형 SUV : S	기아 MPV : A	9
준중형 SUV : N		
중형 SUV : M		
대형 SUV : L		
픽업 트럭 : T		
소형 상용 : U		
MPV : K		

분류	차종	세대
세당 : R	준대형 세단 : G	1
SUV : J	대형 세단 : S	2
	중형 SUV : K	3
	준대형 SUV : X	4

부록
약어리스트 및 용어정리

09

부록
약어리스트 및 용어정리

09
CHAPTER

9.1 역할 약어리스트

No	약어	FULL NAME	비고
1	A2B	Automotive Audio Bus	ccIC – AMP 음성 신호 전송
2	AA	Android Auto	안드로이드 오토
3	AAF	Active Air Flap	액티브 에어 플랩
4	ACF	Active Clamp Forward	액티브 클램프 포워드
5	ACU	Air Bag Control Unit	SRSCM, 에어백 시스템 제어기
6	ADAS	Advanced Driver Assistance Systems	첨단 운전자 지원 시스템
7	ADAS_DRV	ADAS Driving ECU	ADAS 주행 ECU
8	ADAS _PRK	ADAS Parking ECU	ADAS 주차 ECU
9	ADM	Accessory Delay Mode	시동 후 AVN 작동 유지 기능
10	ADM	Assitant Door Module	보조 도어 모듈
11	ADS	Auto Defog Sensor	자동 디포그 센서
12	AFCU	Auto Flush–handle Control Unit	자동 플러시 핸들 제어 장치
13	AGM	Absorbent Glass Material	AGM 배터리
14	ALR	Automatic Locking Retractor	자동 잠금식 수축 장치
15	AMP	External Amplifier	외장앰프
16	APSM	Assistant Power Seat Module	보조 전원 시트 모듈

No	약어	FULL NAME	비고
17	APSS	Assistant Power Seat Switch	보조 전원 시트 스위치
18	APSU	Assistant Power Seat Unit	보조 전원 시트 유닛
19	AR	Augmented Reality	증강현실
20	ARD	Automatic Road-surface Decision	자동 도로 표면 결정
21	ATC	Active Transfer Case	활성 전송 케이스
22	ATCU	Auto Temperature Control Unit	공조 제어기
23	AVH	Auto vehicle hold	자동차 홀드
24	AVN	Audio Video Navigation	오디오 비디오 내비게이션
25	AWB	Auto White Balance	자동 화이트 밸런스
26	AWD	All Wheel Drive	4륜 구동
27	BBS	Battery Backup Siren	배터리 백업 사이렌
28	BCW	Blind-Spot Collision Warning	사각지대 충돌 경고
29	BDC	Body Domain Controller	바디 도메인 컨트롤러
30	BDC	Brake Disk Cleaning	브레이크 디스크 세척
31	BEV	Battery Electric Vehicle	배터리 전기 자동차
32	BFE	Brake Factor Estimation	브레이크 계수 추정
33	BJD	Brake Judder Detection	브레이크 떨림 감지
34	BLDC	Brush Less Ditect Current	브러시리스 디텍트 전류
35	BLE	Bluetooth Low Energy	블루투스 저에너지
36	C_RADAR FL	Corner RADAR Front Left	코너 레이더 앞 좌측
37	C_RADAR FR	Corner RADAR Front Right	코너 레이더 앞 우측
38	C_RADAR RL	Corner RADAR Rear Left	코너 레이더 뒤 좌측
39	C_RADAR RR	Corner RADAR Rear Right	코너 레이더 뒤 우측
40	CBC	Cornering brake control	선회 제동 제어
No	약어	FULL NAME	비고
41	ccIC	Connected Car Integrated Cockpit	커넥티드 카 통합 콕핏
42	ccNC	Connected Car Navigation Cockpit	커넥티드 카 내비게이션 콕핏
43	ccNF	Connected Car Network Framework	커넥티드 카 네트워크 프레임워크
44	CCP	Central Control Panel	AVN 콘솔 키보드
45	ccRC	Connected Car Rear Cockpit	후석 모니터
46	CCSP	Connected Car Service Platform	커넥티드 카 서비스 플랫폼
47	CCSP	Climate Control Switch Panel	전방 공조 스위치 패널(JX1)
48	CCU	Central Communication Unit	중앙 통신 장치
49	CCW	Cargo Collision Warning	카고 후상단 초음파 센서

No	약어	FULL NAME	비고
50	CDC	Continuous Damping Control	연속 댐핑 제어
51	CDCU	Chassis Domain Control Unit	섀시 도메인 제어 장치
52	CEW	Close End Winding	클로즈 엔드 와인딩
53	CIM	Center Fascia Interface Module	센터 패시아 인터페이스 모듈
54	CMS	Camera Monitor System	카메라 모니터 시스템
55	CP	Car Play	카 플레이
56	CP	Control Pilot	컨트롤 파일럿
57	CRS	Child Restraint System	카시트
58	CSC	CrossWind Stability Control	횡풍 안정 제어
59	CVVT	Continuously variable valve timing	연속 가변 밸브 타이밍
60	DAS	Disconnect Actuator System	분리 액추에이터 시스템
61	DATC	Dual Automatic Temperature Control	이중 자동 온도 제어
62	DAU	Door Area power control Unit	도어 영역 전원 제어 장치
63	DBC	Downhill brake control	내리막 제동 제어
64	DCM	Digital Center Mirror	디지털 센터 미러
65	DCU	Dosing Control Unit	투약 제어 장치
66	DCU	Data Connectivity Unit	데이터 연결 장치
67	DDM	Driver Door Module	운전석 도어 모듈
68	DIH	Drum In Hat	햇 드럼
69	DLBCU	Drive Lumber Bolster Cushion Unit	드라이브 럼버 볼스터 쿠션 장치
70	DMIC	Drive Mode Integrated Control	드라이브 모드 통합 제어
71	DPB	Dynamic parking brake	동적 주차 브레이크
72	DPF	Diesel Particulate Filter	디젤 매연 저감 필터
73	DPSM	Driver Power Seat Module	운전석 파워 시트 모듈
74	DPSS	Driver Power Seat Switch	운전석 파워 시트 스위치
75	DSI	Distributed System Interface	분산 시스템 인터페이스
76	DSM	Digital Side Mirror	디지털 사이드 미러
77	DSW	Drive State Warning	주행 상태 경고
78	DTCH	Dynamic Torque Control for Handling	핸들링을 위한 동적 토크 제어
79	DTE	Distance To Empty	빈 거리
80	DVRS	Drive Video Record System	주행 비디오 녹화 시스템
No	약어	FULL NAME	비고
81	DWL	Dynamic Welcome Lighting	동적 웰컴 조명
82	E-call	Emergency call	비상 전화

No	약어	FULL NAME	비고
83	ECS	Electronic control Suspension	전자 제어 서스펜션
84	ECW	Electronic Control Wiper	전자 제어 와이퍼
85	eDTVC	electronic Dynamic Torque Vectoring Control	전자 동적 토크 벡터링 제어
86	EGR	Exhaust Gas Recirculation	배기 가스 재순환
87	EHB	Electronic hydraulic brake	전자식 유압 브레이크
88	EMCU	Engine Mounting Control Unit	엔진 장착 제어 장치
89	EMS	Engine Management System	엔진 관리 시스템
90	EOP	Electric Oil Pump	전기 오일 펌프
91	EPB	Electronic Parking Brake	전자 주차 브레이크
92	ESC	Electronic Stability Control	전자 안정성 제어
93	ESS	Emergency stop signal	급제동 후방 알림 기능
94	ESU	Ethernet Switch Unit	이더넷 스위치 유닛
95	ETCS	Electronic Toll Collection System	전자 통행료 징수 시스템
96	eVMC	electronic Vehicle Motion Control	전자 차량 모션 제어
97	EVSE	Electric Vehicle Supply Equipment	전기 차량 공급 장비
98	EWGA	Electric Waste Gate Actuator	전기 웨이스트 게이트 액추에이터
99	EWP	Electric Water Pump	전기 워터 펌프
100	FATC	Full Auto Temperature Control	전자동 온도 제어
101	FCS	Front Console System	프런트 콘솔 시스템
102	FGR	Final Gear Ratio	최종 기어비
103	FMS	Fleet Management System	차량 관제 시스템
104	FOB	Frequency Operated Button	스마트키
105	FOD	Function On Demand	OTA
106	FPM	Finger Print Module	지문인증모듈
107	FR_C_RDR	Front Corner Radar	프런트 코너 레이더
108	FR_CMR	Front Camera	프론트 카메라
109	FR_RDR	Front Radar	프론트 레이더
110	FRU	Face Recognition Unit	얼굴 인식 장치
111	GA	Ground Assembly	고전압무선충전
112	GCS	Genesis Connected Service	제네시스 커넥티드 서비스
113	GMSL	Gigabit Multimedia Serial Link	기가비트 멀티미디어 직렬 링크
114	HAC	Hill start assistant control	경사로 밀림 방지
115	HMSL	High Mount Stop Lamp	하이 마운트 스톱 램프
116	HOD	Hands Off Detection	핸즈오프 감지

No	약어	FULL NAME	비고
117	HUD	Head Up Display	헤드업 디스플레이
118	HVAC	Heating Ventilating Air Conditioning	난방 환기 에어컨
119	IAU	Identity Authentication Unit	디지털키시스템 인증제어기
120	IBU	Integrated Body control Unit	통합 차체 제어 장치
No	약어	FULL NAME	비고
121	ICC	In Cabin Camera	캐빈 카메라
122	ICCB	In-Cable Control Box	케이블 내 제어 상자
123	ICCU	Integrated Charging Control Unit	통합 충전 제어 장치
124	ICE	Internal Conbustion Engine	내연 기관
125	ICSC	Integrated chassis & safety control	통합 섀시 안전 제어
126	ICU	Integrated Central control Unit	통합 중앙 제어 장치
127	IEB	Integrated Electronic Brake	통합 전자 브레이크
128	IFS LH	Intelligent Front-lighting System, Left	지능형 전조등 시스템, 좌측
129	IFS_ RH	Intelligent Front-lighting System, Right	지능형 전조등 시스템, 우측
130	IGBT	Insulated gate bipolar transistor	절연 게이트 바이폴라 트랜지스터
131	IGPM	Integrated Gateway Power Control Module	통합 게이트웨이 전원 제어 모듈
132	ILCU	Integrated LED Control Unit	헤드램프 제어기
133	IMS	Integrated Memory System	통합 메모리 시스템
134	IoT	Internet of Things	사물인터넷
135	IPM	Interior Permanent Magnet	매입 자석형
136	ITM	Integrated Thermal-management Module	통합 열 관리 모듈
137	IVI	Intergrated Vehicle Information	PBV용 AVN
138	IVM	Integrated Valve-train Module	통합 밸브 트레인 모듈
139	LCV	Light Commercial Vehicle	글로벌 소형 상용차
140	LDC	Low DC-DC Converter	저속 DC-DC 컨버터
141	LDM	LED Driver Module	LED 드라이버 모듈
142	LKA	Lane Keeping Assist	차선 유지 보조
143	LNT	Lean NOx Trap	질소산화물 저감 촉매
144	LSD	Limited Slip Differential	제한 슬립 차동 장치
145	LVDS	Low Voltage Differential Signaling	저전압 차동 신호
146	MCB	Multi-Collision Brake	다중 충돌 방지 시스템
147	MCU	Motor Control unit	모터 제어 장치
148	MDPS	Motor Driven Power Steering	모터 구동 파워 스티어링
149	MFSW	Multi-Function Switch	다기능 스위치

No	약어	FULL NAME	비고
150	MLM	Mood Lamp Master	무드 램프 마스터
151	MOC	Motor On Caliper	캘리퍼에 모터
152	MOD	Motor On DIH	DIH에 모터
153	NCAP	New Car Assessment Program	신차 평가 프로그램
154	NFC	Near Field Communication	근거리 무선 통신
155	NIR	Near Infrared Ray	근적외선
156	NM	Network Management	네트워크 관리
157	NTC	Negative Temperature Coefficient heater	음성 온도 계수 히터
158	OBC	On Board Charger	온보드 충전기
159	OCPP	Open Charge Point Protocol	충전스테이션 산업표준
160	ODS	Occupant Detection Sensor	조수석 승객 감지 센서
161	OEW	Open End Winding	오픈 엔드 와인딩
162	OHCL	Over Head Console Lamp	오버 헤드 콘솔 램프
163	OTA	Over The Air update	오버 더 에어 업데이트
164	OTT	Over The Top	오버 더 탑
165	PBV	Purpose Built Vehicle	특수 차량
166	PCD	PBV Connectibity Device	PBV 연결 장치
167	PCM	Powerline Communication Module	전력선 통신 모듈
168	PCM	Photo Catalyst Module	공조, 광촉매 모듈
169	PCV	Positive Crankcase Ventilation	긍정적 크랭크 케이스 환기
170	PD	Proximity Detection	충전커넥터 연결 감지 회로
171	PD	Power Delivery	USB-C 타입 단자 구성
172	PDC	Powernet Domain Controller	Powernet 도메인 컨트롤러
173	PE	Power Electric	Power Electric
174	PFC	Power Factor Correction	역률 보정
175	PFSU	Power Folding Seat Unit	전동 접이식 시트 유닛
176	P-LBM	Parking Lithium Battery Module	주차 리튬 배터리 모듈
177	PLC	Power Line Communication	전력선 통신
178	PnC	Plug and Charge	플러그 앤 충전
179	PnP	Plug & Play	카고 플러그 앤 플레이
180	POI	Point Of Interest	관심 지점
181	PRA	Power Relay Assembly	전원 릴레이 어셈블리
182	PRV	Pressure Regulation Valve	압력 조절 밸브
183	PSB	Pre-Safe Seat Belt	사전 안전 시트 벨트

No	약어	FULL NAME	비고
184	PSD	Power Sliding Door	전원 슬라이딩 도어
185	PSFB	Phase Shift Full Bridge	위상 이동 풀 브리지
186	PSM_RR	Power Seat Module_Rear	전원 시트 모듈_후면
187	PTC	Positive Temperature Coefficient heater	양의 온도 계수 히터
188	PTGM	Power Tail Gate Module	전원 테일 게이트 모듈
189	PTL	Power Trunk Lid	전원 트렁크 리드
190	PWM	Pulse Width Modulation	펄스 폭 변조
191	QcN	Quick Charge Negative	빠른 충전 음극
192	QcP	Quick Charge Positive	빠른 충전 양극
193	RAD	Relay Attack Defense	중계 공격 방어. 디지털키 2.0
194	RANC	Road-noise Active Noise Control	도로 소음 능동 소음 제어
195	RCM	Roof Control Module	지붕 제어 모듈
196	RCU	Retractable Handle Control Unit	수납식 핸들 제어 장치
197	RCV	Recirculation Control Valve	재순환 제어 밸브
198	REV	Range-extended Electric Vehicle	항속거리 연장 전기차
199	RGW	Redundant GateWay	PBV 특장 제어기
200	RLHVU	Rear Left Heater Ventilation (Control) Unit	후방 좌측 히터 환기(제어) 장치
No	약어	FULL NAME	비고
201	RLPSM	Rear Left Power Seat Module	뒷좌석 파워 시트 모듈
202	RLPSU	Rear Left Power Seat Unit	뒷좌석 파워 시트 유닛
203	ROA	Rear Occupant Alert	후석승객 감지 시스템
204	ROM	Read Only Memory	읽기 전용 메모리
205	RR_C_RDR	Rear Corner Radar	후방 코너 레이더
206	RRC	Rear Remote Control	후방 리모컨
207	RRHVU	Rear Right Heater Ventilation (Control) Unit	후방 오른쪽 히터 환기(제어) 장치
208	R-ROM	Rollback ROM	롤백 ROM
209	RRPSM	Rear Right Power Seat Module	후방 오른쪽 파워 시트 모듈
210	RRPSU	Rear Right Power Seat Unit	후방 오른쪽 파워 시트 장치
211	RSC	Roll stability control	전복방지
212	RSE	Road Slope Estimation	도로 경사 추정
213	RTC	Real Time Clock	실시간 시계
214	RWPC	Rear Wireless Power Charger	후방 무선 전원 충전기
215	RWS	Rear Wheel Steer	후방 휠 조향
216	SAS	Steering Angle Sensor	조향 각도 센서

No	약어	FULL NAME	비고
217	SBC	Shift By Cable	케이블로 변속
218	SBW_LVR	Shift-By-Wire_Lever	와이어 레버로 변속
219	SCM	Steering Column Module	STEERING TILT TELE 제어기
220	SCR	Selective Catalytic Reduction	선택적 환원 촉매
221	SCU	Shift-By-Wire Control Unit	Shift-By-Wire 제어 장치
222	SDC	Solar DCDC Converter	태양광 DCDC 컨버터
223	SDC LV	Solar DCDC Converter Low Voltage	태양광 DCDC 컨버터 저전압
224	SDR	Smart Drive Ready	스마트 드라이브 준비
225	SEA	Safe Exit Assist	안전 하차 지원
226	SGR	Shaft Ground Ring	구동모터 접지
227	SHU FR	Seat Heater Unit_ Front	시트 히터 장치_ 앞
228	SHU_FR	Seat Heater Unit_Rear	시트 히터 장치_ 뒤
229	SHVU FR	Seat Heater Ventilation (Control) Unit_Front	시트 히터 환기(제어) 장치_ 앞
230	SHVU_RR	Seat Heater Ventilation (Control) Unit_Rear	시트 히터 환기(제어) 장치_ 뒤
231	SIU_FL	Seat Integrated (Control) Unit FL	시트 통합(제어) 장치 FL
232	SIU_FR	Seat Integrated (Control) Unit FR	시트 통합(제어) 장치 FR
233	SLB	Seat Lumbar Bolster	시트 요추 지지대
234	SLS	Straight Line Stability	직선 안정성
235	SMPS	Switching Mode Power Supply	스위칭 모드 전원 공급
236	SMRD	Single Mass Rubber Damper	단일 질량 고무 댐퍼
237	SOC	State Of Charge	충전 상태
238	SOH	State Of Health	건강 상태
239	SPDIF	Sony Philips Digital Interface Format	소니 필립스 디지털 인터페이스 형식
240	SPM	Surface Permanent Magnet	표면 자석형
241	SRC	Steering Roll Connector	스티어링 롤 커넥터
242	SRSCM	Supplemental Restraint System	보조 제지 시스템
243	SST	Service Special tool	서비스 특수 도구
244	SVM	Surround View Monitor	서라운드 뷰 모니터
245	SWA	Smart Walk Away close	스마트 워크 어웨이 닫기
246	SWRC	Steering Wheel Remote Controller	스티어링 휠 리모컨
247	TBC/TVBB	Torque Vectoring Based Brake	선회 시 브레이크 제어
248	TBT	Turn By Turn	턴 바이 턴
249	TCU	Transmission Control Unit	변속기 제어 장치
250	TFT	Thin Film Transistor	박막 트랜지스터

No	약어	FULL NAME	비고
251	TMS	Telematics	텔레매틱스
252	TSA	Trailer Stability Assist	트레일러 안정성 보조
253	TTC	Time To Collision	충돌 시간
254	UCC	Underfloor Catalytic Converter	바닥 촉매 변환기
255	UIP	Ultrasonic Intrusion Protection	초음파 침입 보호
256	U-ROM	Update ROM	ROM 업데이트
257	USM	User Setting Mode	사용자 설정 모드
258	UTC	Universal Time Coordinated	범용 시간 조정
259	UTP	Unshielded Twisted Pair	비차폐 꼬인 쌍
260	UV-C	Ultraviolet -C	자외선-C
261	UWD	Ultra Wide Band	초광대역
262	V2G	Vehicle to Grid	차량 대 그리드
263	V2L	Vehicle To Load	차량 대 적재
264	V2X	Vehicle To Everything	차량 대 모든 것
265	VA	Vehicle Assembly	차량 조립
266	VCMS	Vehicle Charging Management System	차량 충전 관리 시스템
267	VCU	Vehicle Control Unit	차량 제어 장치
268	VDC	Vehicle Dynamic Control	차량 동적 제어
269	VESS	Virtual Engine Sound System	가상 엔진 사운드 시스템
270	VGR	Various Gear Ratio	다양한 기어비
271	VPC	Vehicle Platform Controller	VCU와 CDCU 통합
272	VSM	Vehicle stability management	샤시 통합 제어
273	WCC	Warm-up Catalytic Converter	예열 촉매 변환기
274	WCCU	Wireless Charging Converter Unit	고전압 무선충전
275	WE센서	Wheel Electronic 센서(TPMS)	휠 전자
276	WPC	Wireless Power Charger	무선충전기
277	WRLS	Wireless Communication	무선통신

9.2 NEXO 약어 정리

약어	영문 명
ACP	Air Compressor
ACU	Air-bag Control Unit
ACV	Air Cut-Off Valve
AES	Air Exhaust Silencer
AHF	Air Humidifier
AIF	Air Intake Filter
AIS	Air Intake Silencer
APC	Air Pressure Control Valve
APS	Air Processing System
ASPAS	Advanced Smart Parking Assist System
AVM	Around View Monitor
AVN	Audio Video Navigation
BAU	Brake actuation Unit
BCF	Battery Cooling Fan
BCW	Blind Spot Collision Warning
BHDC	Bi-Directional High Voltage DC-DC Converter
BMS	Battery Management System
FEJ	Fuel Ejector
FPD	Fuel Pump Driver
FPS	Fuel Processing System
GDL	Gas Diffusion Layer
HBA	High Beam Assist
HDA	Highway Driving Assist
HIE	Hydrogen Infra -Red Emitter
HMU	Hydrogen Storage System Manage-ment Unit
HPR	Hydrogen High Pressure Regulator
HPU	Hydraulic Power Unit
HRV	Hydrogen High Pressure Relief Valve
HSCU	hydrogen storage System ControlUnit

약어	영문 명
BMS	Battery Management System
BPCU	Blower Pump Control Unit
BVM	Blind View Monitoring
CGW	Central Gateway Module
CHT	Coolant Heater
CIF	Coolant Ion Filter
CLU	Cluster Module
COD	Cathode Oxygen Depletion
CPP	Coolant PE Pump
CSP	Coolant Stack Pump
CTV	Coolant Temperature Control Valve
DATC	Dual Automatic Temperature Control
DAW	Driver Attention Warning
FCA	Forward Collision Avoidance Warning
FCS	Fuelcell Stack
FCU	Fuel Cell Control Unit
FDV	Fuel Line Drain Valve
MCU	Motor Control Unit
MEA	Membrane Electrode Assembly
NSCC- Z	Navigation base Smart Cruise · Zone
ODS	Occupant Detection Sensor
PFC	Powertrain Fuel Cell
PRV	Pressure Relief Valve
PTC	Positive Temperature Coefficient
PTG	Power Tail Gate
RCU	Retractable Handle Control Unit
RSPA	Remote Smart Parking Assist
SCCw/S & G	Smart Cruise Control With Stop & Go
SCU	Shift by wire Control Unit

약어	영문 명
IBU	Integrated Body Control Unit
ICU	Integrated Central Control Unit
IEB	Integrated Electronic Booster
LKA	Lane Keeping Assist
LVR	shift Lever(PRND position)

약어	영문 명
SVM	Stack Voltage Monitor
SVM	Surround View Monitor →AVM의신규명칭
TMS	Thermal Management System
VDC	Vehicle Dynamin Control
WAL	Wake Away Lock

제어기 명	약어	영문 명	한글 명
FCU	CT20	Coolant Temperature Sensor Stack Outlet	스택 냉각수 출구 단 온도센서
	CT10	Coolant Temperature Sensor Stack Inlet	스택 냉각수 입구 단 온도센서
	CT30	Coolant Temperature Sensor COD Heater	COD히터 냉각수 온도센서
	FP10	Fuel Pressure Sensor	연료압력센서
	FP11	Fuel Pressure Sensor	연료압력센서
	AT20	Air Temperature Sensor Stack Outlet	스택 출구 단 공기온도센서
	AT10	Air Temperature Sensor Stack Inlet	스택 입구 단 공기 온도센서
	HS04	Hydrogen Detection Sensor-Stack	스택측 수소 감지센서
	HS03	Hydrogen Detection Sensor-FPS	FPS측 수소 감지센서
	FBV	Fuel Block Valve	수소 차단 밸브
	FSV	Fuel Supply Valve	수소 공급 밸브
	FDV	Fuel Line Drain Valve	연료라인 배수 밸브
		Fuel Line Drain Valve Heater	연료라인 배수 밸브 히터
		Fuel Line Drain Valve Position Sensor	연료라인 배수 밸브 위치센서
	FPV	Fuel Line Purge Valve	연료라인 퍼지 밸브
		Fuel Line Purge Valve Heater	연료라인 퍼지 밸브
		Fuel Line Purge Valve Position Sensor	연료라인 퍼지 밸브 위치센서
	FL20	Fuel Line Level Sensor	연료라인 수위센서
FCU	CTV	Coolant Temperature Control Valve	온도제어 밸브 (전자써모스탯)
	CBV	Coolant Bypass Valve	유량제어 밸브
	CPP	Coolant PE Pump	전장 냉각 펌프
	CSP	Coolant Stack Pump	스택 냉각 펌프
	ACV	Air Cut-Off Valve	공기 차단 밸브
	APC	Air Pressure Control Valve	공기압력 조절 밸브

제어기 명	약어	영문 명	한글 명
HMU	HS02	Hydrogen Detection Sensor-HSS	수소저장시스템 수소 감지센서
	HTS01	Hydrogen Tank Solenoid-Front	수소탱크 밸브-전방
	HTS01	Hydrogen Tank Temperature-Front	수소탱크 밸브-전방
	HTS02	Hydrogen Tank Solenoid-Mid	수소탱크 밸브-중앙
	HTS02	Hydrogen Tank Temperature-Mid	수소탱크 밸브-중앙
	HTS03	Hydrogen Tank Solenoid-Rear	수소탱크 밸브-후방
	HTS03	Hydrogen Tank Temperature-Rear	수소탱크 밸브-후방
	HPS	High Pressure Sensor	고압센서
	MPS	Mid Pressure Sensor	중압센서
	HIE	Hydrogen IR Emitter	적외선 에미터
	FDS	Fuel Door Sensor	연료도어센서
	FFS	Fuel Filler Switch	연료도어 스위치

9.3 용어정리

용어	영문 표기	국문표기
HEV	Hybrid Electric Vehicle	하이브리드 자동차
PRA	Power Relay Assembly	파워 릴레이 어셈블리
BMS	Battery Management System	배터리 제어 시스템
HPCU	Hybrid Power Control Unit	하이브리드 전력 제어 장치
MCU	Motor Control Unit	모터 제어기
LDC	Low Voltage DC-DC Converter	저전압 DC-DC 변환기
HSG	Hybrid Starter Generator	하이브리드 시동 발전기
SOC	State Of Charge	충전 상태
TCU	Transmission Control Unit	자동변속기 제어기
EWP	Electric Water Pump	전동식 워터 펌프
EV	Electric Vehicle	전기자동차
EPCU	electronic power control unit	전력 제어 장치
OBC	On Board Charger	완속 충전 시 교류(AC)를 직류(DC)로 변환하는 장치
VCU	Vehicle Control Unit	차량 제어 장치
DC-DC	DC/DC Converter	DC-DC 변환기

용어	영문 표기	국문표기
DC	Direct Current	직류
AC	Alternatin Current	교류
컨버터	Converter	교류를 직류로 바꾸는 장치
커패시트	Capacitor	전기를 모으고, 방출하기 위해 사용하는 부품
인버터	Inverter	DC→AC 전력변환 장치이며 전기에너지를 조절함으로써 모터의 회전속도와 토크를 제어하는 장치로 MCU라고 한다
SBW	Shift By Wire	변속레버 없이 변속버튼으로 변속하는 제어 시스템
SCU	Sbw Control Unit	변속의 편의성을 위해 자동으로 변속을 해주는 시스템
BMU	Battery Management Unit	배터리 제어 시스템
CMU	Cell Monitoring Unit	셀 모니터링 시스템
인터락	Interlock	고전압 시스템을 보호해주는 장치
페일세이프	Fail Safe	전장부품 고장이 배터리로 확산되는 것을 방지해주는 장치
VPD	Voltage Protection Device	과전압 방지 장치
TEMD	Transmission Mounted Electric Device	모터와 엔진 사이에 클러치가 장착되며, 클러치 제어를 통해 모터로만 주행하는 ev모드가 가능한 파워트레인
FEMD	Flywheel Mounted Electric Device	변속기와 모터 사이에 클러치 제어를 통해 동력이 전달되며, 모터는 엔진의 보조용으로 사용되는 파워트레인
AHB	Active Hydraulic Booster	회생제동 제어 장치
AAF	Active Air Flap	지능형 공기유동 제어기
DTC	Diagnostic Trouble Code	고장 코드
HV	High Voltage	고전압
셀	Cell	양극, 음극, 분리막, 전해액을 사각형의 알루미늄 케이스에 넣어 만든 배터리의 가장 작은 단위
모듈	Module	셀을 일정한 개수로 묶어 프레임에 넣은 배터리 조립체
팩	Pack	배터리 모듈에 BMS, 냉각시스템 등 각종 제어 및 보호 시스템을 장착한 것
리듐 폴리머 배터리	li-ion polymer	폴리머 형태의 전해질을 사용하는 리툼이온 배터리의 일종
PE	Power Electric	모터, 인버터, 감속기 등 내연기관 내 엔진의 역할을 하는 부품들의 집합체
NMC	니켈-코발트-망간	니켈, 코발트, 망간으로 이루어진 배터리 양극재 종류

용어	영문 표기	국문표기
LMO	리튬-망간-산화물	리튬, 망간, 산화물로 이루어진 배터리 양극재 종류
KOMBI	콤비	BMW 계기판
EKK	EKK	에어컨 전동기
IHKA	IHKA	BMW 에어컨 모듈
EME	Electrical Machine Electronics	전기 전동기
EDME	Electrical Digital Motor Electronics	모터 제어기
EXV	Electrically Controlled Expansion Valve	BMW 팽창 밸브
ACSM	Advanved Crash Safety Module	충돌 감지 장치
PTC	Positive Temperature Coefficient Heater	세라믹 전도체를 응용한 보조적 수단의 히터
EDME	Electrical Digital Motor Electronics	BMW 전기차의 모터를 제어해 주는 모듈
BDC	Brake Disk Cleaning	브레이크 디스크 클리닝 기능
ESC	Electronic Stability Control	차체자세제어 장치
DTE	Distance To Empty	남은 배터리로 갈 수 있는 거리
HEV	Hybrid Electric Vehicle	하이브리드 자동차
PRA	Power Relay Assembly	파워 릴레이 어셈블리
BMS	Battery Management System	배터리 제어 시스템
HPCU	Hybrid Power Control Unit	하이브리드 전력 제어 장치
MCU	Motor Control Unit	모터 제어기
LDC	Low Voltage DC-DC Converter	저전압 DC-DC 변환기
HSG	Hybrid Starter Generator	하이브리드 시동 발전기
SOC	State Of Charge	충전 상태
TCU	Transmission Control Unit	자동변속기 제어기
EWP	Electric Water Pump	전동식 워터 펌프
EV	Electric Vehicle	전기자동차
EPCU	electronic power control unit	전력 제어 장치
OBC	On Board Charger	완속 충전시 교류(AC)를 직류(DC)로 변환하는 장치
VCU	Vehicle Control Unit	차량 제어 장치
DC-DC	DC/DC Converter	DC-DC 변환기
DC	Direct Current	직류
AC	Alternatin Current	교류

용어	영문 표기	국문표기
컨버터	Converter	교류를 직류로 바꾸는 장치
커패시트	Capacitor	전기를 모으고, 방출하기 위해 사용하는 부품
인버터	Inverter	DC→AC 전력변환 장치이며 전기에너지를 조절함으로써 모터의 회전속도와 토크를 제어하는 장치로 MCU라고 한다
SBW	Shift By Wire	변속레버 없이 변속버튼으로 변속하는 제어 시스템
SCU	Sbw Control Unit	변속의 편의성을 위해 자동으로 변속을 해주는 시스템
BMU	Battery Management Unit	배터리 제어 시스템
CMU	Cell Monitoring Unit	셀 모니터링 시스템
인터락	Interlock	고전압 시스템을 보호해주는 장치
페일세이프	Fail Safe	전장부품 고장이 배터리로 확산되는 것을 방지해주는 장치
VPD	Voltage Protection Device	과전압 방지 장치
TEMD	Transmission Mounted Electric Device	모터와 엔진 사이에 클러치가 장착되며, 클러치 제어를 통해 모터로만 주행하는 ev모드가 가능한 파워트레인
FEMD	Flywheel Mounted Electric Device	변속기와 모터 사이에 클러치 제어를 통해 동력이 전달되며, 모터는 엔진의 보조용으로 사용되는 파워트레인
EVSE	Electric Vehicle Supply Equipment	전기자동차 충전기
HVAC	Heating, Ventilation, Air Condi-tioning	공조 시스템
FATC	Full Automatic Temperature Control	공조 부하 제어
ICCB	In Cable Control Box	휴대용 충전기
IEB	Integrated Electronic Brake System	통합 전자 제동 장치
IPM	Interior Permanent Magnet	영구 자석
LTR	Low Temperature Radiator	공조 장치 부품 통합 냉각 모듈
MDPS	Motor Driving Power Steering	전동식 파워 스티어링
MTC	Manual Temperature Control	수동에어컨
VS	Vairable Swash Plate	용량 가변형 사판식 컴프레서
PCL	Programmable Current Limit	과전류 차단 시스템
TCO	Total Cost of Ownership	차량 구매 및 보유에 필요한 총비용
V2G	Vehicle to Grid	차량 배터리를 도시 전력망에 연결하여 에너지저장장치(ESS)로 사용하는 것
ESS	Energy Storage System	스마트 그리드 구성체계로서 신재생 에너지 전력 저장 기술

용어	영문 표기	국문표기
V2V	Vehicle to Vehicle	차량간 배터리 전력을 공유하는 시스템
CDM	Charge Door Module	충전 상태 표시 제어기
OPD	Over-Voltage Protection	과전압 방지 장치
AER	All Electric Range	1회 충전 거리
BEV	Battery Electric Vehicle	베터리 전기자동차
IPM	Interior Permanent Magnet	매입형 영구자석
SPM	Surface Permanent Magnet	영구자석을 매립하지 않음